QIANGONG JISHU

中等职业教育工作手册式教材

钳工技术

主　编　彭　敏　毕亚峰
副主编　孙亚男　孔祥明
编　委　邸晓非　汪洪宇　康　健　李又李

东北大学出版社
·沈　阳·

图书在版编目（CIP）数据

钳工技术 / 彭敏，毕亚峰主编. — 沈阳 ：东北大学出版社，2021. 12

ISBN 978-7-5517-2898-0

Ⅰ. ①钳… Ⅱ. ①彭… ②毕… Ⅲ. ①钳工—教材 Ⅳ. ①TG9

中国版本图书馆 CIP 数据核字（2021）第 263588 号

出 版 者：东北大学出版社

地址：沈阳市和平区文化路三号巷 11 号

邮编：110819

电话：024-83687331（市场部） 83680267（社务部）

传真：024-83680180（市场部） 83680265（社务部）

网址：http://www. neupress. com

E-mail：neuph@ neupress. com

印 刷 者：辽宁新华印务有限公司

发 行 者：东北大学出版社

幅面尺寸：185 mm×260 mm

印 张：20

字 数：438 千字

出版时间：2021 年 12 月第 1 版

印刷时间：2021 年 12 月第 1 次印刷

策划编辑：牛连功

责任编辑：王 旭

责任校对：周 朦

封面设计：潘正一

ISBN 978-7-5517-2898-0 定 价：58. 00 元

前　言

制造业是国民经济的主体，是立国之本、兴国之器、强国之基。打造具有国际竞争力的制造业，是我国提升综合国力、保障国家安全、建设世界强国的必由之路。《中国制造2025》指出，实施制造强国战略，加强统筹规划和前瞻部署，力争通过三个十年的努力，到新中国成立一百年时，把我国建设成为引领世界制造业发展的制造强国，为实现中华民族伟大复兴的中国梦打下坚实基础。

吉林省要想实现新时代全面振兴全方位振兴，成为具有国际竞争力的先进装备制造业基地、国家现代农业生产加工基地、国家重要技术创新与研发基地和国家新材料研发生产基地，需要大量高素质劳动者和技术技能人才。为适应产业升级和职业教育发展需要，我们组织多年工作在教学和生产第一线、具有扎实专业基础理论知识和丰富实践经验的专业教师和企业技术人员，共同编写了《钳工技术》一书。

本书内容力求与职业技能大赛、“1+X”证书、加工制造类企业岗位工作内容相对接，包括钳工工作场地及常用设备、常用量具的使用、划线、錾削、锯削、锉削、孔加工、螺纹加工、锉配、刮削与研磨等钳工基本操作技能。本书遵循能力本位设计理念，由工作手册和工作页两部分组成。工作手册介绍钳工的陈述性和程序性知识。工作页以实际项目和任务为载体，注重运用知识解决实际问题；同时，工作页以活页方式呈现，便于不断补充新工艺、新知识、新技术，使职业教育与经济社会发展相匹配。本书采用形象、直观的立体图片，用手机、平板电脑等移动终端扫描本书中的二维码，即可观看有讲解的动画和视频，为读者提供完美的学习体验。

本书由彭敏、毕亚峰担任主编，孙亚男、孔祥明担任副主编。其中，工作手册的单元一、单元三、单元四、单元五、单元七、单元八、单元十二由彭敏编写，单元二、单元十由毕亚峰编写，单元六由孔祥明编写，单元九由李又孪编写，单元十一由邸晓非编写；工作页的项目一至项目五由孙亚男编写，项目六由汪洪宇编写，项目七、项目八由康健编写。本书由彭敏统稿。本书可作为中职机械类、近机械类专业教材，也可作为中等职业学校相关专业及相关行业职工岗位培训的参考用书。

由于编者水平有限，加之时间仓促，本书中难免存在错误或疏漏之处，敬请读者批评、指正。

编　者

2021年8月

目 录

第一部分　工作手册

第二部分　工作页

第一部分

工 作 手 册

单元一

钳工概述

一、钳工的概念

钳工是进行零件的加工与装配、机械的装配与调试、设备的维护与维修及工具、量具、夹具的制造与修理等工作的工种。

二、钳工分类

钳工可分为装配钳工、机修钳工和工具钳工。

1. 装配钳工

装配钳工是从事机械设备的装配与调试工作的人员。

2. 机修钳工

机修钳工是从事设备机械部分的维护与修理工作的人员。

3. 工具钳工

工具钳工是从事工具、刃具、量具、模具、夹具、索具、辅具等零件加工、装配、调试与修理工作的人员。

三、钳工安全文明生产

钳工安全文明生产的基本要求与具体要求如下。

1. 基本要求

操作人员应熟悉钳工工具、相关机床的基本知识、使用维护方法及钳工安全技术操作规程，不得擅自使用不熟悉的工具和机床。

2. 钳工工作前的具体要求

（1）工作前必须穿好工作服、戴好工作帽，严禁穿不符合操作规范要求的服装和鞋子上岗操作。

（2）仔细阅读交接班记录。

（3）检查钳工工具、量具是否完好，如有问题，一定要做好记录。

（4）检查机床、导轨及各主要滑动面是否有障碍物、工具、铁屑、杂质等。

（5）检查机床润滑系统的油量是否符合规定、封闭良好。

（6）检查电器配电箱是否关闭牢靠、电气接地是否良好。

3. 钳工工作中的具体要求

（1）坚守岗位，精心操作，不做与工作无关的事。因事离开机床时要停车，并关闭电源。

（2）使用手锤时，应检查锤头是否牢固，用手锤敲击时，前后不能站人。

（3）使用电动工具时，应检查其是否有漏电现象。

（4）严禁用嘴吹和手直接清理铁屑，要使用专用工具及时清理铁屑。

（5）当电器设备出现故障时，必须找维修电工进行检查和修理，操作人员不准擅自修理电器设备。

（6）不准擅自拆卸机床上的安全防护装置，不准在缺少安全防护装置的机床上进行工作。

（7）要密切注意机床运转、润滑情况，如有异常，应立即停车检查，排除故障后，方可继续工作。

（8）发生事故时，应保护好事故现场，并向有关部门报告，对事故进行分析与处理。

（9）要保持工作场地清洁、整齐。

4. 钳工工作后的具体要求

（1）检查工具、量具是否完好无缺，将工具、量具整理好并放到指定位置。

（2）停止机床运转，切断电源、气源。

（3）清除铁屑，擦净机床，清扫工作现场。

（4）将当班时发现的问题填写到交接班记录本上，做好交班工作。

单元二

钳工工作场地及常用设备

知识一 钳工工作场地

一、钳工工作场地的概念与分类

钳工工作场地，即钳工的固定工作地点。它一般分为钳工工作区、台钻区、划线区和刀具刃磨区等区域。各区域之间留有安全通道。钳工工作场地示意图如图 1-2-1 所示。

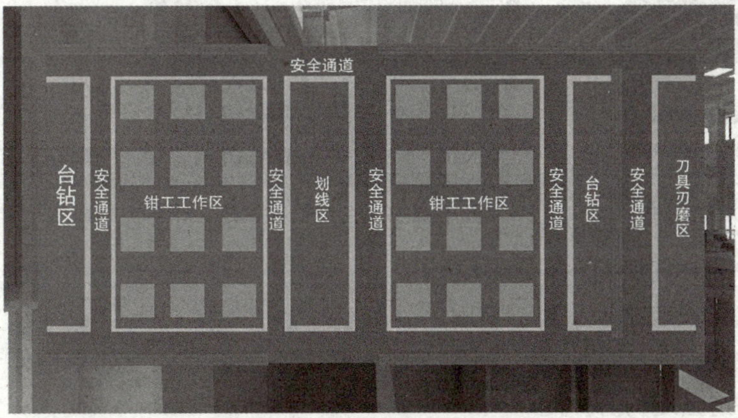

图 1-2-1 钳工工作场地示意图

钳工工作场地

二、钳工工作场地安全文明生产

钳工工作场地安全文明生产的工作要求如下。

(1) 钳工工作台之间的距离应便于操作。

(2) 砂轮机、钻床应安装在工作场地的边缘。

(3) 毛坯和工件应分开放置，并摆放整齐。

(4) 工具、量具和夹具应分别放在固定的位置，并摆放整齐。

(5) 工具的柄部不得超出工作台台面，以免掉落伤人或损坏工具。

(6) 工具、量具和夹具使用完毕后，应及时保养并放回原处。

(7) 工作结束后，应对设备进行清理、润滑，并把工作场地打扫干净。

知识二　钳工常用设备

一、钳工工作台

1. 钳工工作台的作用及规格

钳工工作台主要是用于安装台虎钳，放置工具、量具和工件等的钳工常用设备之一，如图 1-2-2 所示。其高度为 800~900 mm，装上台虎钳后，钳口高度恰好与操作人员肘部齐平（如图 1-2-3 所示），便于操作人员操作。

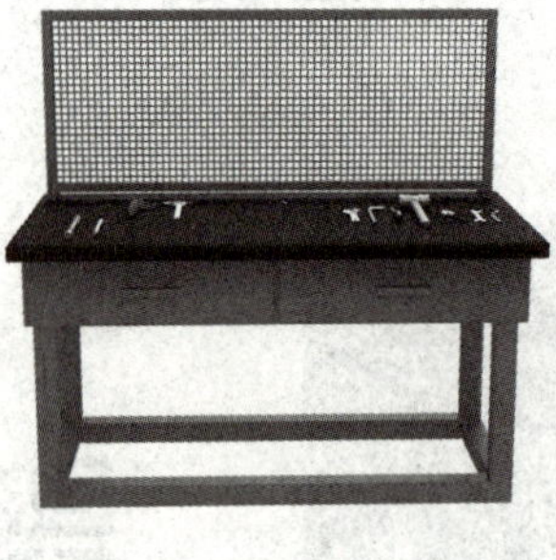

图 1-2-2　钳工工作台

图 1-2-3　台虎钳在钳工工作台上的高度

2. 钳工工作台使用注意事项

(1) 钳工工作台的安装必须平稳、牢固。

(2) 操作人员站在钳工工作台的一面工作时，对面不允许有人。如果操作台前有人工作，必须设置一定强度的防护网。

(3) 要及时清理钳工工作台上的杂物。

（4）钳工工具、量具和工件要摆放在台虎钳上合适的位置，并且排列整齐，如图1-2-4所示。工具和量具一般摆放在台虎钳的两侧，右手使用的工具和量具应摆放在台虎钳的右侧，左手使用的工具和量具应摆放在台虎钳的左侧。钳工工具和量具不许伸出钳工工作台边缘，以免掉落伤人或损坏其他工具和量具。

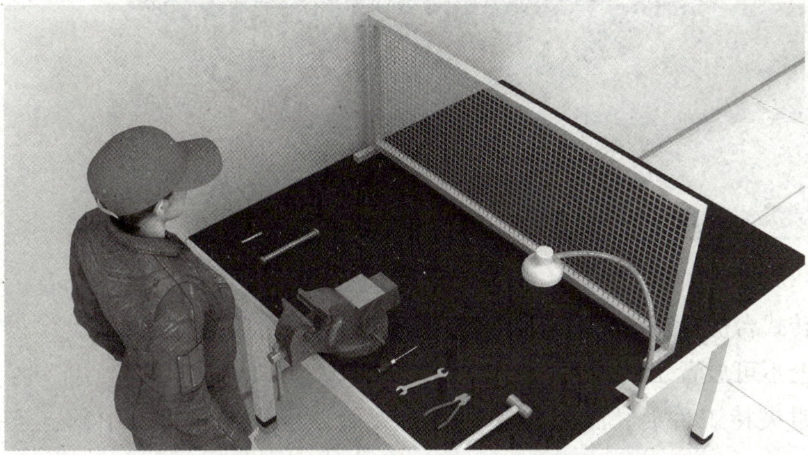

图 1-2-4　钳工工作台摆放示意图

钳工工作台
使用注意事项

二、台虎钳

1. 台虎钳的作用、规格及分类

台虎钳又称虎钳，是用来夹持工件的通用夹具。其规格以钳口的宽度来表示，常用规格有 100，125，150 mm 三种。

台虎钳可分为固定式台虎钳和回转式台虎钳，如图 1-2-5 和图 1-2-6 所示。

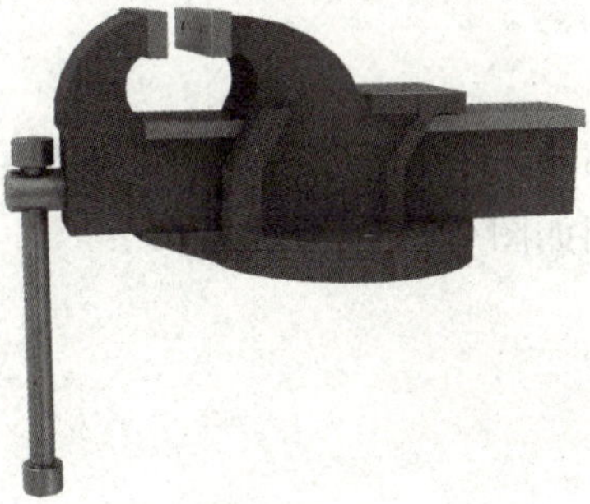

图 1-2-5　固定式台虎钳示意图

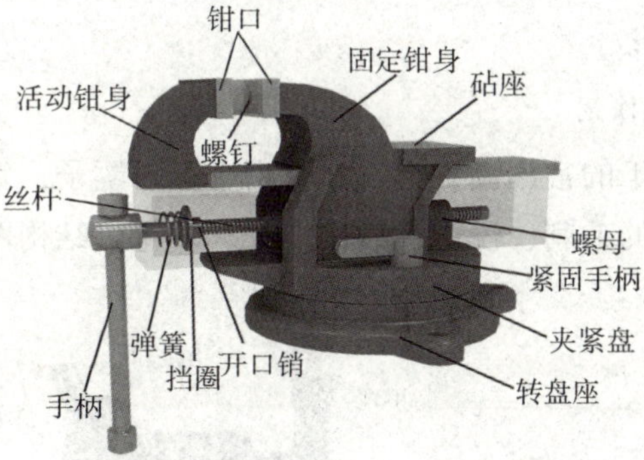

图 1-2-6　回转式台虎钳结构图

台虎钳

2. 台虎钳使用注意事项

（1）要经常检查钳口是否保持完好，如磨损严重，则要及时修理。

（2）安装台虎钳时，必须使固定钳身的钳口处于钳工工作台边缘之外（如图1-2-7所示），以保证垂直夹持长条形工件时不受阻碍。

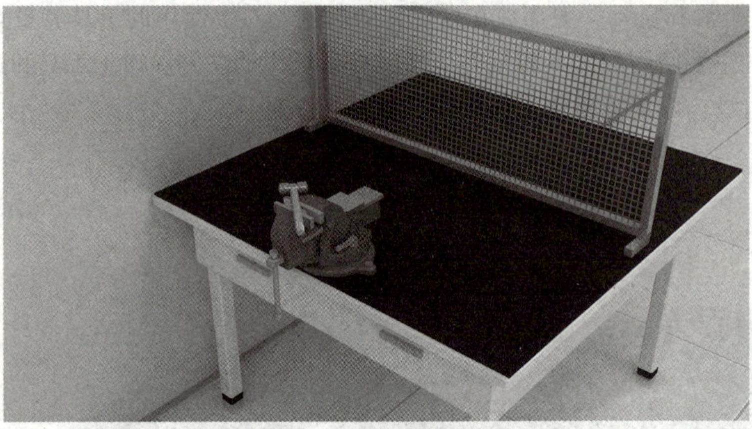

图 1-2-7　台虎钳安装示意图

(3) 使用回转式台虎钳工作时，必须扳紧紧固手柄。

(4) 台虎钳上不可放置工具，以防止工具滑下伤人。

(5) 用台虎钳夹持工件时，工件必须放正、夹紧，尽量夹在钳口中部，且手柄朝下。

(6) 夹紧工件时，一般只允许依靠手的力量来扳动手柄，不能用手锤敲击手柄或随意套上长管子搬动手柄，以免损坏丝杆、螺母或钳身。

(7) 只允许用手锤在台虎钳的砧座上进行轻微的敲击。

(8) 加工时，操作人员的用力方向最好朝向固定钳身。

(9) 台虎钳的丝杆、螺母要经常擦洗和加油，并保持清洁；如台虎钳有损坏，不得继续使用。

三、砂轮机

1. 砂轮机的作用

砂轮机是钳工的常用设备之一，可用来刃磨錾子、钻头、刮刀等工具，也可用来磨掉工件或材料上的毛刺、锐边、氧化皮等。砂轮机结构图如图 1-2-8 所示。

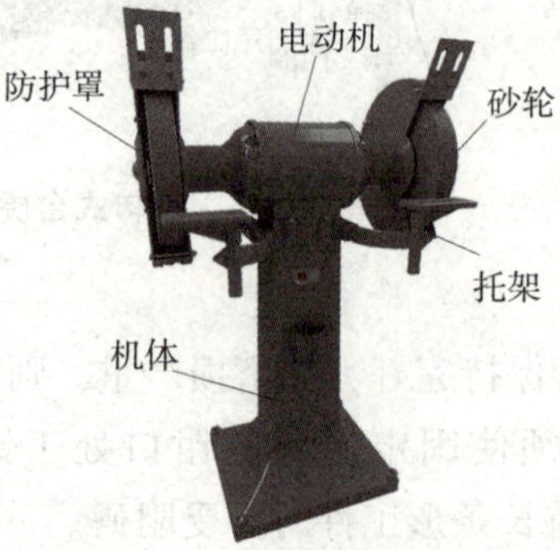

图 1-2-8　砂轮机结构图

2. 砂轮机使用注意事项

（1）操作人员工作前必须穿戴好防护用品。

（2）设备启动前，操作人员应先检查砂轮及其防护装置是否完好、正常。

（3）设备启动后，操作人员应待砂轮转速达到正常后，方可进行磨削操作。

（4）砂轮的旋转方向应使磨屑向下方飞离砂轮。

（5）磨削时，要防止刀具或工件撞击砂轮或施加过大的压力，以防损坏砂轮、造成事故。

（6）磨削工件时，砂轮两侧不允许站人。

（7）禁止随便开动砂轮。

（8）更换砂轮时，操作人员应先检查砂轮有无裂纹。

单元三

钳工常用量具

知识一 钳工常用量具概述

一、量具的作用

量具是用来测量、检验零件及产品的尺寸和形状的器具。

二、量具的种类

量具可分为万能量具、专用量具和标准量具。其特点如表 1-3-1 所列。

表 1-3-1 量具的种类及特点

名称	特点
万能量具	能够测量出零件和产品的形状及尺寸的具体数值，带有刻度，如游标卡尺、千分尺和万能角度尺等
专用量具	只能检测零件和产品的形状及尺寸是否合格，不能测量出零件和产品的实际尺寸，如卡规、半径规、塞规、塞尺等
标准量具	被制成某一固定尺寸，用来校对和调整其他量具，也可以作为标准与被测件进行比较，如量块等

知识二　钳工常用量具介绍

一、钢直尺

钢直尺是钳工常用量具之一，可在测量工件、划线时作为导向工具使用。其长度规格有 150，300，500，1000，2000 mm 等多种。钢直尺示意图如图 1-3-1 所示。

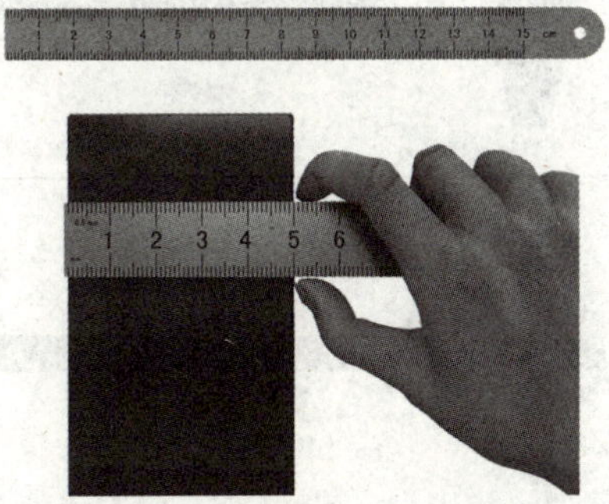

图 1-3-1　钢直尺示意图

二、游标卡尺

1. 游标卡尺的作用及规格

游标卡尺可以用来测量工件的外径、内径、长度、宽度、深度、孔距等尺寸。其测量范围有 0～125，0～150，0～200，0～300 mm 等多种规格，分度值有 0.02，0.05，0.10 mm三种。游标卡尺结构图如图 1-3-2 所示。

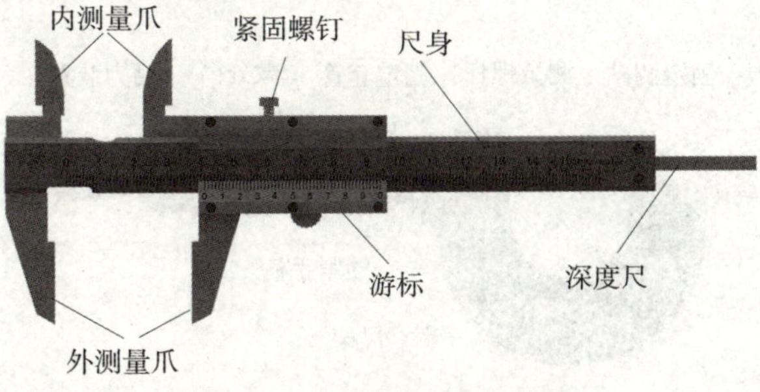

图 1-3-2　游标卡尺结构图

2. 游标卡尺分类

游标卡尺分类如表 1-3-2 所列。

表 1-3-2　游标卡尺分类

类型	示意图	工作原理及作用
数显游标卡尺		利用电子测量和数字显示原理进行读数
带表游标卡尺		利用机械传动系统，配合尺身标尺和指示表进行读数
深度游标卡尺	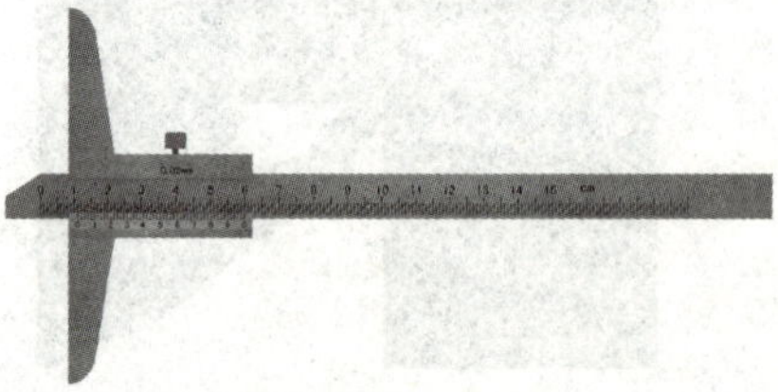	利用游标原理进行读数，主要用来测量台阶的高度、孔和沟槽的深度

三、千分尺

1. 千分尺的作用及规格

千分尺是测量精度较高的精密量具，应用广泛。其测量范围有 0~25，25~50，50~75，75~100 mm 等多种，分度值有 0.001，0.002，0.010 mm 等多种。外径千分尺结构图如图 1-3-3 所示。

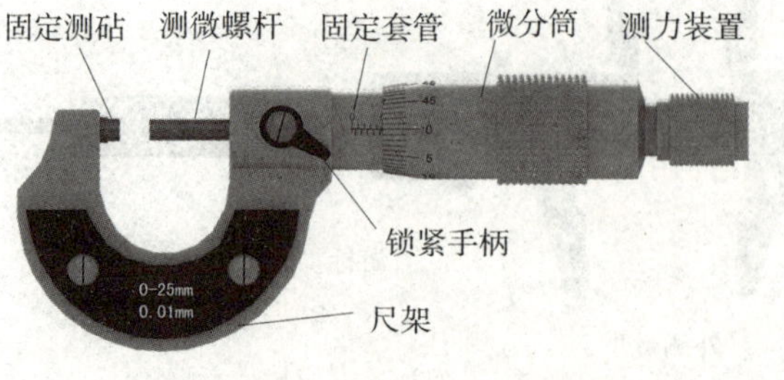

图 1-3-3　外径千分尺结构图

2. 千分尺分类

千分尺分类如表 1-3-3 所列。

表 1-3-3　千分尺分类

类型	示意图	作用
外径千分尺	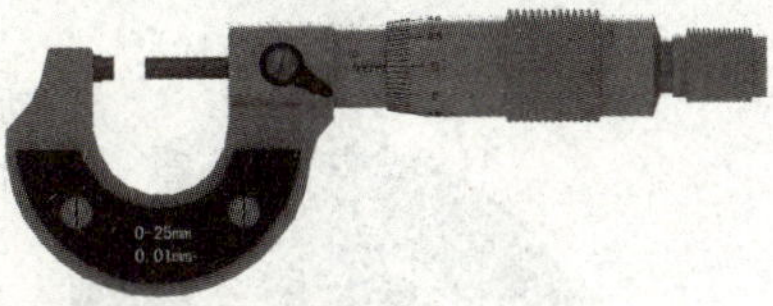	测量工件的外径、厚度、长度等尺寸
内径千分尺	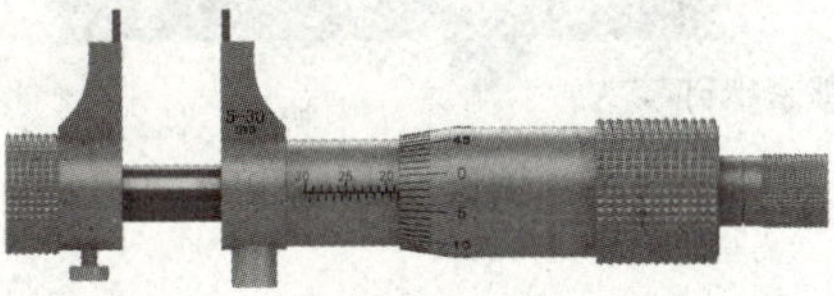	测量工件的内径、槽宽等尺寸
深度千分尺	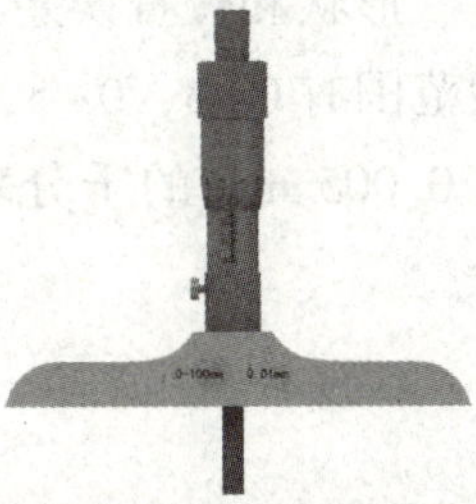	测量孔的深度、沟槽的深度、台阶的高度等尺寸
螺纹千分尺	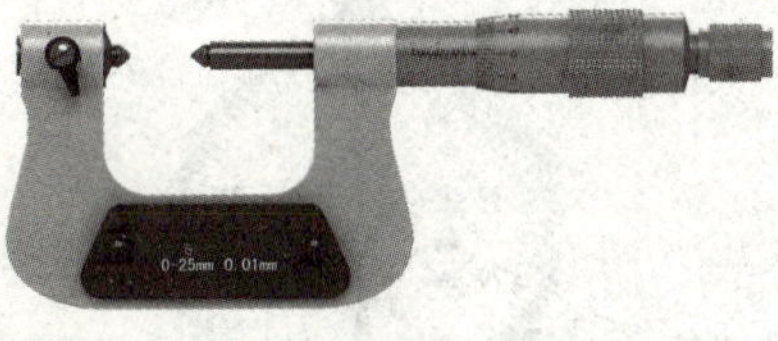	测量螺纹的中径尺寸
尖头千分尺	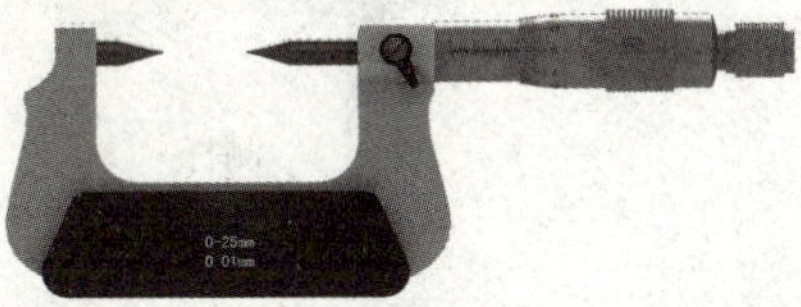	测量小沟槽的尺寸
公法线千分尺	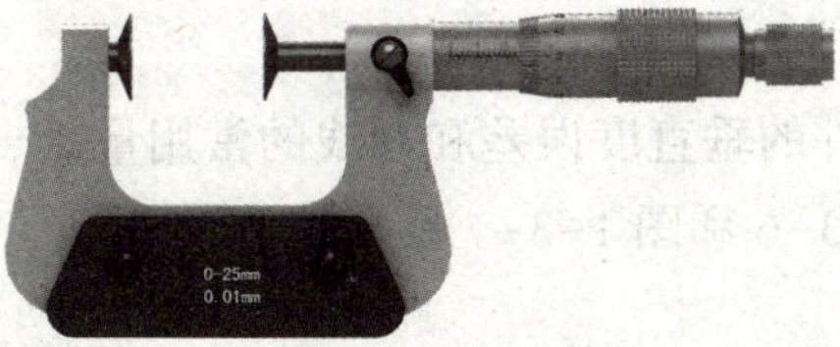	测量齿轮公法线的长度

四、游标万能角度尺

游标万能角度尺用于测量工件的内、外角度，进行角度划线。其测量范围有 0°~320°和 0°~360°两种，分度值有 2′和 5′两种。游标万能角度尺结构图如图 1-3-4 所示。

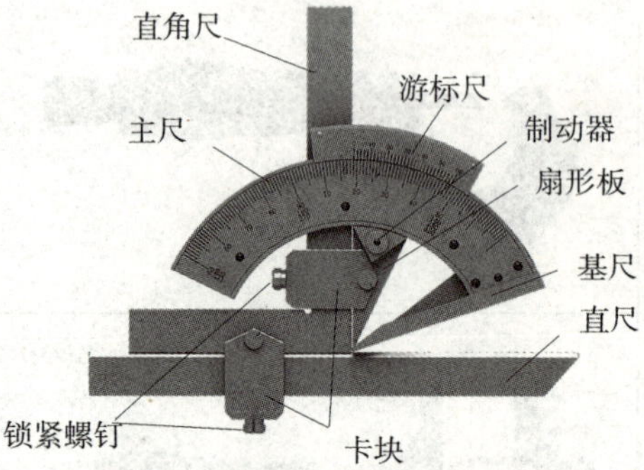

图 1-3-4　游标万能角度尺结构图

五、百分表

百分表可用来测量工件的尺寸、形状和位置误差，也可用来检验机床的几何精度或调整工件的装夹位置偏差。其测量范围有 0~3，0~5，0~10 mm 等多种，常用分度值为 0.01 m。分度值为 0.001，0.002，0.005 mm 的千分表用于测量精度要求较高的工件。百分表结构图如图 1-3-5 所示。

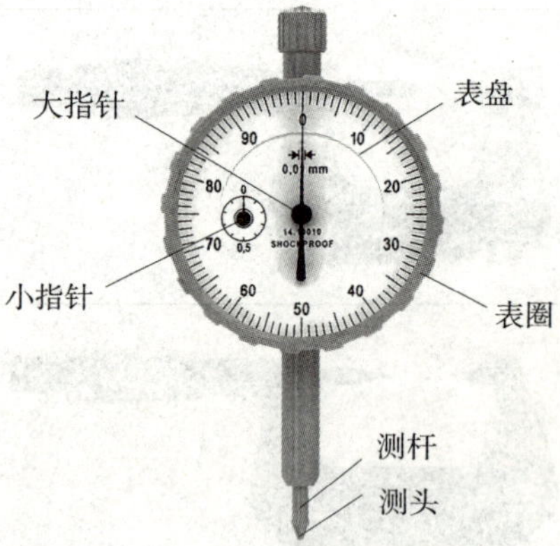

图 1-3-5　百分表结构图

六、直角尺

直角尺是用来检验工件的垂直度误差和划线的常用量具。它可分为宽座直角尺和刀口形直角尺两种，如图 1-3-6 和图 1-3-7 所示。

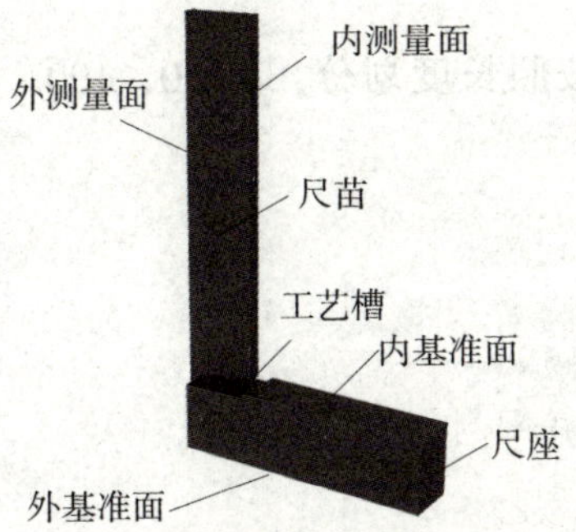

图 1-3-6　宽座直角尺结构图

图 1-3-7　刀口形直角尺示意图

七、刀形样板平尺

刀形样板平尺主要用来检验工件表面的平面度和直线度误差。它用尺身测量面长度（L）来表示测量范围，常用的测量范围有 75，125，200 mm 等多种；精度等级有 0 级和 1 级两种。刀形样板平尺结构图如图 1-3-8 所示。

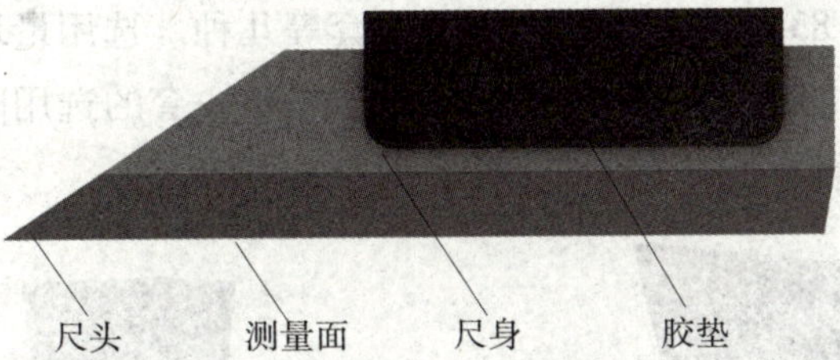

图 1-3-8　刀形样板平尺结构图

八、半径规

半径规主要用于检验工件曲面的线轮廓度误差。其测量范围有 $R1.0 \sim R6.5$，$R7.0 \sim R14.5$，$R15.0 \sim R25.0$ 等几种。半径规示意图如图 1-3-9 所示。

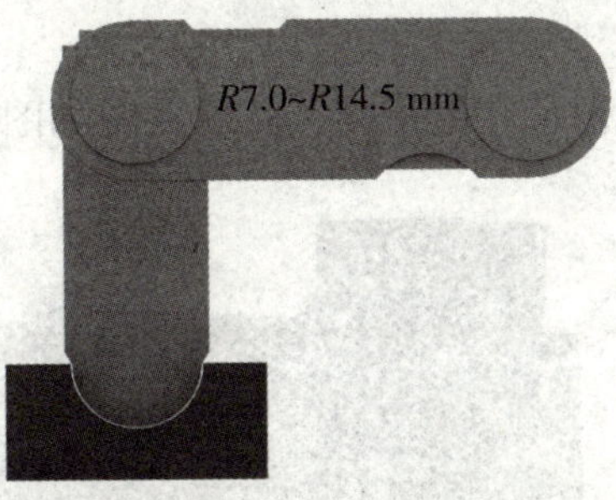

图 1-3-9　半径规示意图

九、塞尺

塞尺用于检验两个配合面间隙的大小。其按照长度划分，有 50，100，150 mm 等几种规格。塞尺结构图如图 1-3-10 所示。

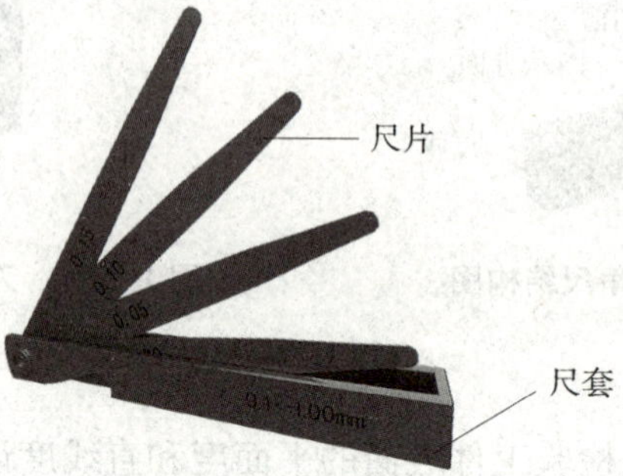

图 1-3-10　塞尺结构图

十、量块

量块用于检验、校正量具和量仪的精度，配合其他量具进行精密划线。量块按照数目分为 38 块、42 块、83 块、87 块、103 块一套等几种。选用量块时，应尽量采用最少的块数，如 42 块一套的选用时不要超过 6 块，87 块一套的选用时不要超过 4 块，以减少累计误差。量块示意图如图 1-3-11 所示。

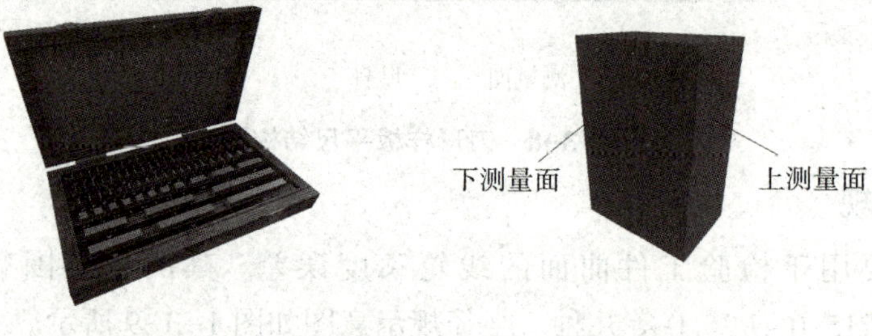

（a）　　　　（b）

图 1-3-11　量块示意图

十一、塞规

塞规是用于检验孔类工件尺寸的量具，其示意图如图 1-3-12 所示。

图 1-3-12　塞规示意图

十二、环规

环规是用于检验轴类工件尺寸的常用量具，其示意图如图 1-3-13 所示。

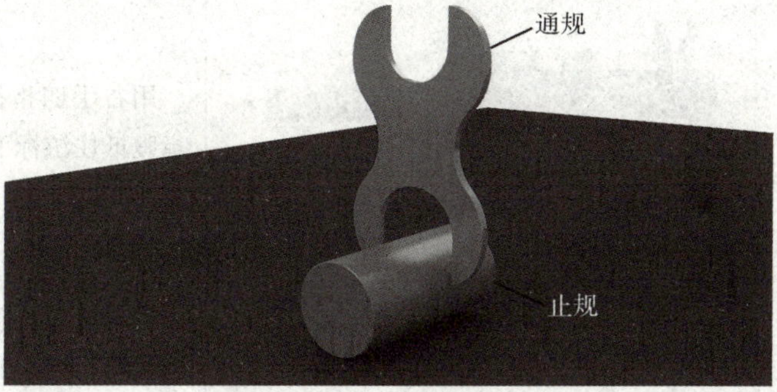

图 1-3-13 环规示意图

知识三 钳工常用量具的使用方法

一、游标卡尺的使用方法

游标卡尺的使用方法

1. 选择游标卡尺

根据工件的尺寸和精度要求，选用相应规格的游标卡尺。

2. 检查游标卡尺

（1）将游标卡尺和被测工件表面擦拭干净。检查量爪测量面和测量刃口是否平直无损，检查被测工件表面是否有毛刺、损伤、锈蚀等缺陷。

（2）移动游标，检查其运动是否灵活；拧紧紧固螺钉，检查其是否起作用。

（3）将量爪测量面贴合，检查有无明显的光隙。

（4）将量爪测量面贴合，检查尺身、游标零线是否对齐；如没有对齐，需要校正零位。

3. 游标卡尺测量尺寸

使用游标卡尺测量尺寸的操作过程如表 1-3-4 所列。

表 1-3-4　使用游标卡尺测量尺寸的操作过程

步骤	示意图	操作要领
游标卡尺的握法	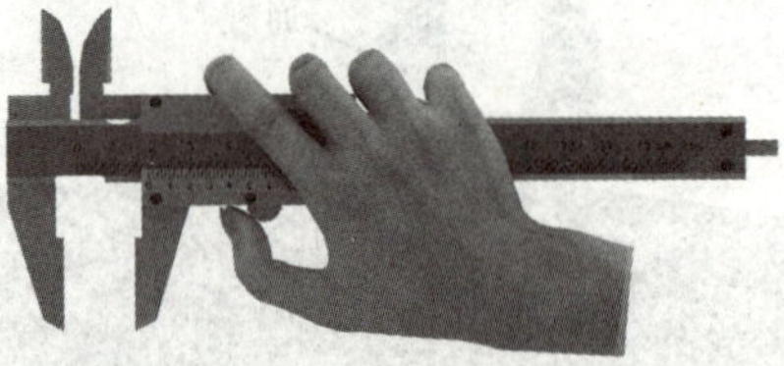	用右手四指握住尺身，大拇指指腹抵住游标下面的手柄
测量外尺寸	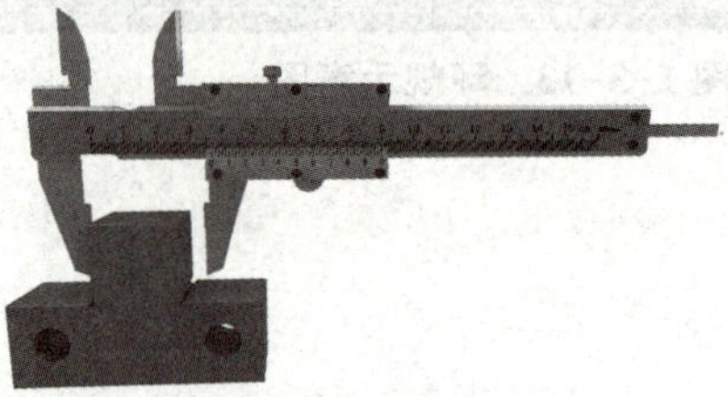	将两量爪的测量面张开到略大于被测尺寸，将尺身量爪的测量面紧贴工件的基准面，轻推游标把量爪的测量面紧贴工件的被测表面，拧紧紧固螺钉后取下读数。需要注意的是，为保证得到准确的量值，应尽量用宽口测量面进行测量
测量内尺寸	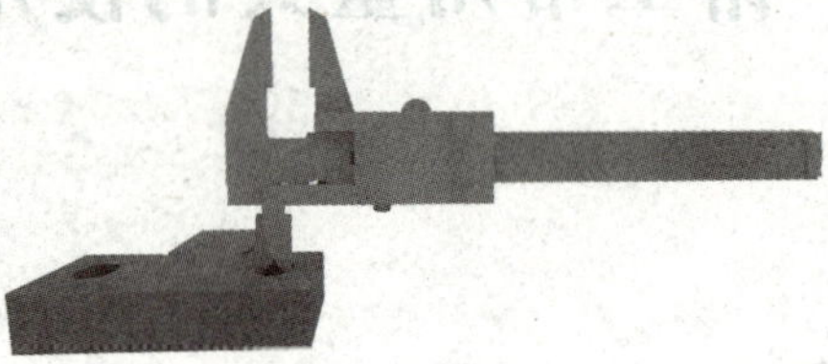 （a） 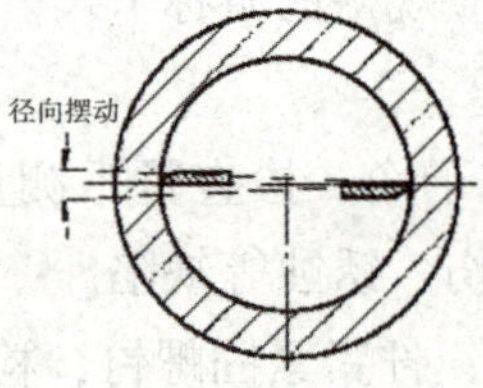 （b）	如图（a）所示，先将两量爪的测量面张开到略小于被测尺寸，再将量爪放入孔内。将尺身量爪的测量面紧贴工件，然后将游标量爪的测量面做一个小幅度的径向摆动，如图（b）所示，以保证两量爪在孔的直径位置
测量中心距	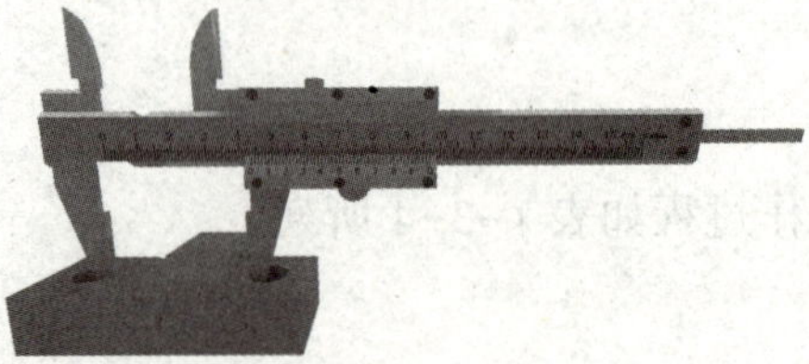	为保证得到准确的量值，要用游标卡尺的刀口测量面进行测量

表 1-3-4（续）

步骤	示意图	操作要领
测量深度		将深度尺推出，使其测量面紧贴孔底，游标卡尺的端面与被测表面接触；注意保持深度尺竖直，不可前后、左右倾斜

4. 游标卡尺读数

使用游标卡尺读数的操作过程如表 1-3-5 所列。

表 1-3-5　使用游标卡尺读数的操作过程

步骤	示意图	读数方法
读整数	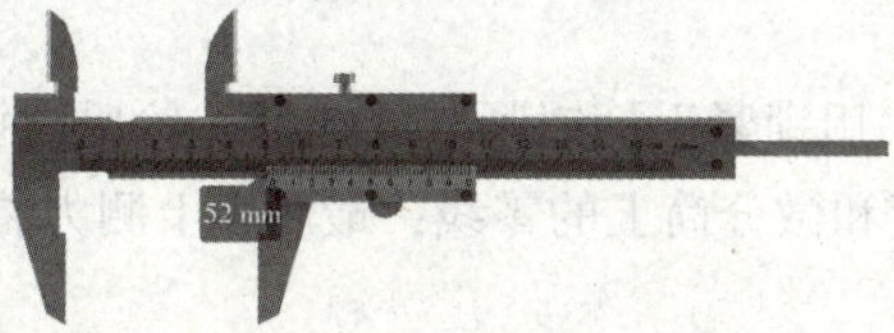	读出尺身上游标零线左边的毫米整数
读小数	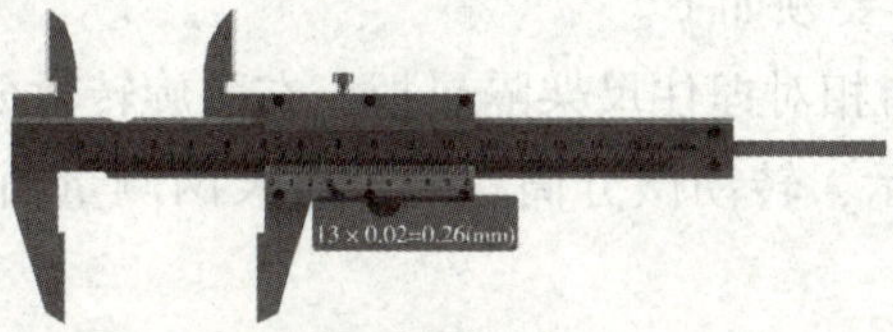	读出游标上与尺身刻线对齐的刻线位置，将该刻线的顺序数乘以游标卡尺的分度值，计算出小数部分
读数求和	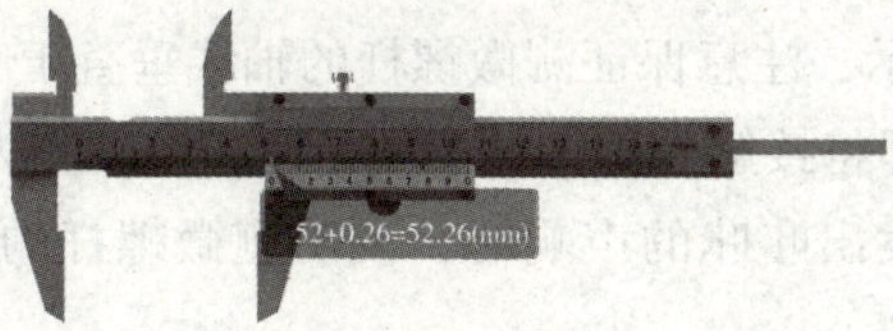	将整数部分和小数部分相加，即得到被测尺寸数值

5. 游标卡尺使用注意事项

（1）不要用游标卡尺测量运动中或过热的工件。

（2）量爪测量面接触工件表面时，压力以刚好接触工件表面为宜，以免影响测量精度和损坏游标卡尺。

（3）游标卡尺测量面的连线应垂直于被测表面，不能歪斜。

（4）读数时，操作人员的视线要垂直于尺身表面，以免造成测量值不准确。

（5）为保证测量的准确性，应在工件的同一位置进行多次测量，取平均值作为测量结果。

（6）不要从被测工件上猛然取下游标卡尺，以免损坏量爪的测量面。

（7）不要将游标卡尺放置在强磁场附近，以免影响精度。

（8）用完游标卡尺后，应将其仔细擦净，抹上防护油，平放在盒内，以防生锈或弯曲。

二、千分尺的使用方法

1. 选择千分尺

根据工件的尺寸和精度要求，选用相应规格的千分尺。

2. 检查千分尺

（1）将千分尺和被测工件表面擦拭干净。检查被测工件表面是否有毛刺、损伤、锈蚀等缺陷。

（2）转动微分筒，检查其转动是否灵活；拧紧锁紧手柄，检查其是否起作用。

（3）使两个测量面贴合，检查微分筒上的零线与固定套管的轴向基准线是否对齐，如有误差，需要校正零位。校正零位的方法如下。

①当误差不超过 0.02 mm 时，用锁紧手柄锁紧测微螺杆，然后用扳手扳动固定套管，直至零线对齐位置。

②当误差超过 0.02 mm 时，用锁紧手柄锁紧测微螺杆，然后用扳手松动测力装置，取下微分筒，重新对齐固定套管和微分筒上的零线，最后装上测力装置。

3. 千分尺测量尺寸

使用千分尺测量尺寸的操作要领如下。

（1）左手大拇指与另外四指相对捏住尺架隔热板，右手旋转微分筒和测力装置。

（2）如图 1-3-14（a）所示，转动微分筒，使千分尺两测量面的距离略大于被测尺寸。

（3）将工件放到两测量面之间，转动微分筒。

（4）如图 1-3-14（b）所示，注意保证测微螺杆的轴线垂直于工件被测表面。

（5）当测微螺杆的测量面即将接触到工件被测表面时，转动测力装置。

（6）当测力装置中的棘轮发出咔咔的声响时，说明测微螺杆的测量面已经接触到工件被测表面，测量力已经到位。

（7）注意此时不可再用力转动微分筒，以免损坏千分尺。

（8）用锁紧手柄将微螺杆锁紧，轻轻取下千分尺读数。千分尺测量尺寸示意图如图 1-3-14 所示。

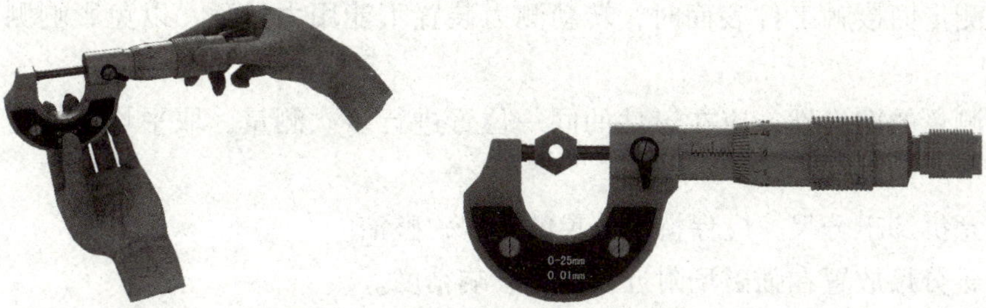

（a）　　　　（b）

图 1-3-14 千分尺测量尺寸示意图

千分尺的
使用方法

4. 千分尺读数

使用千分尺读数的操作过程如表 1-3-6 所列。

表 1-3-6 使用千分尺读数的操作过程

步骤	示意图	读数方法
读整数	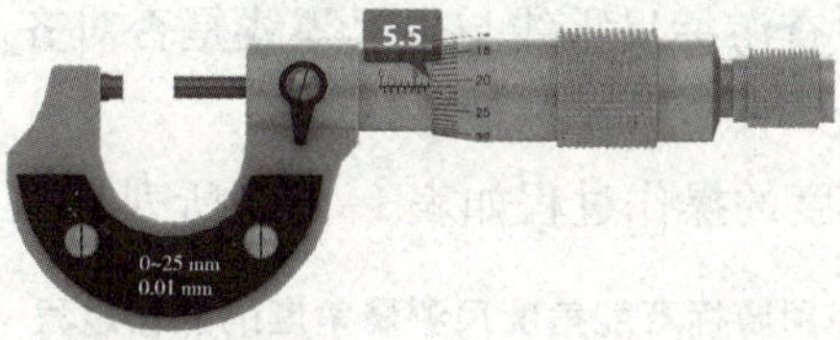	读出固定套管上靠近微分筒边缘的刻线的整数和半毫米数
读小数	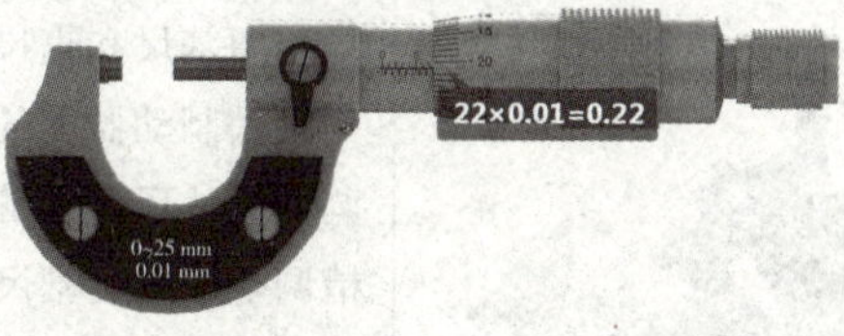	读出微分筒上与固定套管基线对齐的刻线顺序数，用该顺序数乘以千分尺的分度值，计算出小数部分
读数求和	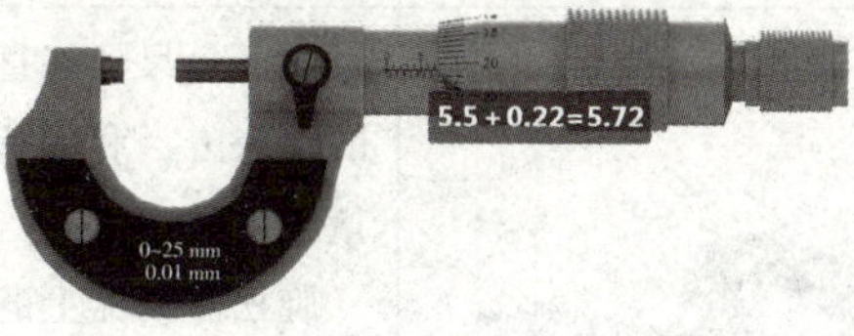	将整数部分和小数部分相加，即被测尺寸数值

5. 千分尺使用注意事项

（1）不要用千分尺测量运动中的工件或毛坯。

（2）千分尺测量面的中心线应垂直于被测工件表面，不能歪斜。

（3）千分尺测量面接触工件表面时，转动测力装置不能用力过猛，以免影响测量精度和损坏千分尺。

（4）为保证测量的准确性，应在工件的同一位置进行多次测量，取平均值作为测量结果。

（5）不要随意拆卸千分尺，应保持千分尺的干净、整洁。

（6）不要将千分尺放置在强磁场附近，以免影响精度。

（7）用完千分尺后，将其两测量面分开，仔细擦净，抹上防护油，平放在专用盒内，以防受热变形或发生腐蚀。

游标万能角度尺的使用方法

三、游标万能角度尺的使用方法

1. 选择游标万能角度尺

根据工件的尺寸和精度要求，选用相应规格的游标万能角度尺。

2. 检查游标万能角度尺

（1）将游标万能角度尺和被测工件表面擦拭干净，检查基尺、直尺、直角尺的刃口是否平直无损，检查被测工件表面是否有毛刺、损伤、锈蚀等缺陷。

（2）转动游标尺，检查其运动是否灵活；拧紧各个锁紧螺钉，检查其是否起作用。

（3）将基尺与直尺合拢，检查游标尺零线与主尺零线是否对齐。

3. 游标万能角度尺测量角度

使用游标万能角度尺测量角度的操作过程如表 1–3–7 所列。

表 1–3–7 使用游标万能角度尺测量角度的操作过程

步骤	示意图	操作要领
测量 0°～50°角	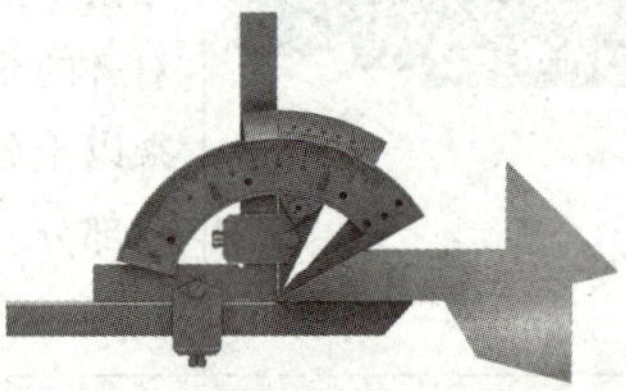	利用基尺和直尺的测量面测量工件。 旋松制动器上的螺母，移动主尺做粗调整；然后转动游标背面的调节旋钮做精调整，直到基尺的测量面紧密接触被测工件的工作面。拧紧制动器上的螺母，按照主尺的第一排刻度读数
测量 50°～140°角		取下角尺，将直尺直接安装在扇形板的卡块上，利用基尺和直尺的测量面测量工件。 旋松制动器上的螺母，移动主尺做粗调整；然后转动游标背面的调节旋钮做精调整，直到基尺的测量面紧密接触被测工件的工作面。拧紧制动器上的螺母，按照主尺的第二排刻度读数

表 1-3-7（续）

步骤	示意图	操作要领
测量 140°～230°角		取下直尺和固定在直角尺上的卡块，将直角尺直角顶点与基尺尖端对齐，利用直角尺短边和基尺的测量面测量工件。 旋松制动器上的螺母，移动主尺做粗调整；然后转动游标背面的调节旋钮做精调整，直到游标万能角度尺基尺的测量面紧密接触被测工件的工作面。拧紧制动器上的螺母，按照主尺的第三排刻度读数
测量 230°～320°角		取下直尺、直角尺和卡块，直接用基尺和扇形板的测量面测量工件。旋松制动器上的螺母，移动主尺做粗调整；然后转动游标背面的调节旋钮做精调整，直到游标万能角度尺基尺的测量面紧密接触被测工件的工作面。拧紧制动器上的螺母，按照主尺的第四排刻度读数

4. 游标万能角度尺读数

使用游标万能角度尺读数的操作过程如表 1-3-8 所列。

表 1-3-8　使用游标万能角度尺读数的操作过程

步骤	示意图	读数方法
读整数	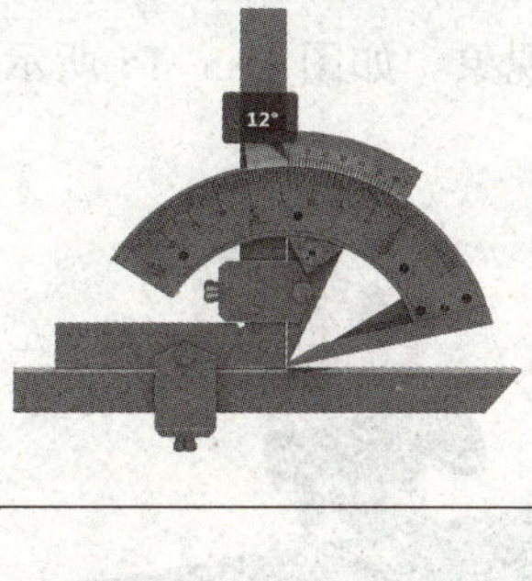	读出主尺上游标尺零线左边的角度整数

表 1-3-8（续）

步骤	示意图	读数方法
读小数	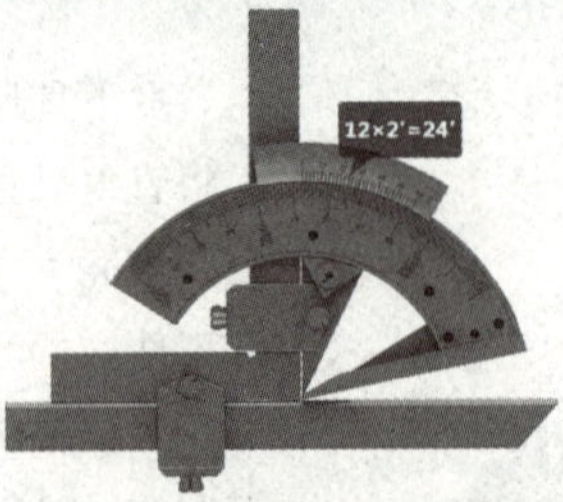	读出游标尺上与主尺刻线对齐的刻线位置，用该刻线的顺序数乘以游标万能角度尺的分度值，计算出小数部分
读数求和	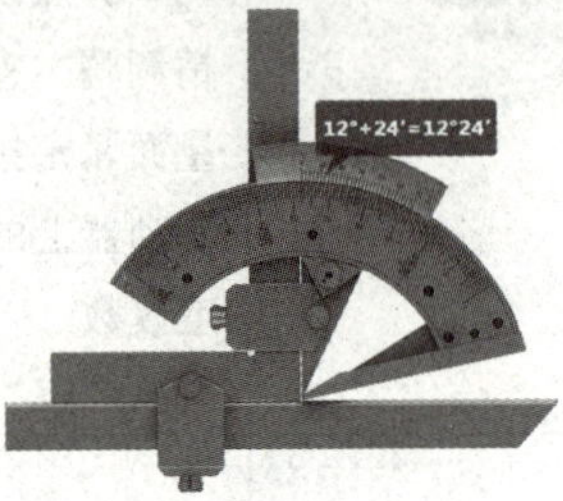	将整数部分和小数部分相加，即被测尺寸数值

5. 游标万能角度尺使用注意事项

（1）应根据被测工件的角度大小，正确使用游标万能角度尺。

（2）测量时，应使游标万能角度尺的两个测量面与被测工件表面在全长上保持良好接触，以免产生误差。

（3）用完游标万能角度尺后，应将其仔细擦净，抹上防护油，平放在专用盒内。

四、百分表的使用方法

1. 选择百分表

根据工件的尺寸和精度要求，选用相应规格的百分表。

2. 检查百分表

（1）将百分表安装到专用表架上，将百分表和被测工件表面擦拭干净。检查被测工件表面是否有毛刺、损伤、锈蚀等缺陷。

（2）轻推测头，检查其运动是否灵活；外力撤除后，观察指针是否能够回到原位。

（3）检查表盘和指针是否有松动现象，如图 1-3-15 所示。

图 1-3-15　检查百分表示意图

3. 百分表检测工件

使用百分表检测工件的操作要领如下。

（1）将测量杆垂直于工件表面，使测头与工件表面接触，测量杆预先留有 0.3～1 mm的压缩量，保持一定的初始测量力，以免由于存在负偏差而检测不到数值。

（2）转动表圈，使大指针对准表盘的零位线。

（3）以零位线为基准，规定大指针顺时针转动所得到的数值为负（-）值；逆时针转动所得到的数值为正（+）值。图 1-3-16 为百分表检测平行度误差示意图。

图 1-3-16　百分表检测平行度误差示意图

百分表的使用方法

4. 百分表读数

使用百分表读数的操作过程如表 1-3-9 所列。

表 1-3-9　使用百分表读数的操作过程

步骤	示意图	读数方法
读整数		读出小指针上的整数
读小数		以零位线为基准，读出大指针与表盘上对齐刻线的位置，用该刻线的顺序数乘以百分表的分度值，计算出小数部分

表 1-3-9（续）

步骤	示意图	读数方法
读数求和		将整数部分和小数部分相加，即被测尺寸数值

5. 百分表使用注意事项

（1）百分表应安装在专用表架上使用。

（2）测量时，应轻提、轻放测量杆，以免损坏测量杆及产生测量误差。

（3）严禁超量程使用百分表，以免损坏百分表。

（4）用完百分表后，应将其仔细擦净，平放在专用盒内。

五、直角尺的使用方法

1. 选择直角尺

根据工件的尺寸和精度要求，选用相应规格的直角尺。

2. 检查直角尺

（1）将直角尺和被测工件表面擦拭干净。

（2）检查直角尺各工作面是否平直完好，检查被测工件表面是否有毛刺、损伤、锈蚀等缺陷。

3. 直角尺检测工件

使用直角尺检测工件的操作要领如下。

（1）如图 1-3-17（a）所示，用直角尺检测工件垂直度误差时，左手持工件，右手大拇指与其他四指相对捏住尺座。

（2）如图 1-3-17（b）所示，将尺座的内基准面紧贴工件的基准面，注意尺苗的内测量面与工件被测表面要留有一定的间隙。如图 1-3-17（c）所示，沿工件的基准面轻轻地向下移动尺座，使尺苗的内测量面紧贴工件被测表面。

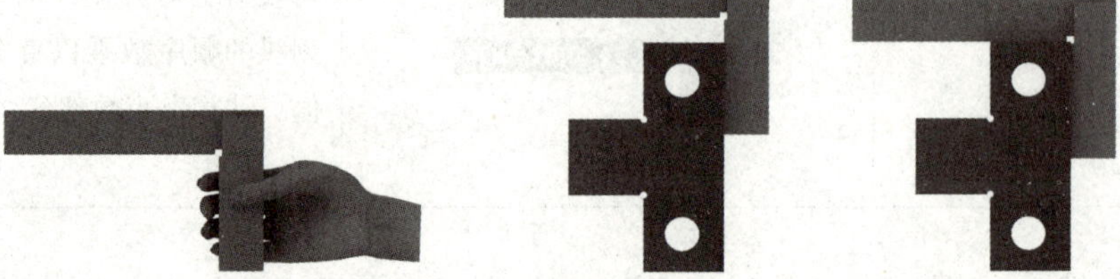

（a）（b）（c）

图 1-3-17 直角尺检测工件示意图

（3）采用“透光法”目测预估，或配合塞尺确定间隙量的大小。

4. 直角尺使用注意事项

（1）测量时，注意轻拿、轻靠、轻放直角尺，以防其弯曲变形。

（2）为得到准确的测量结果，可将直角尺翻转 180°再进行一次测量，取两次读数的算术平均值作为测量结果。

（3）用完直角尺后，应将其仔细擦净，抹上防护油，平放在专用盒内。

六、塞尺的使用方法

1. 选择塞尺

根据工件的尺寸精度要求，选用相应规格的塞尺。

2. 检查塞尺

（1）将塞尺和被测工件表面擦拭干净。

（2）检查塞尺各工作面和边缘是否平直完好，检查被测工件表面是否有毛刺、损伤、锈蚀等缺陷。

3. 塞尺检测工件

使用塞尺检测工件的操作要领如下。

（1）一般采用塞尺“插入法”检测两贴合面之间的间隙量，如图 1-3-18 所示。

图 1-3-18 塞尺检测工件示意图

（2）当塞尺的一片或数片尺片能够插入两贴合面之间的间隙，而增加一片尺片不能插入两贴合面之间的间隙时，所有尺片的厚度和即两贴合面之间的间隙值。

（3）例如，用 0. 30 mm 的塞尺可以插入工件和直角尺的间隙，而用 0. 35 mm 的塞尺插不进去，说明间隙尺寸在 0. 30~0. 35 mm。

4. 塞尺使用注意事项

（1）不能用塞尺测量温度较高的工件。

（2）测量时，用力不能过大，以免弯曲和折断塞尺尺片。

（3）用完塞尺后，应将其仔细擦净，抹上防护油，合到尺套中，放在专用盒内。

七、刀形样板平尺的使用方法

1. 选择刀形样板平尺

根据工件的尺寸精度要求，选用相应规格的刀形样板平尺。

2. 检查刀形样板平尺

（1）将刀形样板平尺和被测工件表面擦拭干净。

（2）检查刀形样板平尺测量面是否平直完好，检查被测工件表面是否有毛刺、损伤、锈蚀等缺陷。

3. 刀形样板平尺检测工件

使用刀形样板平尺检测工件的操作要领如下。

（1）如图 1-3-19（a）所示，使用刀形样板平尺测量工件平面度和直线度误差时，右手大拇指与另外四指相对捏住尺身胶垫，应保证尺头置于左端。

（2）如图 1-3-19（b）所示，应保证尺身垂直于工件被测表面，分别沿纵向、横向、对角等多个方向逐一进行检测。

（3）如图 1-3-19（c）所示，采用“透光法”目测估计工件平面度误差。

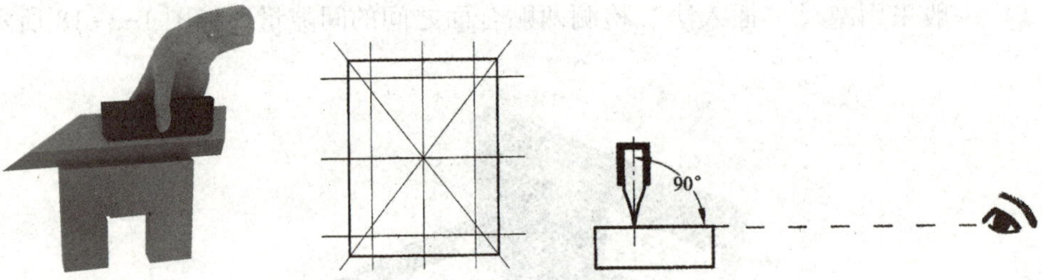

（a）　（b）　（c）

图 1-3-19　刀形样板平尺检测工件示意图

4. 刀形样板平尺使用注意事项

（1）测量时，不许用力触碰刀形样板平尺，以免损伤其测量面，影响测量精度。

（2）改变测量位置时，应将刀形样板平尺轻轻提起，再轻轻放在另一被测位置，以免磨损测量面。

（3）用完刀形样板平尺后，应将其仔细擦净，抹上防护油，放在专用盒内。

单元四

划 线

知识一　划线概述

一、划线的概念

划线是指在毛坯或工件表面上，用划线工具划出待加工部位的轮廓线或作为基准的点、线的操作。

划线的类型

二、划线分类

划线分类如表 1-4-1 所列。

表 1-4-1　划线分类

类型	示意图	概念
平面划线		只需在工件的一个平面上划线，便能明确表示加工界线的划线，称为平面划线。 平面划线通常需要在工件的正、反两面同时划线

表 1-4-1（续）

类型	示意图	概念
立体划线		需要在工件几个不同的方向上同时划线，才能明确表示加工界线的划线，称为立体划线。 立体划线通常需要在工件的长、宽、高三个方向同时划线

三、划线的作用

（1）通过划线，可以明确工件上各加工面的加工位置。

（2）通过划线，可以确定工件上各加工面的加工余量，及时发现和处理不合格的毛坯。

（3）当毛坯误差不大时，依靠划线时用借料的方法予以补救，使加工后的零件仍能符合图样要求。

知识二　划线工具

一、划线平台

划线平台是指划线时的基准平面，用来安放工件和划线工具，并进行划线操作。划线平台常用铸铁制成，工作表面经过精刨、刮研等处理，具有较高的平面度。划线平台示意图如图 1-4-1 所示。

图 1-4-1　划线平台示意图

图 1-4-2　划针示意图

二、划针

划针用来在工件表面上划出线条。划针常用高速钢或弹簧钢制成，其端部磨尖，成15°~20°。划针示意图如图 1-4-2 所示。

三、划规

1. 划规的作用及特点

划规用来划圆和圆弧、等分线段和圆，也可用来量取尺寸。划规常用中碳钢或工具钢制成，其两脚尖端经淬硬后磨锐。

2. 划规分类

划规分类如表 1-4-2 所列。

表 1-4-2　划规分类

类型	示意图	特点及应用
普通划规	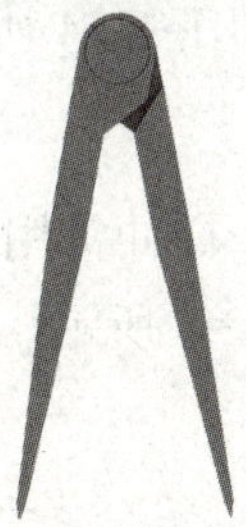	结构简单，制作方便，应用广泛；尺寸调整不方便且易变动
弹簧划规	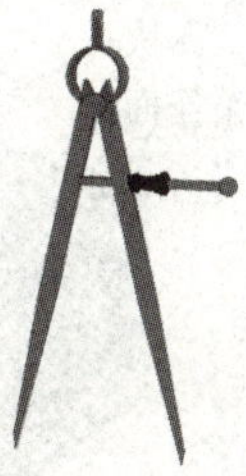	尺寸调整较为方便，一般用于在半成品表面划线
长划规	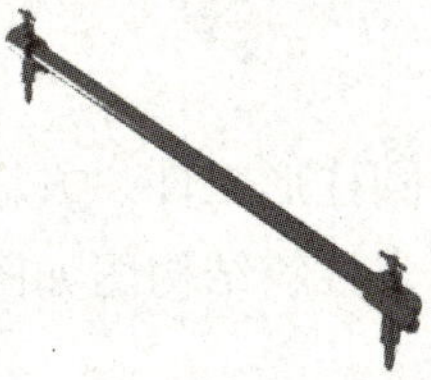	可通过调整长划规滑杆上的两个划规脚得到所需尺寸，用于划大尺寸的圆或圆弧

四、游标高度尺

游标高度尺用于测量工件的高度、对工件进行划线。游标高度尺结构图如图 1-4-3 所示。

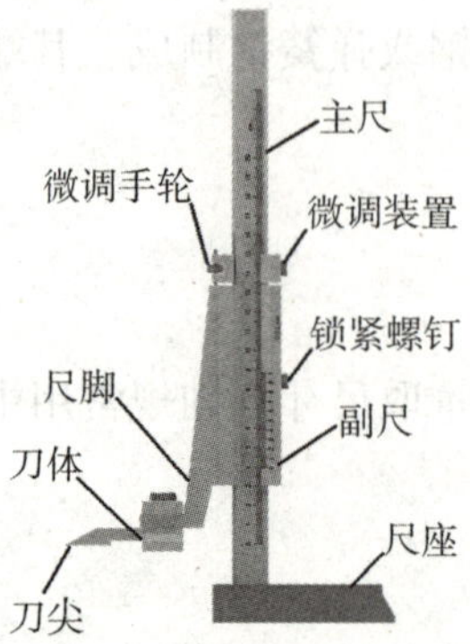

图 1-4-3　游标高度尺结构图

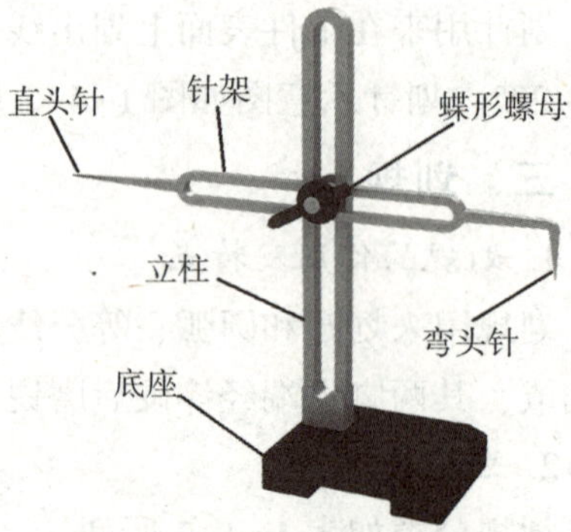

图 1-4-4　划线盘结构图

五、划线盘

划线盘用于找正工件位置或对工件进行划线。划线盘上的直头针用来对工件进行划线，弯头针用来找正工件位置。划线盘结构图如图 1-4-4 所示。

六、样冲

样冲用于在划好的线条和圆弧中心打上冲眼。样冲常用碳素工具钢制成，经淬火后磨尖，顶角一般为 45°~60°。样冲示意图如图 1-4-5 所示。

图 1-4-5　样冲示意图

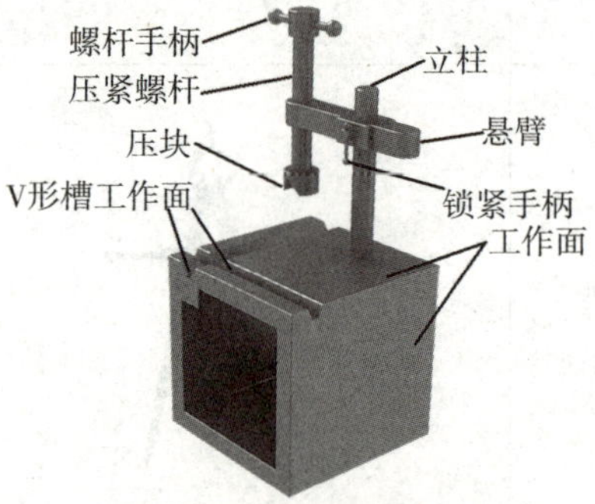

图 1-4-6　方箱结构图

七、方箱

方箱是划线操作中的基准工件，用来装夹圆柱形工件。方箱常用铸铁制成，其表面经磨削或刮削加工，各相邻工作表面相互垂直。方箱结构图如图 1-4-6 所示。

八、角铁和 G 形夹头

角铁用来夹持工件，G 形夹头用来配合角铁或方箱夹持和固定工件。角铁常用铸铁制成，经过精刨、磨削或刮削等精加工，其工作表面垂直度很高。角铁和 G 形夹头结构图如图 1-4-7 所示。

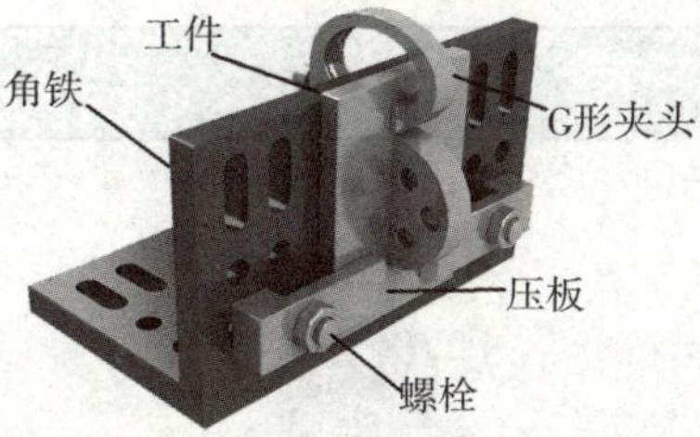

图 1-4-7 角铁和 G 形夹头结构图

九、垫铁

垫铁分类如表 1-4-3 所列。

表 1-4-3 垫铁分类

类型	示意图	作用
平垫铁		用于在划线时平行垫高工件，每副由具有相同尺寸的两块垫铁组成
斜垫铁		用于支承工件，对工件的高度做少量调节

十、V 形块

如图 1-4-8（a）所示，V 形块用来支承圆柱形工件，其上 V 形槽的夹角为 90°或 120°。如图 1-4-8（b）所示，当支承较长的圆柱形工件时，需要两个等高的 V 形块成对使用。

（a）　　（b）

图 1-4-8 V 形块示意图

十一、千斤顶

千斤顶分类如表 1-4-4 所列。

表 1-4-4　千斤顶分类

类型	示意图	作用
锥顶千斤顶		用于支承形状不规则的工件，工件的高度可以调节
带 V 形槽的千斤顶		用于支承工件的圆柱面

十二、分度头

分度头用于对中、小型工件等分圆周和划线。其以万能分度头的主轴中心线到底面的高度来表示型号。万能分度头的型号有 FW100，FW125，FW160 等几种，常用型号为 FW125 型万能分度头。分度头结构图如图 1-4-9 所示。

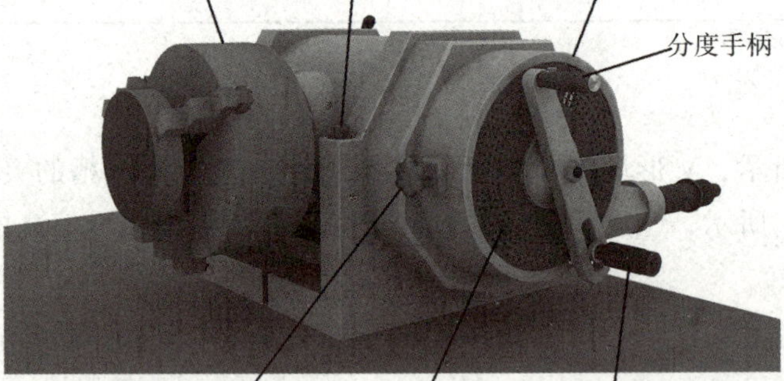

图 1-4-9　分度头结构图

分度头

知识三 划线工具的使用方法

划线工具的使用方法

一、划线平台的使用方法

划线平台的使用注意事项如下。

（1）划线平台工作表面应经常保持清洁，以免在划线工具或工件的拖动下被铁屑、灰砂等杂质划伤。

（2）操作人员不可在划线平台上敲击工件。

（3）在划线平台上，应轻拿、轻放工件和划线工具，避免撞击，以免降低平台精度。

（4）应均匀使用划线平台工作面各处，以免局部磨损。

（5）划线平台使用完后，应把表面擦拭干净；若长时间不用，应涂油防锈，并加盖保护罩。

二、划针的使用方法

1. 划针使用操作要领

（1）如图 1-4-10（a）所示，使用钢直尺、直角尺作为导向工具配合划针进行划线操作时，左手应压紧导向工具，右手握住划针。

（2）如图 1-4-10（b）（c）所示，划针的上部向外倾斜 15°～25°，向划线方向倾斜 45°～75°。注意划针的尖端一定要抵住导向工具的边缘，以保证划出准确的线条。

（3）划线时，应保证用力大小适度，避免重复刻划线条，做到线条位置准确、清晰、均匀。

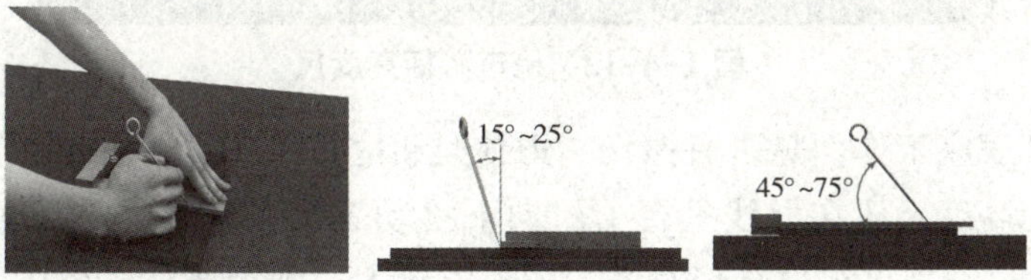

（a）　（b）　（c）

图 1-4-10　划针使用示意图

2. 划针使用注意事项

（1）应谨慎使用划针，以免针尖扎伤手指。

（2）划针使用完后，要用塑料管套住针尖并妥善放置。

三、划规的使用方法

划规使用操作要领如下。

（1）如图 1-4-11（a）所示，用右手大拇指与其他四指相对捏住划规上部，在钢直尺上量出圆和圆弧的半径。

（2）如图 1-4-11（b）所示，将划规的一个脚放入样冲眼，在作为旋转中心的一脚上施加较大的压力。试划一小段圆弧，用钢直尺检查圆弧半径是否正确。为保证划线的准确，每次应顺时针划出 1/4 段圆弧，然后调整工件或划规，分四次逐段划出整个圆。

（a）　　（b）

图 1-4-11　划规使用示意图

四、游标高度尺的使用方法

1. 检查游标高度尺

（1）将游标高度尺和被划工件表面擦拭干净，如图 1-4-12 所示。

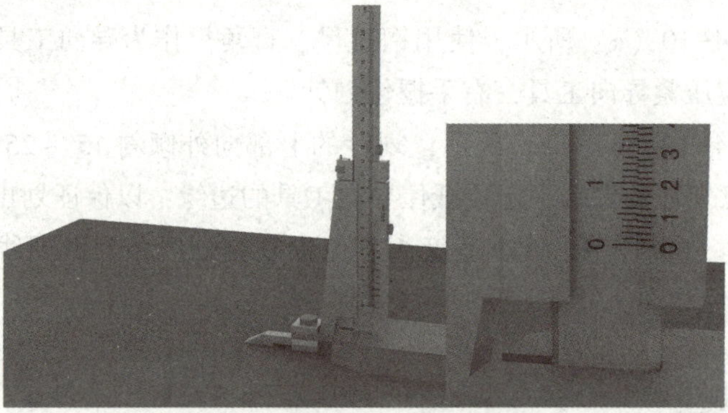

图 1-4-12　检查游标高度尺

（2）检查其底座工作面是否有擦伤、刀体是否完好、紧固零件是否起作用等。

（3）将游标高度尺放在划线平台上，向下移动副尺，使刀体的下刀面与平台工作面接触，观察主尺与副尺零位是否对齐，如误差较大，则需调整。

2. 调整尺寸

水平放置尺身，左手大拇指与其他四指相对捏住尺座，旋松副尺和微调装置上的锁紧螺钉。右手移动副尺粗调尺寸，然后拧紧微调装置上的锁紧螺钉。旋动微调手轮精调尺寸，拧紧副尺上的锁紧螺钉。调整游标高度尺尺寸示意图如图 1-4-13 所示。

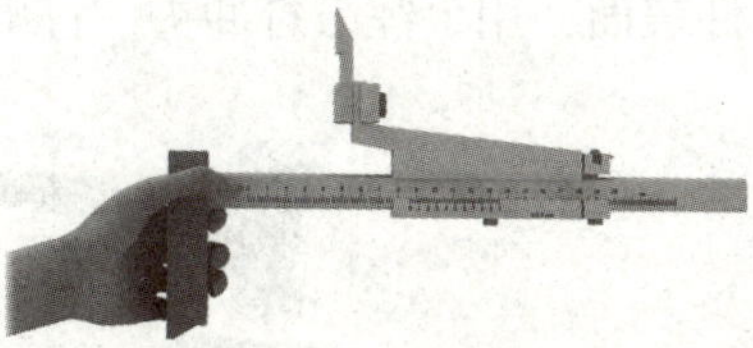

图 1-4-13　调整游标高度尺尺寸示意图

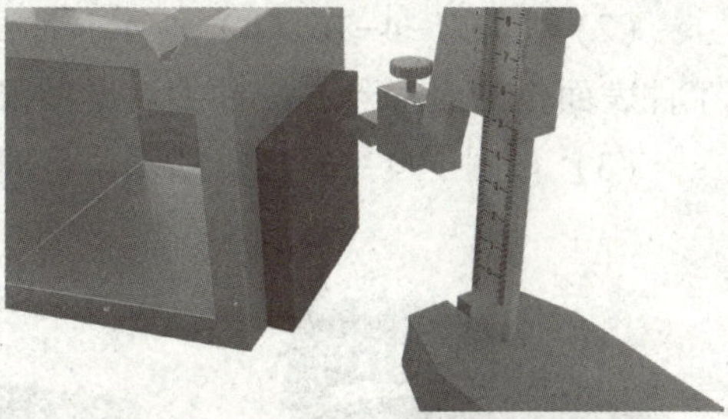

图 1-4-14　游标高度尺划线示意图

3. 划线

保持刀尖与被划工件表面的夹角为 45°左右，右手的大拇指与其他四指相对捏住底座两侧，适当用力压住尺座，自前向后拖动尺座划线。游标高度尺划线示意图如图 1-4-14所示。

4. 游标高度尺使用注意事项

（1）不允许抓住游标高度尺尺身划线，以免造成游标高度尺跌落或使尺身产生变形。

（2）移动游标高度尺时，底座应紧贴划线平台，保证平稳移动。

五、划线盘的使用方法

1. 划线盘使用操作要领

如图 1-4-15（a）所示，用右手的大拇指与其他四指相对捏住划线盘底座两侧，使针架处于水平位置。调整尺寸，拧紧蝶形螺母。

如图 1-4-15（b）所示，保持针架与被划工件表面的夹角为 30°~45°，自前向后拖动底座划线。

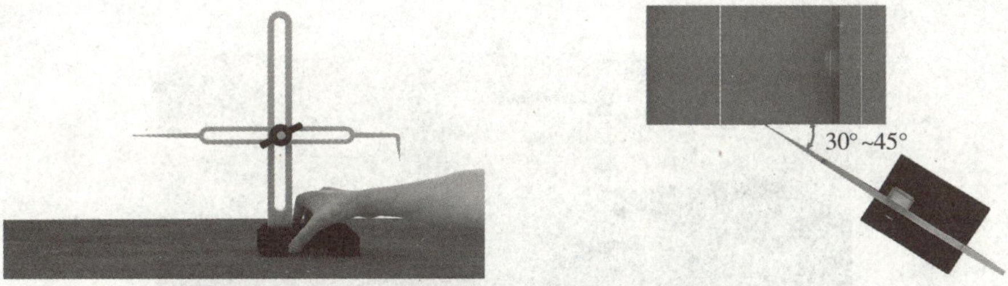

（a）　　　　（b）

图 1-4-15　划线盘使用示意图

2. 划线盘使用注意事项

（1）针架伸出部分应尽量短些，以免划线时产生振动。

（2）划线时，要适当用力压紧底座，以免底座摇晃造成划线不准确。

（3）划线盘使用完后，应将针架竖直、针尖朝下并套上塑料管，以防针尖伤人。

六、样冲的使用方法

1. 样冲使用操作要领

（1）如图 1-4-16（a）所示，左手大拇指与食指、中指和无名指相对捏住冲身。

（2）如图 1-4-16（b）所示，冲身向外侧倾斜 30°左右，用左手无名指的指尖置于工件表面作为支撑点，使冲尖对准冲眼位置。

（3）如图 1-4-16（c）所示，将冲身垂直于工件表面，用手锤敲打冲头，打出冲眼。

（a）（b）（c）

图 1-4-16　样冲使用示意图

2. 样冲使用注意事项

（1）直线较长时，冲眼的间距应大些；曲线上的冲眼间距应小些。线条相交处必须冲眼。

（2）粗糙表面或孔上的冲眼要深些，光滑表面或薄壁工件上的冲眼要浅些。

（3）不允许在精加工表面冲眼。

七、方箱的使用方法

1. 方箱使用操作要领

将圆柱形工件放置在方箱的 V 形槽工作面内，转动压紧螺杆，利用 V 形压块将工件固定。翻转方箱即可把工件上相互垂直的线条，在一次安装中全部划出。方箱使用示意图如图 1-4-17 所示。

图 1-4-17　方箱使用示意图

2. 方箱使用注意事项

翻转方箱时用力要轻，以免损坏方箱和划线平台工作面。

八、分度头的使用方法

分度头的使用方法如下。

（1）根据工件等分数 z，计算分度手柄应转过的圈数为 $\frac{40}{z}$。

（2）当分度手柄转过的圈数不是整数时，确定分度盘孔距数。将分度手柄转过的圈数的分子、分母同时扩大相同倍数，使扩大后的分母数与表 1-4-5 所列分度盘某一孔圈的孔数相同，根据扩大后的分子数确定分度手柄在该孔圈上应转过的孔距数。注意，应尽量选用孔数较多的孔圈。

表 1-4-5　分度盘的孔数

<table>
<tr><th>分度头形式</th><th colspan="2">分度盘孔数</th></tr>
<tr><td>带一块分度盘</td><td colspan="2">正面：24，25，28，30，34，37，38，39，41，42，43
反面：46，47，49，51，53，54，57，58，59，62，66</td></tr>
<tr><td rowspan="2">带两块分度盘</td><td>第一块</td><td>正面：24，25，28，30，34，37
反面：38，39，41，42，43</td></tr>
<tr><td>第二块</td><td>正面：46，47，49，51，53，54
反面：57，58，59，62，66</td></tr>
</table>

（3）利用分度盘进行分度。按照分度盘的孔距数调整分度叉。旋紧锁紧螺钉将分度盘固定，使定位插销对准所选分度盘的孔圈。分度时，拔出定位插销，转动分度手柄；当主轴转动到所需要分度的位置时，将定位插销重新插入分度盘孔中。

知识四　划线基准的选择

一、基准的概念

基准是指用来确定图样或工件上各几何要素间的几何关系所依据的点、线、面。

二、划线基准的概念

划线基准是指工件划线时所采用的基准。划线时，在工件的每一个方向上都需要选择一个划线基准。平面划线需要确定两个划线基准，立体划线需要确定三个划线基准。

三、划线基准的选择方法

（1）为划线方便、减小误差，应尽量采用设计基准作为划线基准。

（2）形状对称的工件，应以对称中心线作为划线基准。

（3）有孔或凸台的毛坯件，应以主要的孔或凸台的中心线作为划线基准。

（4）未加工的毛坯件，应以主要的、面积较大的不加工面作为划线基准。

（5）加工过的零件，应以加工后的较大表面作为划线基准。

四、划线基准分类

划线基准分类如表 1-4-6 所列。

表 1-4-6　划线基准分类

类型	示意图	操作要领
以两个相互垂直的平面或直线作为划线基准	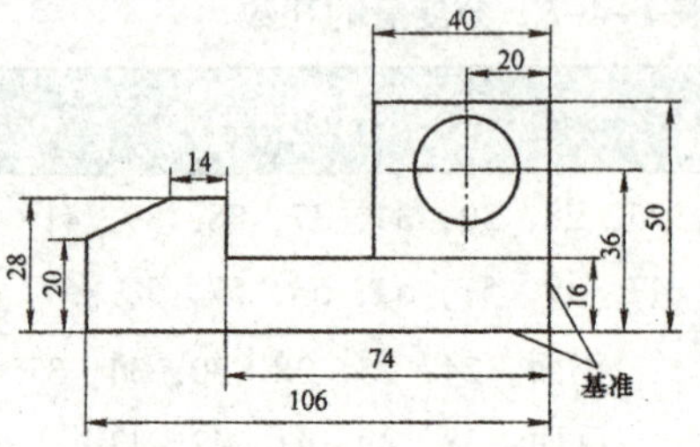	该工件以底面为高度方向划线基准、右面为长度方向划线基准。 划线时，首先将两个划线基准面加工平整，保证垂直度；然后以两个基准面为基准，划出其他加工线
以一个平面（或直线）和一条对称中心线作为划线基准	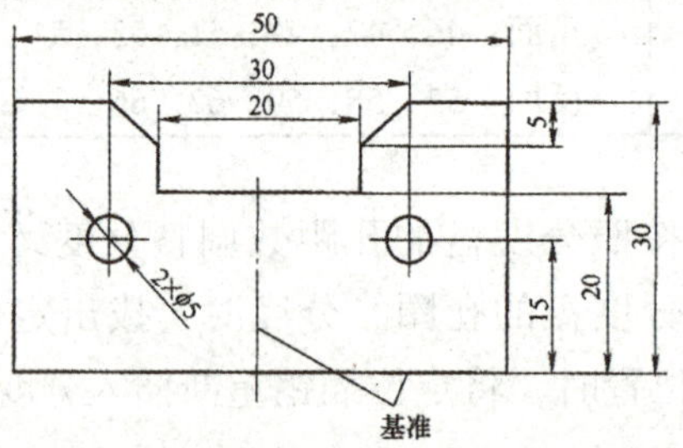	该工件以底面为高度方向划线基准、对称中心线为长度方向划线基准。 划线时，首先将底面加工平整，保证平面度；然后划出中心线；再以基准面和中心线为基准，划出其他加工线
以两条相互垂直的中心线作为划线基准	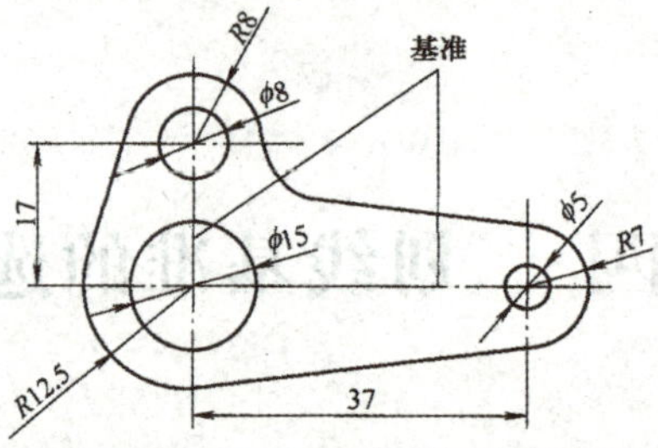	该工件以 $\phi15$ 圆的水平中心线为高度方向划线基准、$\phi15$ 圆的竖直中心线为长度方向划线基准。 划线时，首先在工件上划出两条中心线；然后以两条中心线为基准，划出其他加工线

五、划线涂料

划线涂料种类及用途如表 1-4-7 所列。

表 1-4-7　划线涂料种类及用途

类型	组成	用途
石灰水	由稀糊状石灰水加适量牛皮胶调和而成	用于毛坯件表面的划线
蓝油	由 2%～4%龙胆紫加 3%～5%虫胶漆和 91%～95%酒精混合而成	用于已加工表面的划线

知识五　基本线条的划法

一、直线

直线的划法示意图如图 1-4-18 所示。用钢直尺划直线时，首先确定出直线两端的位置，然后左手压紧钢直尺、右手使用划针划出直线。

线条的划法

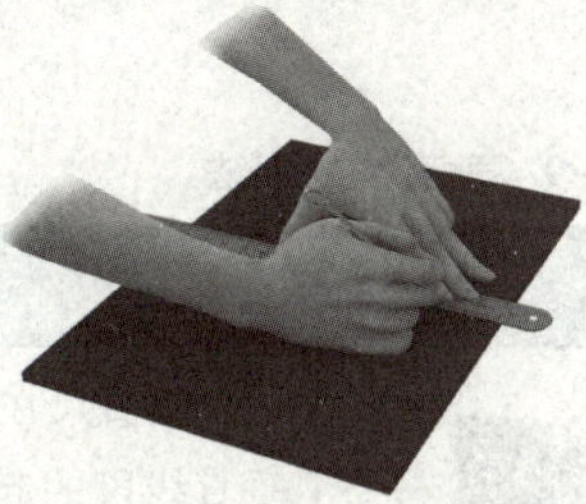

图 1-4-18　直线的划法示意图

二、平行线

平行线的划法如表 1-4-8 所列。

表 1-4-8　平行线的划法

类型	示意图	操作要领
用钢直尺划出已知直线的平行线	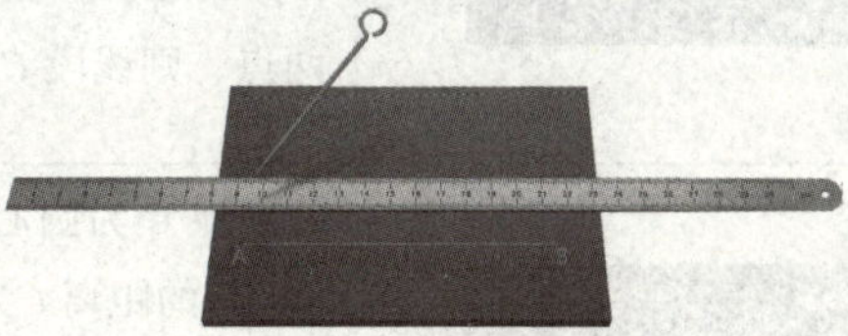	在两个不同的位置，用钢直尺分别量取已知直线 *AB* 平行线的位置，用划针划出两小段线条，将两小段线条连接起来即所求平行线
用划规划出已知直线的平行线		首先在已知直线 *AB* 上任取两点，打上样冲眼；用划规在钢直尺上量出平行线间距，作为圆弧半径 *R*；分别以这两点为圆心，划出两段圆弧；划出两段圆弧的切线，即所求平行线

表 1-4-8（续）

类型	示意图	操作要领
用游标高度尺划出已知直线平行线	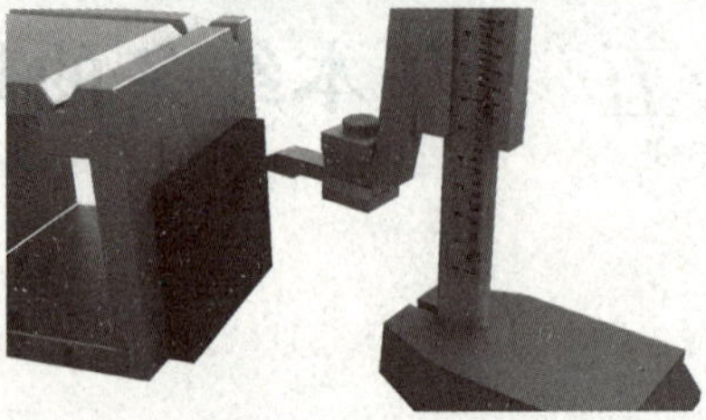	根据已知直线 AB 的位置和平行线间距，调整游标高度尺到所需尺寸。在划线平台上，将工件靠在方箱或角铁的垂直工作面上，用游标高度尺划出所求的平行线

三、垂直线

垂直线的划法如表 1-4-9 所列。

表 1-4-9　垂直线的划法

类型	示意图	操作要领
用直角尺划出已知直线的垂直线		用钢直尺在已知直线 AB 上取一点作为垂直线段的起点，打上样冲眼。将直角尺尺座的内基准面紧靠与已知线段相平行的工件的端面，用划针划出所求垂直线段
用作图法过已知直线 AB 上点 C，划出直线的垂直线		以点 C 为圆心、任意长度 r 为半径，划圆弧交已知直线 AB 于 D，E 两点。分别以点 D、点 E 为圆心，以大于 r 的长度 R 为半径，作圆弧交于点 F，联结 C，F 两点，则线段 CF 即已知直线 AB 的垂线
用作图法过已知直线 AB 外点 C，划出直线的垂直线	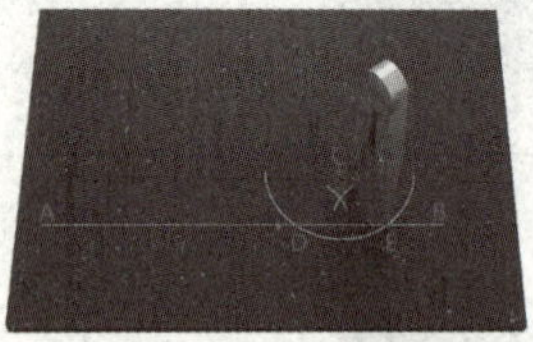	以点 C 为圆心，以大于点 C 到已知直线 AB 的距离 r 为半径，划圆弧交已知直线 AB 于 D，E 两点。分别以点 D、点 E 为圆心，以适当长度 R 为半径，作圆弧交于点 F，联结 C，F 两点，则线段 CF 即已知直线 AB 的垂线

四、角度线

角度线的划法示意图如图 1-4-19 所示。将游标万能角度尺调整到所需角度，利用游标万能角度尺划出所求角度线。

图 1-4-19 角度线的划法示意图

知识六 划线时的找正和借料

一、找正

1. 定义

找正是指利用划线工具，使工件上与加工表面有关的毛坯表面处于合适的位置。找正示意图如图 1-4-20 所示。

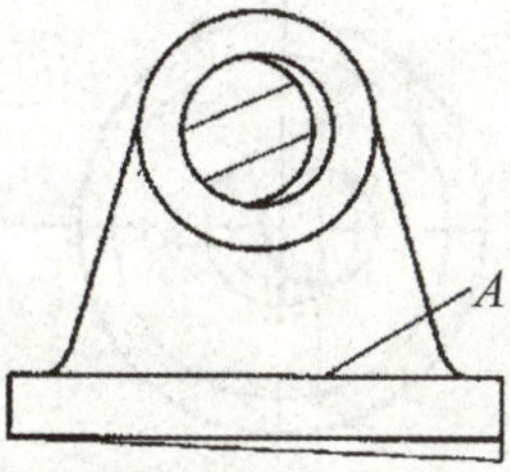

图 1-4-20 找正示意图

2. 作用

轴承座毛坯因铸造导致底面与平面 *A*（*A* 为不加工面）不平行、内孔与外圆不同心。在划底面的加工线时，应以上平面 *A* 为依据找正工件位置，使底座各处厚度均匀；在划内孔加工线时，应以外圆作为找正依据来确定内孔的中心。

3. 原则

（1）工件若有几个与加工表面有关的不加工表面时，应选重要的、较大的或外观质量较高的不加工表面作为找正的主要依据，并兼顾其他次要的不加工表面，使划线后的加工表面与不加工表面之间的尺寸和位置符合图样要求，将无法弥补的误差集中到次要的或不显眼的部位。

（2）若毛坯没有不加工表面，可以通过对各加工表面自身位置进行找正后再划线，这样可以使各加工面的加工余量得到合理、均匀的分配，避免加工余量相差悬殊。

二、借料

1. 定义

借料是指通过对有误差或缺陷的工件毛坯进行试划和调整，将各个待加工面的加工余量进行合理分配、相互借用，从而保证各个待加工面都有足够的加工余量，而误差或缺陷可在加工后消除，或使其影响减小到最低限度。

2. 作用

如图 1-4-21（a）所示，圆环形工件的内孔、外圆都需要加工。当毛坯比较精确时，所划线条如图 1-4-21（b）所示。当内孔、外圆偏心量较大时，如以外圆作为找正依据，则内孔的加工余量不足，如图 1-4-21（c）所示；反之，则外圆的加工余量不足，如图 1-4-21（d）所示。只有在兼顾内孔、外圆的情况下，适当地选择圆心位置，才能保证内孔、外圆都有足够的加工余量，如图 1-4-21（e）所示。

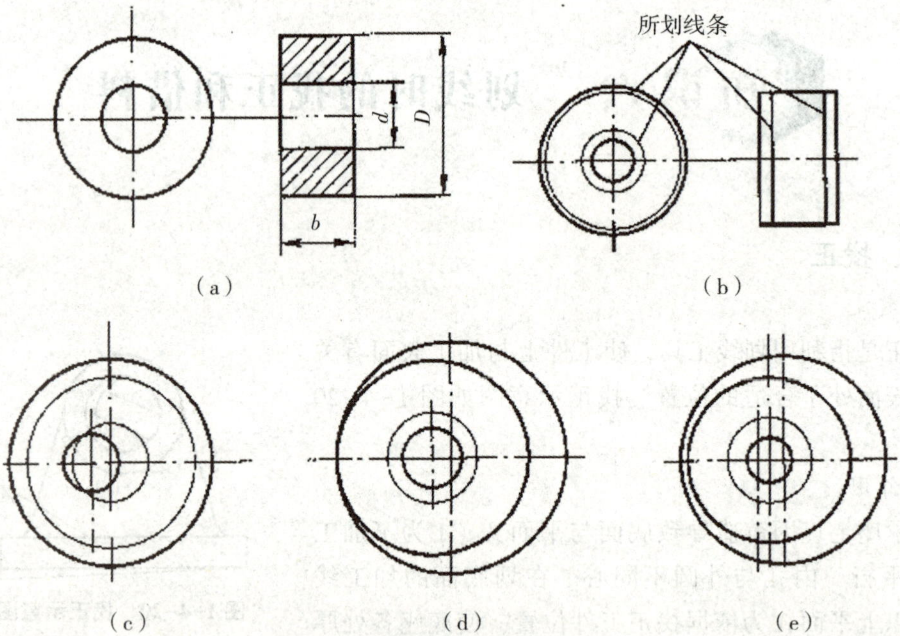

图 1-4-21　借料示意图

3. 借料的一般步骤

（1）详细测量工件毛坯的各部分尺寸，找出偏移部位及偏移量。

（2）分析工件毛坯，确定借料的方向及大小，划出基准线。

（3）根据图样要求，以基准线为依据，划出其余各线。

（4）全面复查各加工表面的加工余量，若发现余量不足，则应继续调整，重新划线。

知识七 平面划线方法

一、图样分析

根据图样（图 1-4-22），确定以工件底面为高度方向的划线基准、右面为长度方向的划线基准。

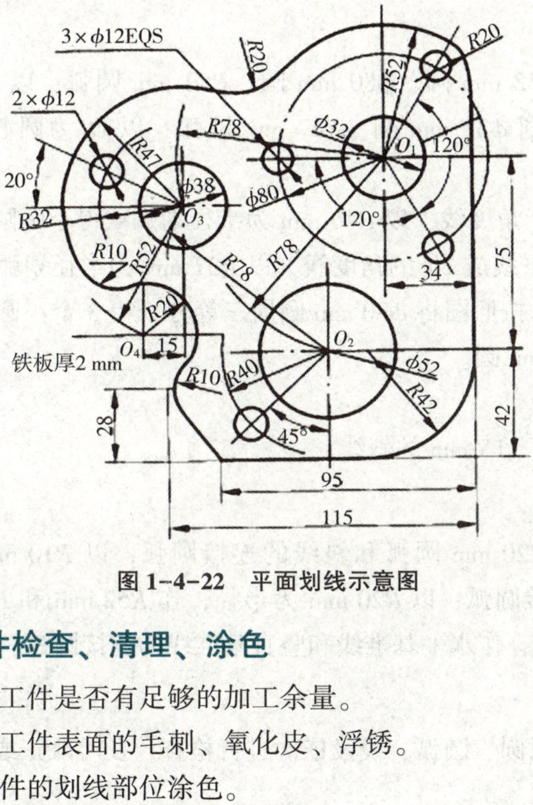

图 1-4-22 平面划线示意图

样板平面划线

二、工件检查、清理、涂色

（1）检查工件是否有足够的加工余量。

（2）清理工件表面的毛刺、氧化皮、浮锈。

（3）在工件的划线部位涂色。

三、工、量、刃、辅具准备

需要准备方箱、划针、划规、钢直尺、样冲、手锤、游标高度尺、划线平台、90°直角尺、游标卡尺、游标万能角度尺、锉刀、毛刷、涂料、钢丝刷等。

四、加工基准面

（1）划出水平基准线，加工水平基准面。

（2）划出竖直基准线，加工竖直基准面。

五、划定位线

（1）以水平基准面为基准，分别划出尺寸为 42，75 mm 的水平定位线。

（2）以竖直基准面为基准，划出尺寸为 34 mm 的竖直定位线，交 75 mm 水平定位线得点 O_1；在 O_1点打样冲眼。

（3）以 O_1为圆心、R78 mm 为半径作弧，交 42 mm 水平线得点 O_2；在 O_2点打样冲眼。

（4）过 O_2点作水平线的垂线，分别以 O_1点为圆心、R78 mm 为半径作弧；以 O_2点为圆心、R78 mm 为半径作弧，相交得 O_3点；在 O_3点打样冲眼。

（5）过 O_3点作水平线和垂直线，划与过 O_3点垂直线左侧距离为 15 mm 的垂直线，以 O_3点为圆心、R52 mm 为半径作弧，与该垂直线相交得 O_4点；在 O_4点打样冲眼。

六、划已知圆、圆弧和线段

1. 划已知圆和圆弧

（1）以 O_1为圆心，划 ϕ32 mm 圆、ϕ80 mm 圆、R52 mm 圆弧；以 O_2为圆心，划 ϕ52 mm 圆；以 O_3为圆心，划 ϕ38 mm 圆、R47 mm 圆弧；以 O_4为圆心，划 R20 mm 圆弧。

（2）过 O_2点划左下方 45°角度线，以 R40 mm 为半径划弧截得小圆圆心；在小圆圆心打样冲眼。过 O_3点划与水平线成 20°的角度线，以 R32 mm 为半径划弧截得另一小圆圆心；在小圆圆心打样冲眼。按照图将 ϕ80 mm 圆周三等分，得 3 个小圆圆心；在小圆圆心打样冲眼。划 5 个 ϕ12 mm 圆。

2. 划已知线段

划左下方尺寸为 28，95，115 mm 的斜线。

七、划连接圆弧

以 R10 mm 为半径，作 R20 mm 圆弧和斜线的连接圆弧；以 R10 mm 为半径，作 R47 mm和 R20 mm 圆弧的连接圆弧；以 R20 mm 为半径，作 R52 mm 和 R47 mm 圆弧的连接圆弧；以 R42 mm 为半径，作水平基准线和竖直基准线的连接圆弧。

八、检查

对照图样，从基准开始对圆、圆弧、线段依次进行检查，及时改正或补充错划或漏划的线条。

九、打样冲眼

在各轮廓、线条上均匀地打上样冲眼，并注意如下事项。

（1）小于 ϕ20 mm 的圆周线应打 4 个样冲眼，大于 ϕ20 mm 的圆周线应打 8 个样冲眼。

（2）短直线上至少打 3 个样冲眼，长直线上样冲眼距离可大些。

（3）线条转折点处必须打样冲眼。

（4）软材料和精加工过的表面不能打样冲眼。

（5）毛坯表面样冲眼要深些，已加工表面样冲眼要浅些。

十、平面划线注意事项

（1）一般应按照先划基准线，再划加工线；先划水平线，再划垂直线、斜线，最后划圆、圆弧和曲线的顺序进行平面划线。

（2）平面划线时，应在找出圆心后立即打样冲眼，以备划规划圆或圆弧。

（3）平面划线时，要在工件的正、反两面同时划线。

（4）划线完毕后一定要认真检查。

知识八 立体划线方法

一、图样分析

根据图样（图 1-4-23），轴承座需要进行三个方向的划线，工件需要安放三次才能划出所有线条。确定 ϕ50 mm 孔水平方向的中心平面Ⅰ—Ⅰ为高度方向的划线基准；ϕ50 mm孔竖直方向的中心平面Ⅱ—Ⅱ为长度方向的划线基准；两个螺钉孔的中心平面Ⅲ—Ⅲ为宽度方向的划线基准。为减少翻转次数、保证划线质量，选择待加工的面和孔最多的底面作为第一划线位置。

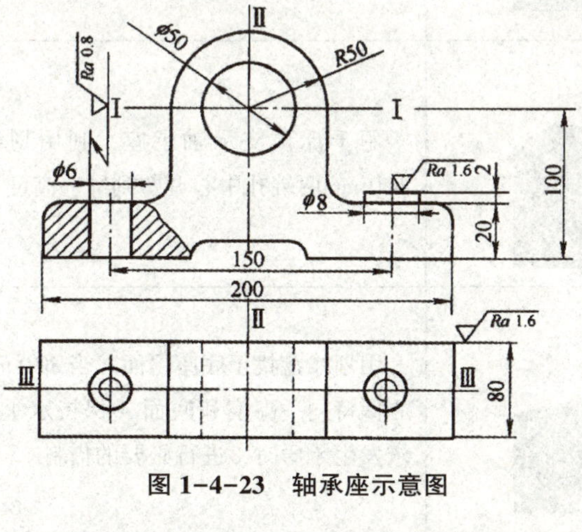

图 1-4-23 轴承座示意图

二、工件检查、清理、涂色

（1）检查待划工件是否有足够的加工余量。

（2）清理工件表面的毛刺、氧化皮、浮锈。

（3）在工件的划线部位涂色。

三、工、量、刃、辅具准备

需要准备方箱、划针、划规、钢直尺、单脚规、样冲、手锤、游标高度尺、划线平台、90°直角尺、游标卡尺、划线盘、锉刀、毛刷、钢丝刷、涂料、垫铁、千斤顶等。

四、工件划线

工件划线过程如表 1-4-10 所列。

表 1-4-10　工件划线过程

第一位置划线——划底面加工线	
示意图	操作要领
	孔两端安装中心塞块，以 $R50$ mm 外圆为中心，用单脚规找出 $\phi 50$ mm 轴承座内孔中心
	试划 $\phi 50$ mm 圆周线，观察内孔四周余量是否均匀，如有偏心，进行适当的借料
	用千斤顶支承轴承座，利用划线盘初步将 $\phi 50$ mm两端孔中心调整到同一高度
	用划线盘找正底座顶面。当 $\phi 50$ mm 两端孔中心保持同一高度和底面 A 保持水平位置两个要求发生矛盾时，进行必要的借料

表 1-4-10（续）

第一位置划线——划底面加工线	
示意图	操作要领
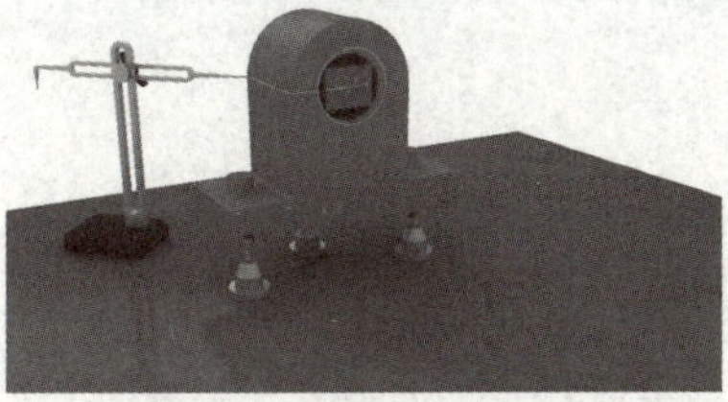	确定孔中心，打上样冲眼，划基准线 Ⅰ—Ⅰ
	划底面加工线
	划两个 $\phi8$ 螺钉孔的上平面加工线
第二位置划线——划两螺钉孔的中心线	
示意图	操作要领
	将工件侧翻 90°，用千斤顶支承轴承座。利用划线盘将轴承座内孔两端的中心调整到同一高度
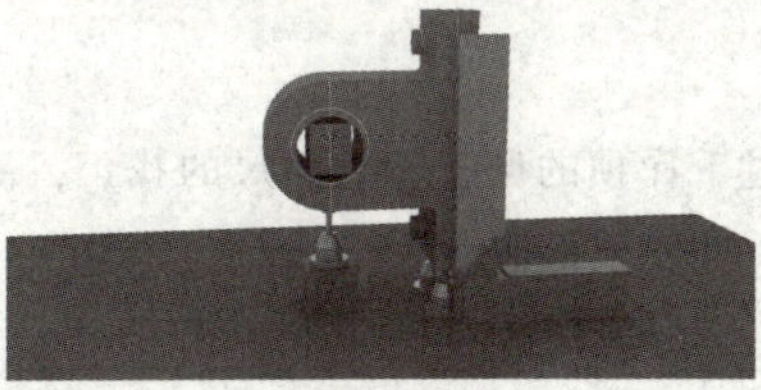	按照已划的底面加工线找正垂直位置。

表 1-4-10（续）

第二位置划线——划两螺钉孔的中心线	
示意图	操作要领
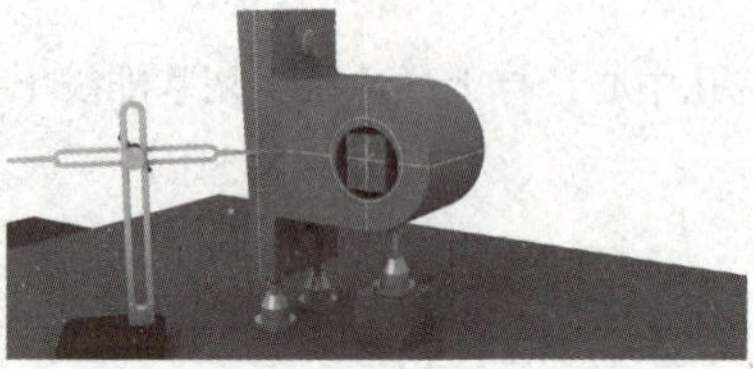	划基准线Ⅱ—Ⅱ
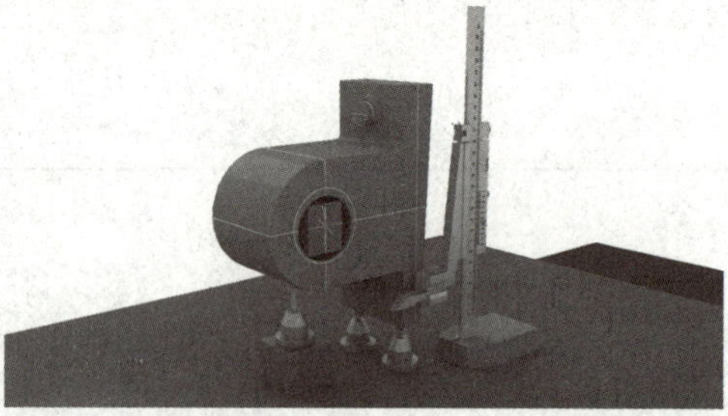	划两个 $\phi8$ 螺钉孔的中心线

第三位置划线——划两个大端面的加工线	
示意图	操作要领
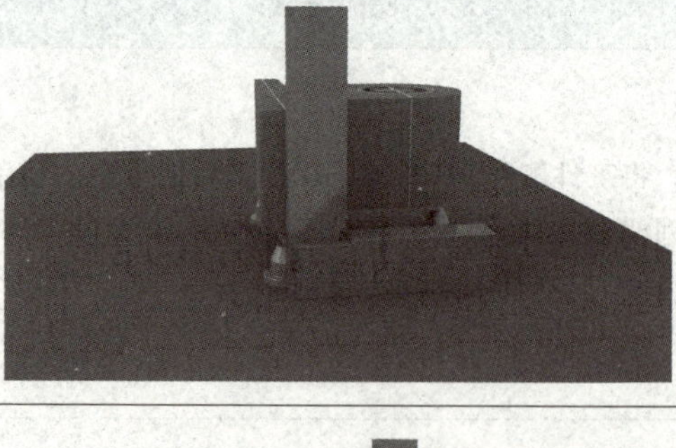	将工件向前翻转 90°，用千斤顶支承轴承座。利用直角尺将底面加工线调整到铅垂位置
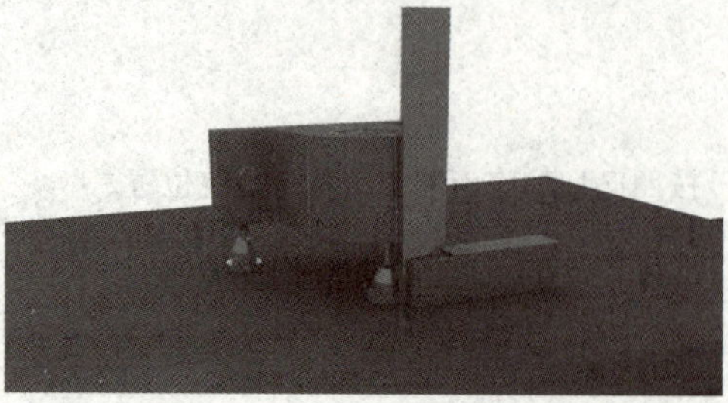	通过千斤顶的调整和直角尺的找正，使基准线Ⅱ—Ⅱ处于铅垂位置

表 1-4-10（续）

第三位置划线——划两个大端面的加工线	
示意图	操作要领
	以两个 $\phi 8$ 螺钉孔的中心为依据，试划两个大端面的加工线。可通过调整两个 $\phi 8$ 螺钉孔中心位置及必要的借料，来避免加工余量不足
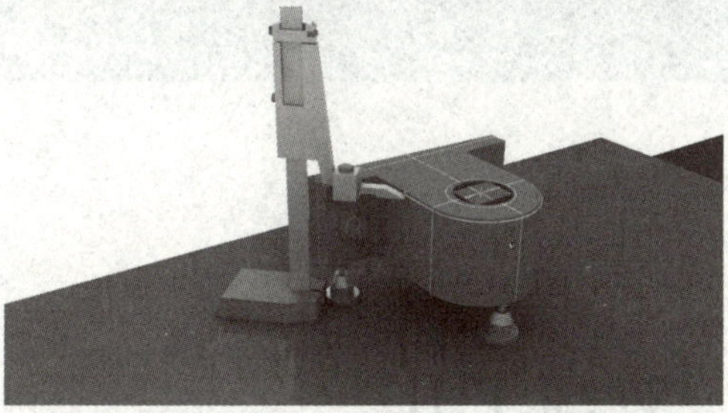	划基准线Ⅲ—Ⅲ和两个大端面的加工线

五、检查

对照图样逐个检查，在所划线条上打上样冲眼，及时改正或补充错划或漏划的线条。

六、立体划线注意事项

（1）对毛坯件进行立体划线时，必须全盘考虑加工余量，必要时，通过调整和借料达到要求。

（2）工件必须稳固安放在支承上，避免倾倒。

（3）使用游标高度尺和划线盘划线时，要紧贴划线平台移动，以保证划线准确。

（4）尽量一次划出线条。

单元五

錾 削

知识一 錾削工具

一、錾子

1. 錾子材料及结构

（1）材料。錾子一般全长为 125～150 mm，用中碳钢或碳素工具钢锻打成形。

（2）结构。錾子由切削部分、錾身和錾头三部分组成，如图1-5-1所示。切削部分经热处理后，其硬度可达到 56～62 HRC；錾身做成八棱形，以防使用时錾子转动；錾头做成圆锥形，顶端略带球面，以保证锤击时作用力方向与刃口錾切方向一致。

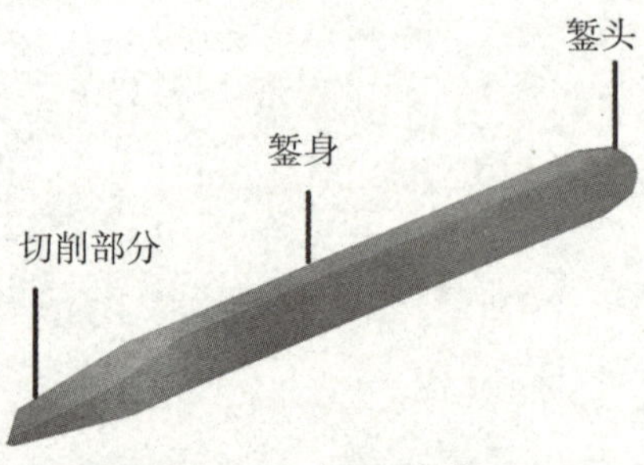

图 1-5-1　錾子结构图

2. 錾子分类

錾子分类如表 1-5-1 所列。

表 1-5-1　錾子分类

类型	示意图	特点及作用
扁錾	 (a) 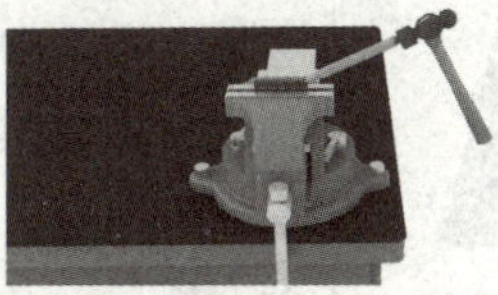 (b)  (c)	如图（a）所示，扁錾切削部分扁平，刃口较宽且略带弧形。 如图（b）（c）所示，扁錾用来錾削平面、切断金属、去除毛刺等
尖錾	 (a)  (b)  (c)	如图（a）所示，尖錾切削刃较短，刃口两侧由切削刃向錾身逐渐变窄，以防錾削时錾子被沟槽卡住。 如图（b）（c）所示，尖錾用来錾削沟槽及錾断曲线形板料

表 1-5-1（续）

类型	示意图	特点及作用
油槽錾	 （a） 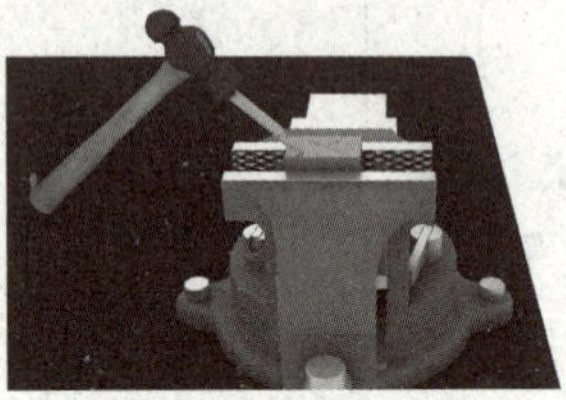 （b）  （c）	如图（a）所示，油槽錾切削刃短，常磨成与油槽形状相同的圆弧形。 如图（b）（c）所示，油槽錾用来錾削油槽

3. 錾子切削部分的组成

錾子切削部分的组成如表 1-5-2 所列。

錾子切削部分的组成

表 1-5-2　錾子切削部分的组成

名称	示意图	定义
前刀面	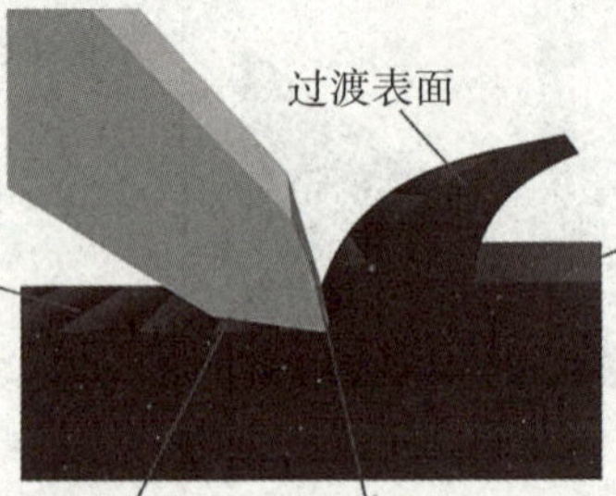	前刀面指切屑流经的表面
后刀面		后刀面指与已加工表面相对的表面
切削刃		切削刃指前刀面与后刀面的交线

4. 錾子切削部分的几何角度参考平面

錾子切削部分的几何角度参考平面如表 1-5-3 所列。

表 1-5-3 錾子切削部分的几何角度参考平面

名称	示意图	定义
切削平面		通过切削刃与切削表面相切的平面
基面		通过切削刃上任一点，并垂直于切削速度方向的平面

5. 錾子切削部分的几何角度

錾子切削部分的几何角度如表 1-5-4 所列。

表 1-5-4 錾子切削部分的几何角度

名称	示意图	定义	作用
前角 γ	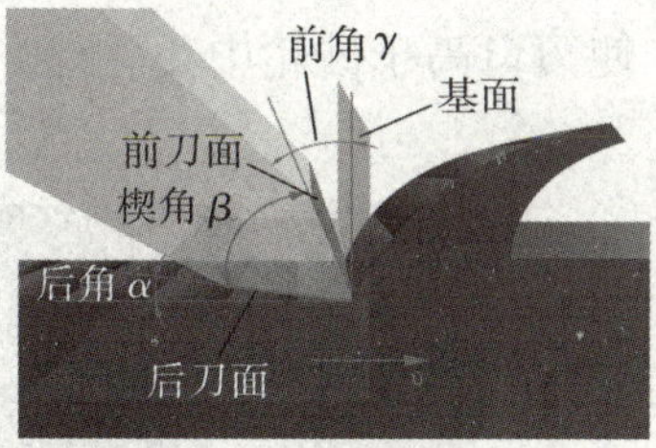	前刀面与基面之间的夹角	前角的作用是减少錾削时的切屑变形，前角越大，切削越省力
后角 α		后刀面与切削平面之间的夹角	后角的作用是减少后刀面与切削表面间的摩擦，后角越大，切削越困难。錾削时，一般后角取 5°~8°
楔角 β		前刀面与后刀面之间的夹角	楔角越小，錾削越省力，錾切表面越平整；但楔角过小，刃口容易崩裂。通常情况下，錾削较硬材料（如高碳钢或铸铁）时，楔角取 60°~70°；錾削中等硬度材料（如中碳钢）时，楔角取 50°~60°；錾削软材料（如铜和铝等）时，楔角取 30°~50°

二、手锤

（1）结构。手锤由锤头和锤柄两部分组成，如图 1-5-2 所示。锤柄断面为椭圆形，以防锤柄在手中转动。锤柄装入锤头的孔中后，用斜铁楔紧，以防锤头脱落。

图 1-5-2　手锤

(2) 规格。手锤规格用锤头的质量大小来表示，常用的规格有 0.25，0.50，1.00 kg等几种。

(3) 材料。锤头用碳素工具钢（T7A）制成，并经热处理淬硬。锤柄用坚韧的木材制成。

知识二　錾削操作

一、錾子刃磨

鍪子的刃磨

1. 錾子刃磨操作要领

(1) 启动砂轮机，等待其旋转平稳。

(2) 操作人员站在砂轮机的侧面，双手一前一后握住錾子。

(3) 将錾子的刃口轻放在旋转的砂轮上，使刃口高于砂轮中心。

(4) 右手大拇指和食指捏紧錾子前部，左手大拇指和食指握住錾身，沿砂轮宽度方向做往复移动（如图 1-5-3 所示），保证接触到砂轮的全部宽度。移动过程中需注意：保持往复移动平稳；右手对錾子施加的压力不宜过大；控制錾子的方向和位置，保证磨出所需的楔角。此外，要经常蘸水冷却，防止刃口退火。

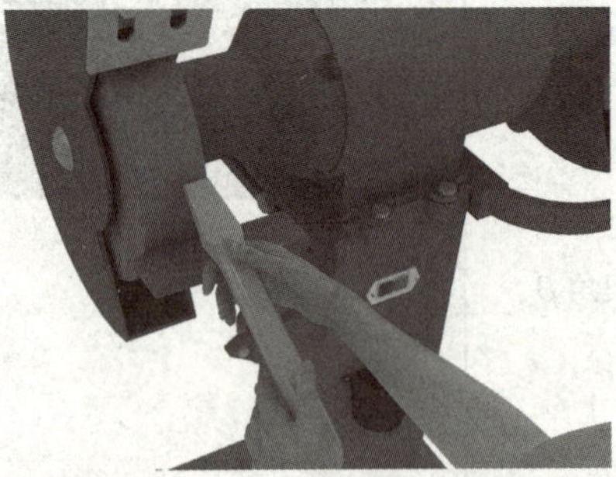

图 1-5-3　錾子刃磨示意图

(5) 交替刃磨两切削面，使磨削均匀、切削刃基本对称。

2. 检查楔角

如图 1-5-4 所示，可用角度样板或游标万能角度尺检查楔角。

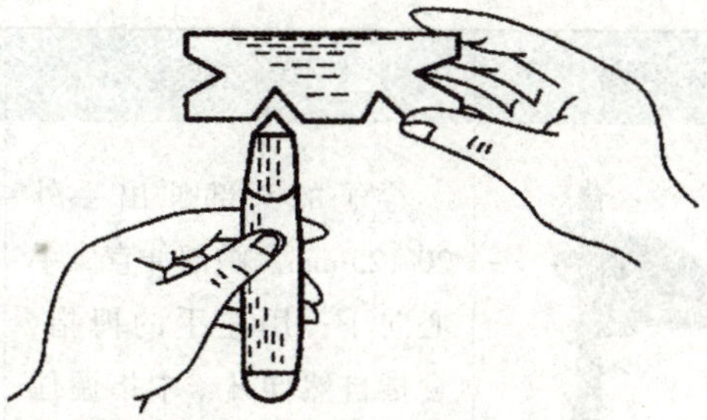

图 1-5-4　用角度样板检查楔角

二、錾子热处理

錾子热处理操作主要包括淬火和回火两个步骤。

1. 淬火

将錾子刃口部位 15~20 mm 处加热到暗橘红色（温度为 780~800 ℃），迅速取出，将錾子垂直放入常温盐水中（如图 1-5-5 所示），浸入深度为 4~6 mm。沿着水面上下和左右缓慢移动錾子，使其迅速冷却，以获得较高的硬度，防止錾子断裂。

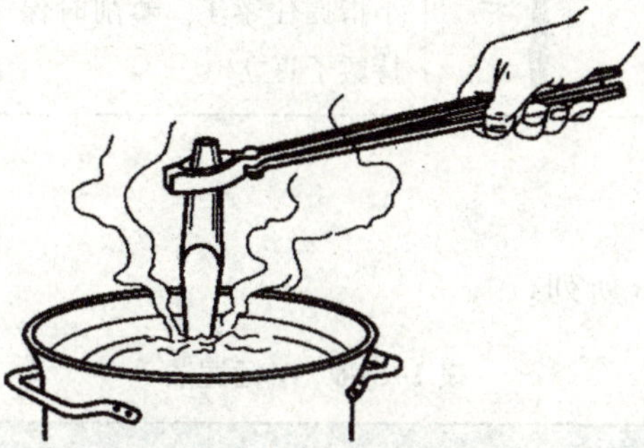

图 1-5-5　錾子淬火示意图

2. 回火

当錾子露出水面部分变成黑红色时，将錾子从盐水中取出，利用余热进行自身回火。回火时，应擦去表面的氧化皮，观察錾子刃部颜色的变化。刚出水面时，刃部呈白色，随着温度逐渐回升，刃部逐渐变成“浅黄色→棕黄色→紫色→蓝色→蓝灰色”。当扁錾刃部呈紫色、尖錾刃部呈棕黄色时，需要将錾子再次放入水中冷却。

三、錾子握法

錾子握法如表 1-5-5 所列。

表 1-5-5 錾子握法

名称	示意图	操作要领	应用场合
正握法		錾子的头部伸出手外20~25 mm。腕部伸直，手心向下，用左手的拇指、食指自然伸开，中指握住錾子，下两指自然屈曲	正握法是主要的握錾方法
反握法		小臂斜向前伸，手心向上，拇指、食指捏住錾身，其余三指屈向掌心，手掌悬空不与錾子接触	反握法较少使用，只在不便正握时采用
立握法		腕部伸直，手心向下，用左手的中指、无名指和小指握住錾子。錾削时保持錾子直立	立握法只用于錾断材料

四、手锤握法

手锤握法如表 1-5-6 所列。

表 1-5-6 手锤握法

名称	示意图	操作要领
紧握法	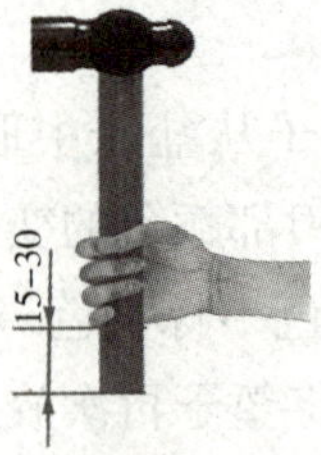	右手大拇指压在食指上，食指、中指、无名指和小拇指紧握锤柄，虎口对准锤头，锤柄伸出手部15~30 mm。在挥锤和锤击的过程中，右手五指始终紧握锤柄。这种握法手容易疲劳
松握法	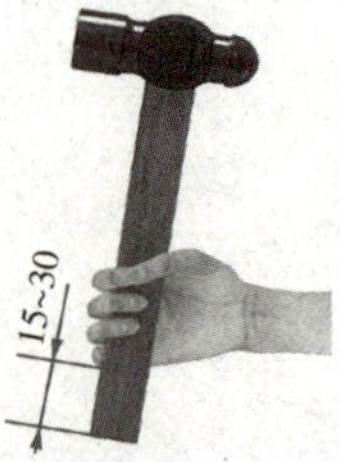	只有大拇指和食指紧握锤柄。在挥锤时，小指、无名指和中指依次放松；在锤击时，中指、无名指和小指再依次握紧锤柄。这种握法比较自然，手不易疲劳，锤击力较大

五、挥锤方法

挥锤方法如表 1-5-7 所列。

表 1-5-7 挥锤方法

名称	示意图	操作要领	特点及应用场合
腕挥法		主要用手腕的运动进行锤击，采用紧握法握锤	锤击力较小，一般用于錾削余量较少或者錾削的开始或结尾
肘挥法		利用手腕与肘部一起挥动进行锤击运动，采用松握法握锤	锤击力较大，应用广泛，一般用于錾削平面、切断工件或錾削较长的键槽
臂挥法		利用手腕、肘和上臂一起挥动进行锤击运动，采用松握法握锤	锤击力最大，一般用于切削量较大的錾削

六、錾削站立姿势

（1）如图 1-5-6（a）所示，操作人员站在台虎钳的左边，身体与台虎钳轴心线大致成 45°角并略向前倾。

（2）如图 1-5-6（b）所示，左脚向前跨出半步，与台虎钳轴心线成 30°左右角度，膝盖处略有弯曲；右脚与轴心线成 75°左右角度，右腿要站稳伸直，但不要过于用力。两脚跟的距离约为 350 mm。

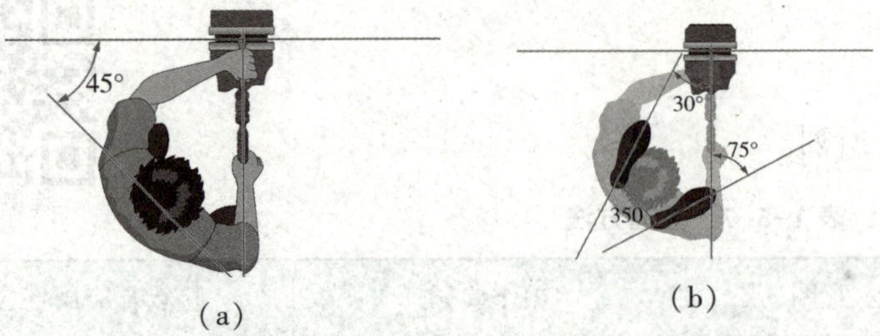

鏨削站立姿势

图 1-5-6 鏨削站立姿势示意图

七、锤击要领

通常情况下，腕挥法锤击速度约为 40 次/分钟，肘挥法锤击速度约为 35 次/分钟，臂挥法锤击速度约为 30 次/分钟。

锤击要领主要有以下几点。

（1）挥锤：肘收臂提，举锤过肩；手腕后弓，三指微松；锤面朝天，稍停瞬间。

（2）落锤：目视鏨刃，臂肘齐下；收紧三指，手腕加劲；锤鏨一线，锤走弧形；左脚着力，右腿伸直。

（3）基本要求：稳，即锤击速度与节奏控制良好；准，即锤击命中率高，落在鏨子中间；狠，即锤击加速有力。

八、鏨削注意事项

（1）鏨削时，应在钳工工作台上安装防护网。

（2）应经常检查锤柄是否松动，以防锤头飞出伤人。

（3）鏨削时，锤柄上不得有油污，以免滑脱伤人。

（4）应经常对鏨子进行刃磨，保持刃口的锋利和正确的楔角。

（5）应用毛刷清除鏨屑，不得用手擦或用嘴吹。

（6）在台虎钳上鏨削工件时，应使作用力朝向固定钳身。

（7）手锤放在钳工工作台上时，锤柄不可露在外面，以免掉落。

知识三　鏨削方法

一、平面的鏨削方法

1. 起鏨

鏨削时，在工件的边缘先鏨出一个斜面作为鏨刃定位面的操作，称为起鏨。

（1）錾身倾角。

錾身中心线与已加工表面的夹角，称为錾身倾角，用 θ 表示。起錾时，首先要根据錾刃楔角的大小来确定錾身倾角，如表 1-5-8 所列。

表 1-5-8　錾身倾角（θ）的确定

工件材料	楔角（β）	錾身倾角（θ）	工件材料	楔角（β）	錾身倾角（θ）
较硬材料	60°～70°	43°～48°	较软材料	40°～50°	33°～38°
一般硬度材料	50°～60°	38°～43°			

（2）起錾方法。

起錾方法如表 1-5-9 所列。

表 1-5-9　起錾方法

方法	示意图	操作要领
斜角起錾		錾削平面时，在工件边缘的尖角处，将錾身向下倾斜-θ 角、向上錾出一个斜面的方法，称为斜角起錾
正面起錾		錾削沟槽时，将錾刃全部贴住工件錾削部位的端面，将錾身向下倾斜-θ 角、向上錾出一个斜面的方法，称为正面起錾

2. 正常錾削

起錾完成后，即按照正常的方法进行錾削。錾削过程中，后角应控制在 5°～8°。当錾削余量较大时，将錾子柄部上抬，形成较大的后角，以免錾子打滑；当錾削余量较小时，将錾子柄部下降，形成较小的后角，保证錾削顺利。

3. 收錾

收錾指錾削到尽头将剩余部分錾掉。收錾方法主要有调头收錾和直接收錾，如表 1-5-10所列。

表 1-5-10　收錾方法

方法	示意图	操作要领	应用场合
调头收錾		当錾削至距尽头 10～15 mm 时，调头重新起錾，錾去剩余部分	錾削铸铁、青铜等脆性材料时，采用调头收錾，以防止工件边缘发生崩裂
直接收錾		当錾削至距尽头 10～15 mm 时，不改变錾削方向，通过逐步减小锤击力直接錾去剩余部分	錾削钢件或不便进行调头收錾的场合，可采用直接收錾

4. 平面錾削注意事项

（1）粗錾或錾削软材料时，錾削厚度可大一些；精錾和錾削硬材料时，錾削厚度可小一些。

（2）要经常刃磨錾子，保证楔角、后角和前角的锋利。

（3）錾削时，操作人员要注视切削部位，以免錾坏工件。

二、油槽的錾削方法

1. 錾削油槽分类

錾削油槽分类如表 1-5-11 所列。

表 1-5-11　錾削油槽分类

类型	示意图	操作要领
錾削 X 形油槽		采用腕挥法、小锤击力錾削，保证锤击力均匀。起錾时，慢慢錾削至深度要求；收錾时，慢慢抬起錾刃，保证槽底圆滑过渡，可采用调头收錾。先连续、完整地錾出第一条油槽；第二条油槽分两次錾削，先錾削至与第一条油槽交汇处，再调头从第二条油槽的另一端重新开始錾削，直至与第一条油槽交汇

表 1-5-11（续）

类型	示意图	操作要领
錾削 8 字形油槽		采用腕挥法、小锤击力錾削，保证锤击力均匀。起錾时，慢慢錾削至深度要求；收錾时，慢慢抬起錾刃，保证槽底圆滑过渡，可采用调头收錾。先连续、完整地錾出第一条油槽；第二条油槽分两次錾削，先錾削至与第一条油槽交汇处，再调头从第二条油槽的另一端重新开始錾削，直至与第一条油槽交汇。錾出 X 形油槽后，再錾削两个半圆槽，注意收錾接头处的圆滑过渡

2. 錾削油槽注意事项

（1）为保证錾削质量，应先在废件上进行试錾。

（2）錾削油槽时，保证錾削角度一致、油槽深浅一致、槽面光滑。

（3）油槽尽量一次錾削成形，如发生錾削方向或槽深等问题，必须及时加以纠正。

三、錾断工件方法

1. 錾断薄板料

对于厚度在 2 mm 以下的薄板料，一般在台虎钳上用扁錾錾断。装夹时，保证加工线与钳口平齐。錾削时，扁錾与钳口约成 45° 角，自右向左錾断薄板料，如图1-5-7所示。

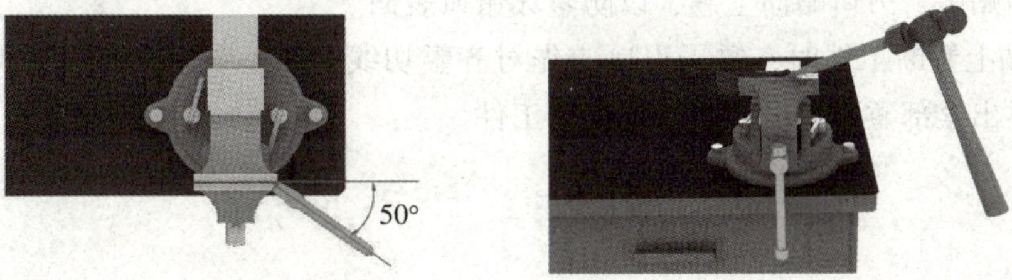

（a）（b）

錾断工件方法

图 1-5-7 錾断薄板料示意图

2. 錾断厚板料

对于厚度在 2 mm 以上的厚板料，一般在铁砧上进行錾切。錾子的切削刃应磨成弧形，以保证前、后錾痕连接整齐。錾削时，錾子先倾斜放置，再逐步竖直，由前向后依次錾切工件，保证錾断面平整，如图 1-5-8 所示。

（a）

（b）

图 1-5-8　錾断厚板料示意图

3. 錾断复杂形状工件

对于复杂形状的工件，錾断时要在工件上留有足够的加工余量，钻出密集的排孔，用扁錾或尖錾逐步錾断，如图 1-5-9 所示。

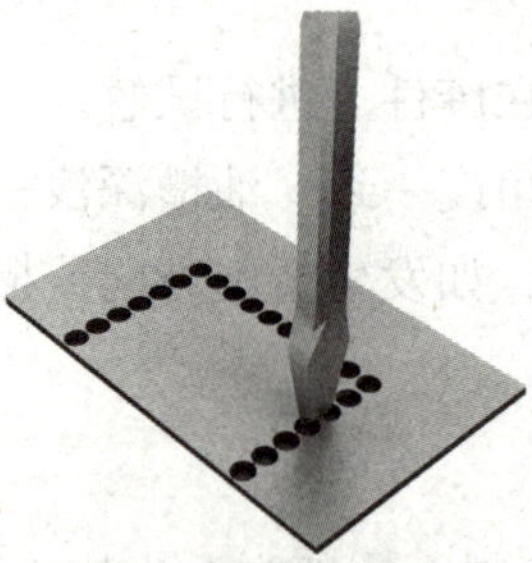

图 1-5-9　錾断复杂形状工件示意图

4. 錾断注意事项

（1）在台虎钳上錾断板料时，保证工件夹持牢固，錾切线与钳口平齐；錾子的后刀面与钳口表面贴平，刃口略向上翘，以防錾坏钳口表面。

（2）在铁砧上錾断工件时，錾子刃口应先对齐錾切线并倾斜一定角度，以保证錾切边缘平整；錾出全部錾痕后，再敲断或扳断工件。

单元六

锯削

知识一　锯削工具

一、手锯

手锯是锯削的主要工具，它由锯弓、锯条两部分组成。

1. 锯弓

锯弓分类如表 1-6-1 所列。

表 1-6-1　锯弓分类

类型	示意图	特点及应用场合
固定式	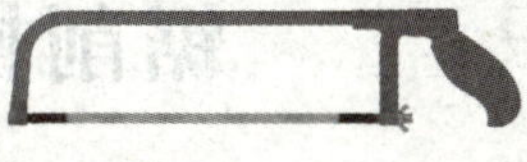	只能安装长度规格为 300 mm 的锯条
可调式	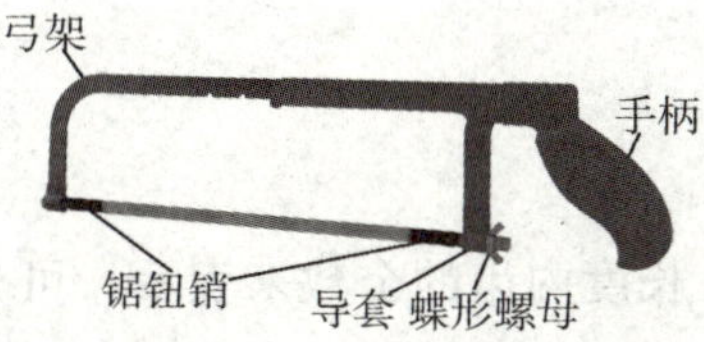	可以分别安装三种长度规格的锯条；手柄的形状便于用力，应用广泛

2. 锯条

（1）材料。锯条一般用渗碳钢冷轧而成，也可以用碳素工具钢和合金工具钢制成，并经热处理淬硬。锯条示意图如图 1-6-1 所示。

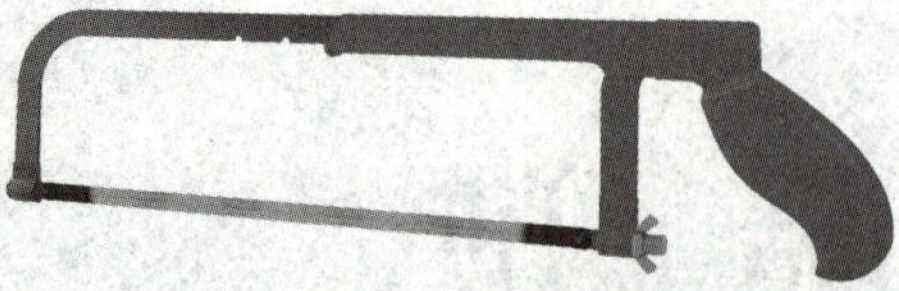

图 1-6-1　锯条示意图

（2）规格。锯条规格以两端安装孔的中心距表示，常用长度规格有 200，250，300 mm三种。

二、锯路

锯路指锯齿按照一定的规律左右错开，排成一定的形状。锯路的作用是减少锯条在锯削时的摩擦阻力，使锯削省力，延长锯条使用寿命。锯路可分为交叉形锯路和波浪形锯路，如图 1-6-2 和图 1-6-3 所示。

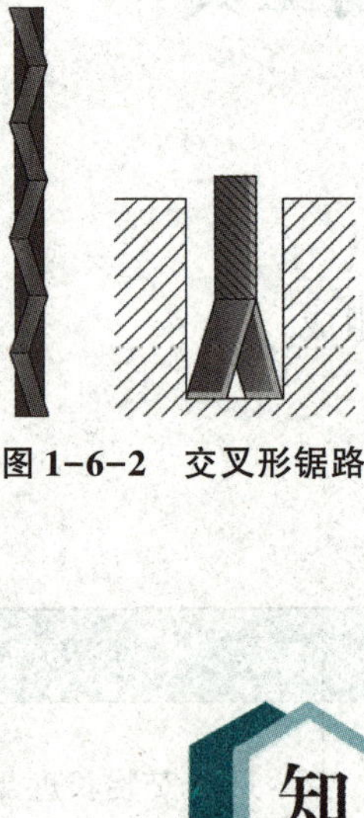

图 1-6-2　交叉形锯路

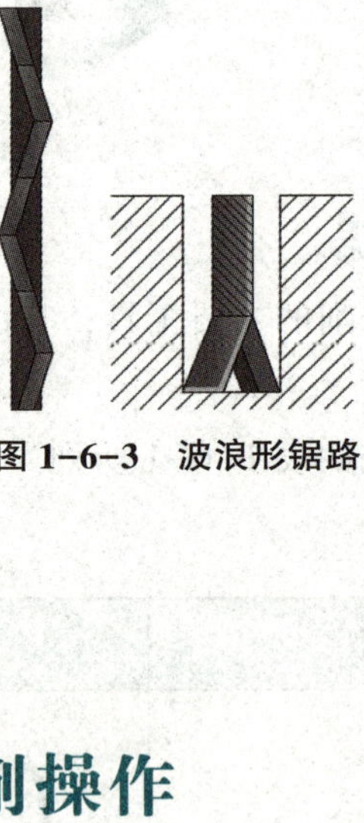

图 1-6-3　波浪形锯路

知识二　锯削操作

一、锯削操作步骤

1. 选择锯条规格

锯条锯齿的粗细用每 25 mm 长度内齿的个数来表示，可分为粗齿（14~18 齿）、中齿（22~24 齿）和细齿（32 齿）三种。锯齿的粗细应根据工件的材料和厚度进行选择。

粗齿锯条适用于锯削铜、铝、铸铁和低碳钢等软材料或较厚的工件。细齿锯条适用于锯削高碳钢、合金钢等硬材料及管子或较薄的工件。

2. 安装锯条

安装锯条时，应将齿尖方向朝前（如图 1-6-4 所示），先挂前锯钮销，再挂后锯钮销。旋紧蝶形螺母张紧锯条，保证松紧程度适当，以免锯条折断、锯缝歪斜。应保证锯条的平面与锯弓中心平面平行，不可倾斜或扭曲。

锯条的安装

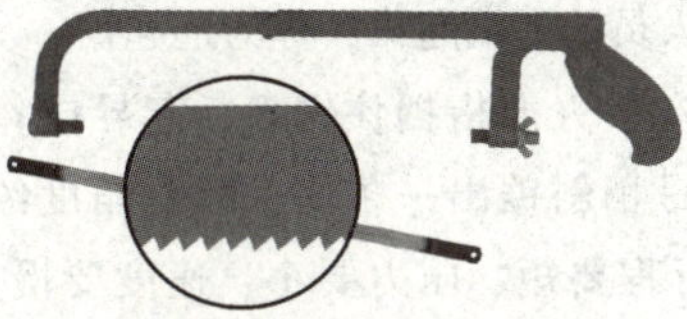

图 1-6-4　锯条的安装

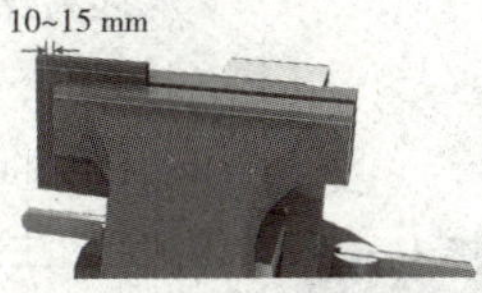

图 1-6-5　工件的装夹

图 1-6-6　握锯方法

3. 装夹工件

锯削时，为了便于操作，应将工件装夹在台虎钳的左边。工件锯线应与钳口边缘平行，离开钳口侧面 10~15 mm（如图1-6-5所示），以防锯削时产生振动。

4. 握锯

握锯时，右手自然握稳锯柄，拇指压在食指上；左手轻扶在锯弓前端，如图1-6-6所示。锯削时，右手主要控制推力和压力，左手主要配合右手扶正锯弓，并施加较小的压力。

5. 锯削姿势

锯削运动由身体和手臂的协调配合完成。向前推进锯弓时，身体稍向前倾，与竖直方向夹角为 10°左右；随着行程加大，身体逐渐向前倾，当行程达到 2/3 时，身体与竖直方向夹角为 18°左右；当锯削最后 1/3 行程时，用手腕推进锯弓，身体反向退回到 15°角位置。回程时，左手扶持锯弓不加力，锯弓稍提起一些，身体退回原位。整个锯削过程如图 1-6-7 所示。

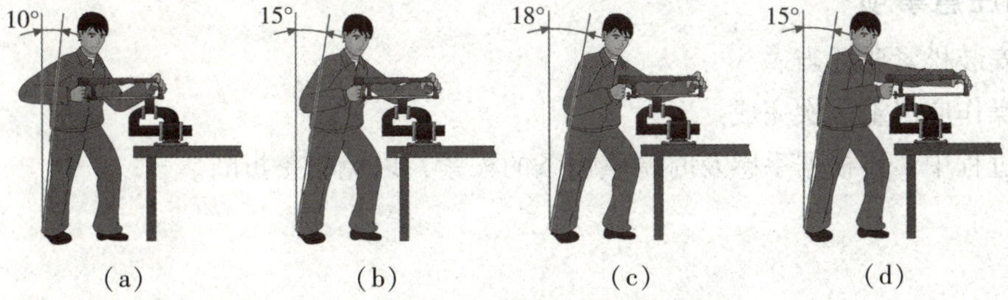

锯削姿势

图 1-6-7　锯削姿势

锯削的姿势有直线往复式锯削和摆动式锯削两种。直线往复式锯削适用于锯缝要求平直的工件及薄型工件。采用摆动式锯削时，手锯稍做上下摆动，双手不易疲劳，工作效率较高。

6. 起锯

起锯分类如表 1-6-2 所列。

表 1-6-2　起锯分类

名称	示意图	操作要领
远起锯	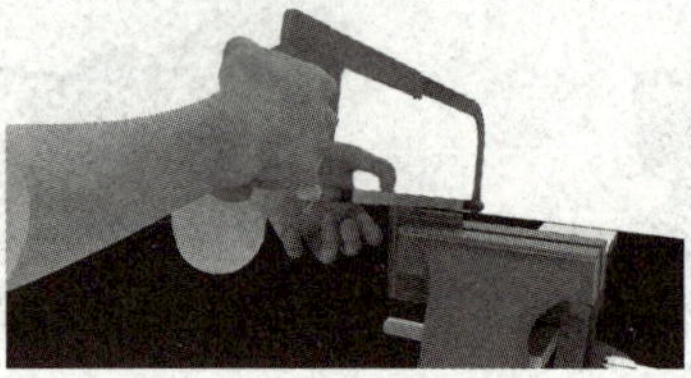	从远离操作人员的一端起锯，称为远起锯。 起锯时，用左手大拇指挡住锯条，起导向作用；右手将锯弓稍斜锯出一条槽，起锯角度约为 15°，注意行程要短、压力要小、速度要慢。当锯缝深度达到 3 mm 以上时，将大拇指离开锯条，进入正常锯削
近起锯	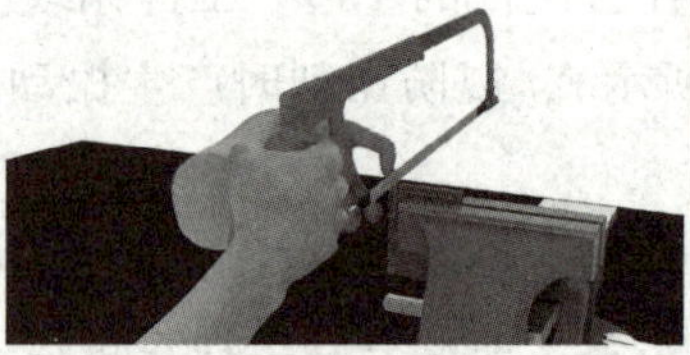	从靠近操作人员的一端起锯，称为近起锯。 起锯时，用左手大拇指挡住锯条，起导向作用；右手将锯弓稍斜锯出一条槽，起锯角度约为 15°，注意行程要短、压力要小、速度要慢。当锯缝深度达到 3 mm 以上时，将大拇指离开锯条，进入正常锯削

7. 正常锯削

正常锯削时，应根据工件材料来控制压力和速度。锯削较硬的材料时，压力应大一些；锯削较软的材料时，压力应小一些。锯削前进时，压力逐渐加大；锯削后退时，不施加压力，手锯略微抬起，以减少锯条的磨损，延长其使用寿命。锯削速度一般控制在每分钟往复 20~40 次。当工件快要被锯断时，应减轻压力、放慢速度，用左手接住锯掉的工件。

二、锯削注意事项

（1）锯条安装松紧要适当。

（2）锯削操作应尽量一次完成。

（3）锯削过程中，要根据手感及时调整锯条的松紧，以免锯条折断。

知识三　直线轮廓的锯削方法

直线轮廓的锯削方法

一、棒料的锯削方法

1. 棒料划线

棒料划线方法如表 1-6-3 所列。

表 1-6-3　棒料划线方法

划线方法	示意图
利用游标高度尺和方箱进行划线	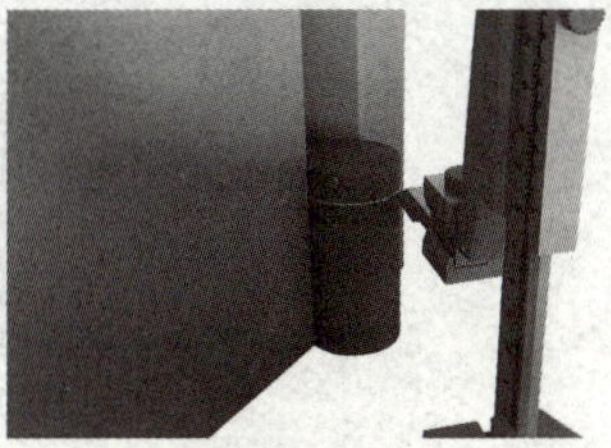
利用矩形纸条划线：对于划线精度要求不高的棒料锯削，还可以将矩形纸条绕在工件外圆上，然后划出加工线	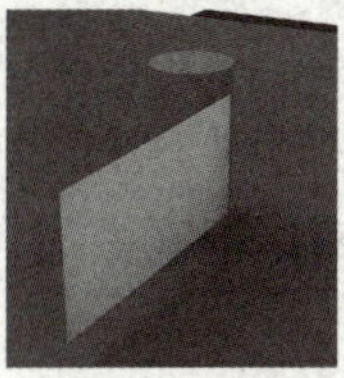

2. 锯削棒料

锯削棒料时，如果要求锯削断面平整，应从起锯开始一直锯到结束。如果锯削的断面要求不高，锯削时可改变棒料的位置，使锯削省力，同时提高工作效率。

二、管子的锯削方法

1. 管子夹持

对于薄壁管子和精加工过的管件，应将管子夹持在有 V 形槽的木垫之间（如图 1-6-8所示），以防夹扁和夹坏管子表面。

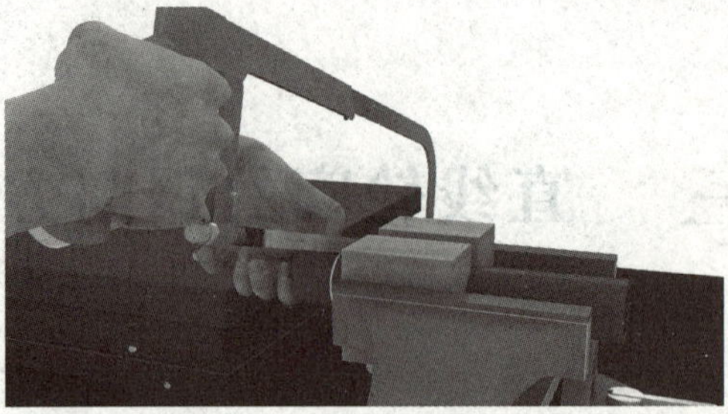

图 1-6-8　管子的夹持

2. 锯削管子

锯削管子时，不要在一个方向上连续锯削到结束，以免锯齿被管壁钩住而崩裂。正确的锯削方法是，在一个方向将管子锯削到内壁处，然后把管子已锯削的部分向推锯方向转过一个角度，锯条仍按照原来的锯缝锯削到管子的内壁处，如此不断改变方向，直至管子锯断为止，如图 1-6-9 所示。

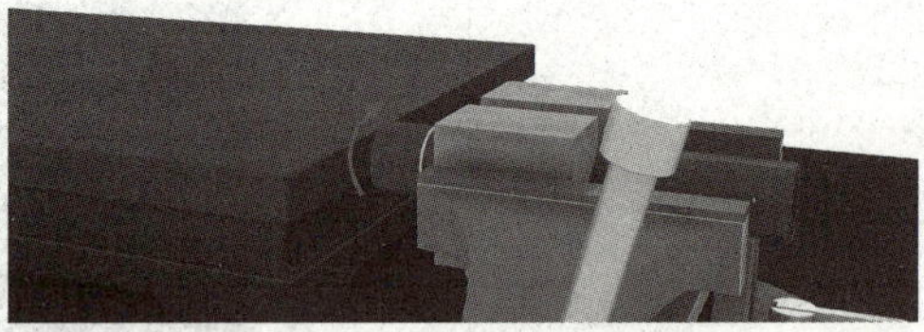

图 1-6-9　管子的锯削方法

三、深缝的锯削方法

如图 1-6-10（a）（b）所示，当锯缝深度超过锯弓的高度时，应将锯条转过 90°重新安装，使锯弓转到工件的侧边继续锯削。如图 1-6-10（c）所示，也可以将锯条向内转过 180°安装，将锯弓放在工件下面，使锯齿在锯弓内进行锯削。

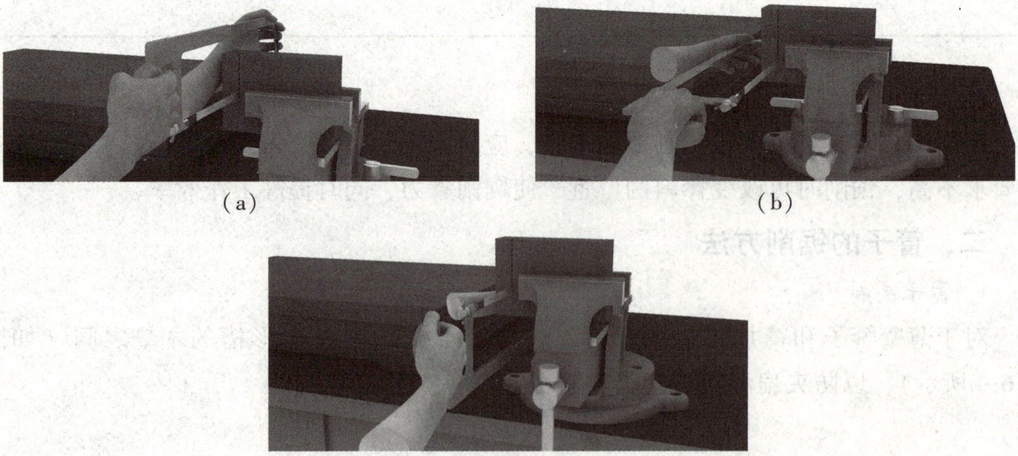

(a)　(b)

(c)

图 1-6-10　深缝的锯削方法

四、薄板的锯削方法

薄板的锯削方法如表 1-6-4 所列。

表 1-6-4　薄板的锯削方法

类型	示意图	操作要领
用木板夹持薄板	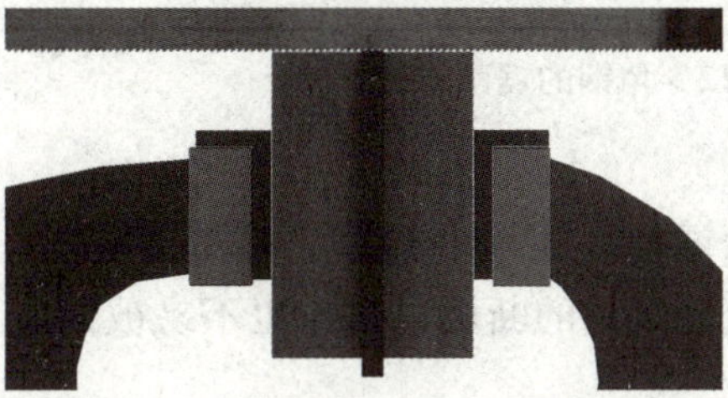	锯削薄板料时，应选用细齿锯条，从宽面下锯，以免锯齿被钩住。当只能在板料的窄面下锯时，可用两块木板夹持，连同木板一起锯下，以免锯齿被钩住；也可以增加板料的刚度
横向斜锯薄板	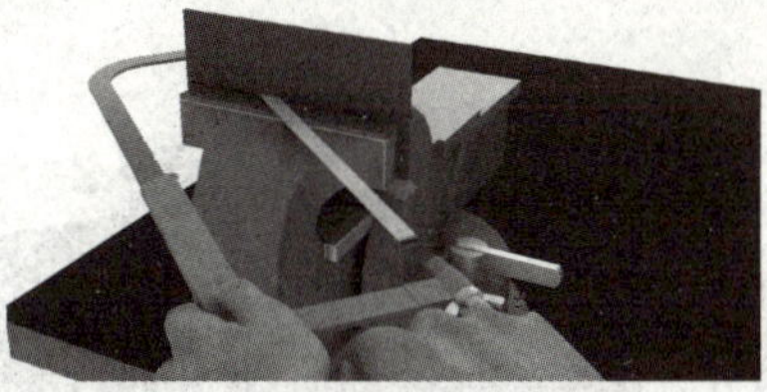	把薄板料直接夹持在台虎钳上，用手锯作横向斜推锯

五、扁钢的锯削方法

锯削扁钢时，应从扁钢较宽的一面开始锯削，以免锯齿被钩住而崩断，如图 1-6-11 所示。

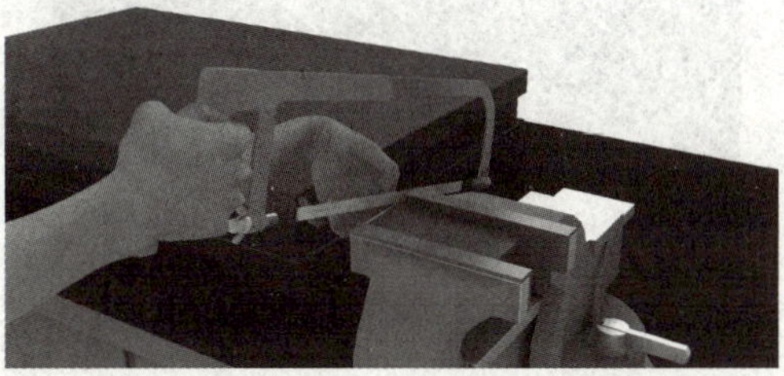

图 1-6-11　扁钢的锯削方法

六、角钢的锯削方法

如图 1-6-12（a）所示，锯削角钢时，应从较宽的一面开始锯削。锯好一面后，将角钢转过一个方向再锯，如图 1-6-12（b）所示，这样既能得到较为平整的断面，锯齿也不易被钩住。

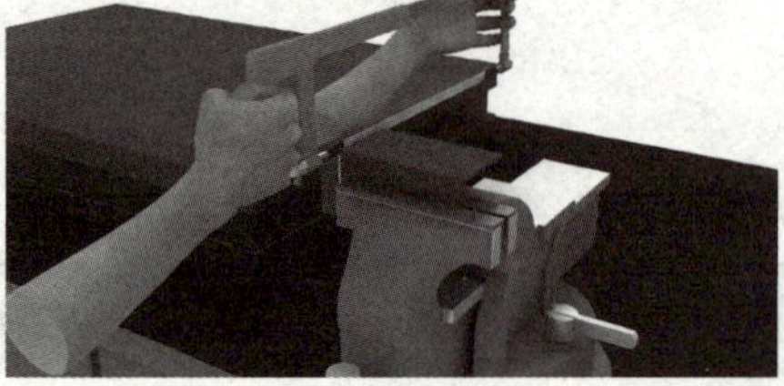

(a)

(b)

图 1-6-12　角钢的锯削方法

七、槽钢的锯削方法

锯削槽钢时，应从较宽的一面开始锯削。锯好一面后，将槽钢转过一个方向再锯。这样从三个方向分别锯削，才能得到较为平整的断面，锯齿也不易被钩住。槽钢的锯削方法如图 1-6-13 所示。

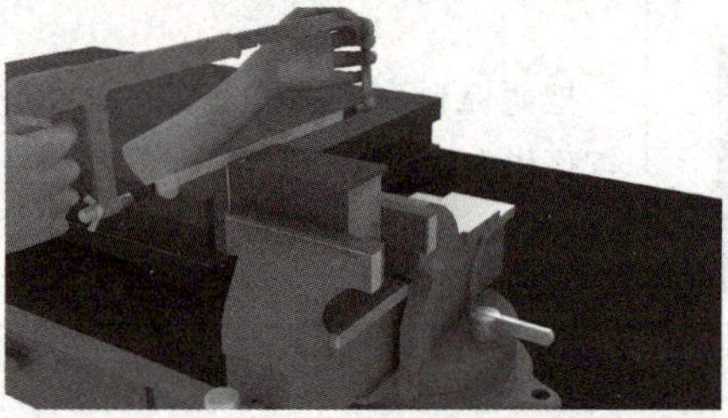

(a)

(b)

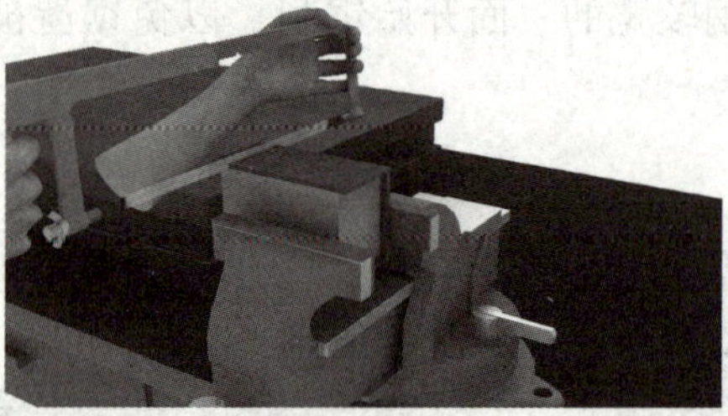

(c)

图 1-6-13　槽钢的锯削方法

知识四　曲线轮廓的锯削方法

一、处理锯条

将锯条磨制成如图 1-6-14 的形状，注意在磨制过程中应及时将锯条放入水中冷却，以防退火、降低硬度；同时，细条身两端要磨出过渡圆弧，以利于切削并防止条身折断。

图 1-6-14 锯条的处理

二、外曲线轮廓的锯削方法

锯削外曲线轮廓时，如图 1-6-15（a）所示，首先在外曲线轮廓加工界限打上冲眼；调紧锯条，从工件外部沿着外曲线轮廓的切线方向锯出一个切入口。如图 1-6-15（b）所示，沿着外曲线轮廓加工线锯削工件，得到的外曲线轮廓工件如图 1-6-15（c）所示。

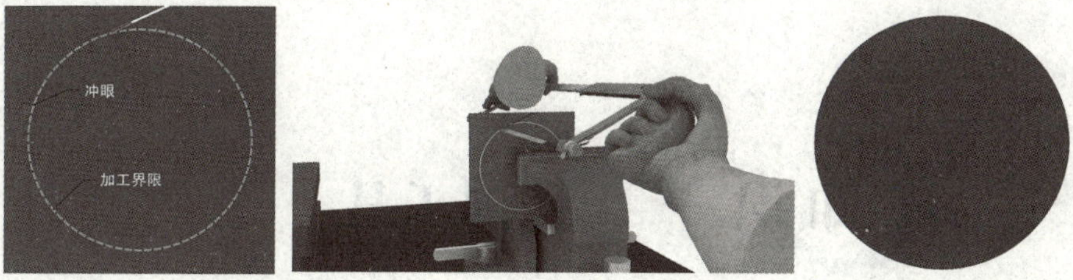

（a） （b） （c）

曲线轮廓的锯削方法

图 1-6-15 锯削外曲线轮廓

三、内曲线轮廓的锯削方法

锯削内曲线轮廓时，如图 1-6-16（a）所示，首先在内曲线轮廓加工界限打上冲眼，在工件内部接近加工线处钻一个直径为 15~18 mm 的工艺孔；穿上并调紧锯条，从工件内部向内曲线轮廓锯出一个切入口。如图 1-6-16（b）所示，沿着内曲线轮廓加工线锯削工件，得到的内曲线轮廓工件如图 1-6-16（c）所示。

（a） （b） （c）

图 1-6-16 锯削内曲线轮廓

单元七

锉 削

知识一 锉削工具

一、锉刀的结构

锉刀一般用碳素工具钢（T12，T12A）制成，经热处理后，其切削部分硬度可达 62 HRC 以上。图 1-7-1 为锉刀结构图。

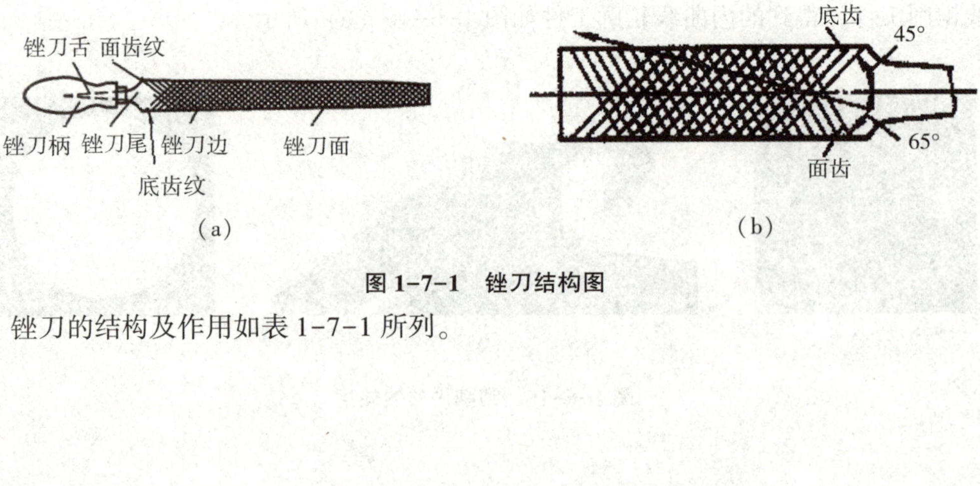

图 1-7-1 锉刀结构图

锉刀的结构及作用如表 1-7-1 所列。

表 1-7-1　锉刀的结构及作用

结构	作用
锉刀面	锉刀面上、下两面都有锉齿纹。锉刀按照齿纹可分为单齿纹锉刀和双齿纹锉刀两种。单齿纹锉刀锉削时需要较大的切削力，齿距较大，不易被切屑堵住，适用于锉削铝、铜等软金属材料的工件。双齿纹锉刀的锉刀面有底齿纹（与锉刀中心线的夹角为45°）和面齿纹（与锉刀中心线的夹角为65°），其锉齿强度高，锉削省力，适用于加工较硬材料的工件
锉刀边	锉刀的两侧窄边，无齿的一边称作光边，可保证锉削内直角的一个面时，不会碰伤另一相邻面。有齿边常用于去除工件表面的氧化皮等
锉刀尾	用来连接锉刀舌
锉刀舌	用来安装锉刀柄
锉刀柄	常用的锉刀柄有木柄和塑料柄两种，木柄安装孔一端必须套有铁箍，以防木柄劈裂

二、锉刀的种类

锉刀的种类如表 1-7-2 所列。

表 1-7-2　锉刀的种类

类型	示意图	应用
普通锉刀	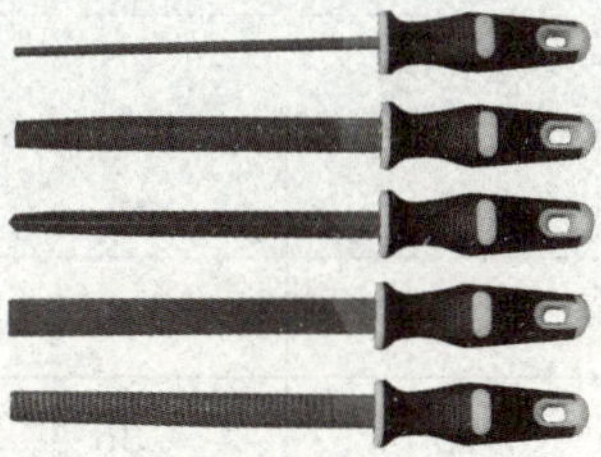	根据断面形状，普通锉刀可分为平锉、方锉、圆锉、三角锉和半圆锉等几种。平锉又称扁锉或板锉，用于锉削平面、外圆面、凸弧面和球面等；方锉用于锉削平面、窄平面、方孔等；圆锉用于锉削曲面和圆孔等；三角锉用于锉削平面、窄平面、三角槽、内圆弧和大圆孔等；半圆锉用于锉削曲面、圆孔等
特种锉刀	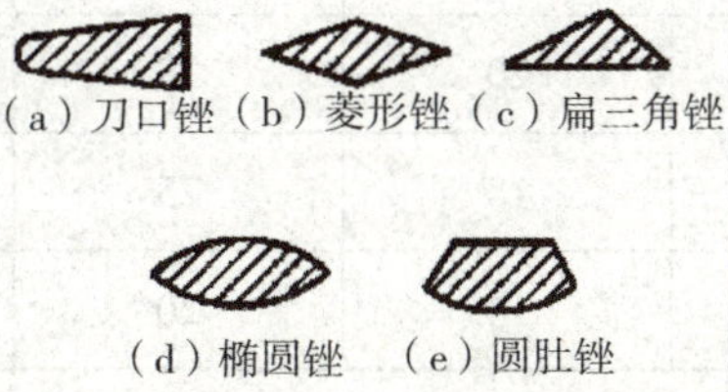	特种锉刀又称异形锉，用于锉削形状特殊的表面。特种锉很少使用，根据断面形状，特种锉刀可分为刀口锉、菱形锉、扁三角锉、椭圆锉、圆肚锉等

表 1-7-2（续）

类型	示意图	应用
整形锉刀	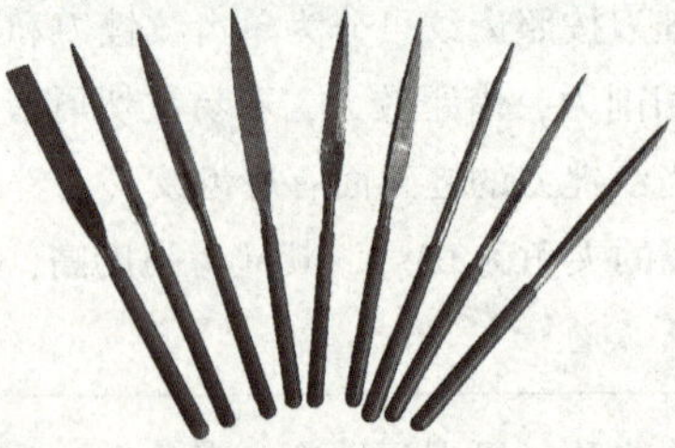	整形锉刀又称组锉或什锦锉，用于修整工件上的细小部位，常由 5 把、6 把、8 把、10 把或 12 把不同断面形状的锉刀组成一组

三、锉刀的规格

1. 锉刀的尺寸规格

不同形状的锉刀用不同的参数来表示尺寸规格。圆锉刀用断面的直径表示尺寸规格，方锉刀用断面边长表示尺寸规格，其他锉刀用锉身的长度表示尺寸规格。常用的锉刀长度规格有 100，150，200，250，300 mm 等几种。

2. 锉刀齿纹的粗细规格

按照每 10 mm 长度内的锉齿纹的条数，锉刀分为粗齿锉刀、中齿锉刀、细齿锉刀和油光锉刀四种。粗齿锉刀（1 号锉纹）和中齿锉刀（2 号锉纹）的齿距大，不易堵塞，适用于粗加工和锉削铜、铝等软金属；细齿锉刀（3 号、4 号锉纹）用于锉削钢和铸铁；油光锉刀（5 号锉纹）用于修光表面。锉刀的粗细规格见表 1-7-3。

表 1-7-3　锉刀的粗细规格

规格/mm	主锉纹条数（10 mm 内）				
	锉纹号				
	1	2	3	4	5
100	14	20	28	40	56
125	12	18	25	36	50
150	11	16	22	32	45
200	10	14	20	28	40
250	9	12	18	25	26
350	7	10	14	20	—

知识二 锉削操作

一、选用锉刀

1. 锉刀齿纹粗细的选择

根据工件的材料、加工余量、加工精度和表面粗糙度等要求选择锉刀齿纹粗细。一般情况下，锉削加工余量大、加工精度较低、表面粗糙度较大的工件，选择粗齿锉刀；锉削加工余量小、加工精度较高、表面粗糙度较小的工件，选择细齿锉刀。锉刀齿纹粗细规格的选用可参考表 1-7-4。

表 1-7-4 锉刀齿纹粗细规格的选用

锉刀粗细	加工余量/mm	尺寸精度/mm	表面粗糙度（*Ra*）/μm
1 号（粗齿锉刀）	0.5~1.0	0.2~0.5	25~100
2 号（中齿锉刀）	0.2~0.5	0.05~0.20	6.3~25.0
3 号（细齿锉刀）	0.1~0.3	0.02~0.05	3.2~12.5
4 号（双细齿锉刀）	0.1~0.2	0.01~0.02	1.6~6.3
5 号（油光锉刀）	<0.1	0.01	0.8~1.6

2. 锉刀断面形状的选择

根据工件加工表面的形状选择锉刀断面形状，如图 1-7-2 所示。

（a）平锉　　（b）方锉　　（c）圆锉

（d）三角锉　　（e）半圆锉　　（f）菱形锉　　（g）刀口锉

图 1-7-2　锉刀断面形状的选择

3. 锉刀长度的选择

根据工件加工面的大小和加工余量选择锉刀长度。当工件加工面积较大、加工余量较大时，应选择较长的锉刀；反之，应选择较短的锉刀。

二、夹持工件

夹持工件应注意事项如下。

（1）将工件夹持在台虎钳钳口的中间，以保证夹紧力最大，使钳口的受力均匀。

（2）应控制台虎钳夹紧力的大小，既要保证夹持紧固，又不能使工件产生变形。

（3）工件伸出钳口的长度应尽量小，以免锉削时发生振动。

（4）夹持工件上的已加工表面时，应加装软钳口。夹持薄板工件时，应将工件放在两块木板中间进行锉削。夹持圆形工件时，应加 V 形块或弧形木块。

三、锉削站立姿势

（1）如图 1-7-3（a）所示，操作人员站在台虎钳的左边，身体与台虎钳轴心线大致成 45°角并略向前倾。

（2）如图 1-7-3（b）所示，左脚向前跨出半步，与台虎钳轴心线成 30°左右角度，膝盖处略有弯曲；右脚与轴心线成 75°左右角度。锉削时应自然站立，身体放松，重心放在左脚上，右腿要站稳伸直，但不要过于用力，左膝随锉削时往复运动而相应地屈伸。

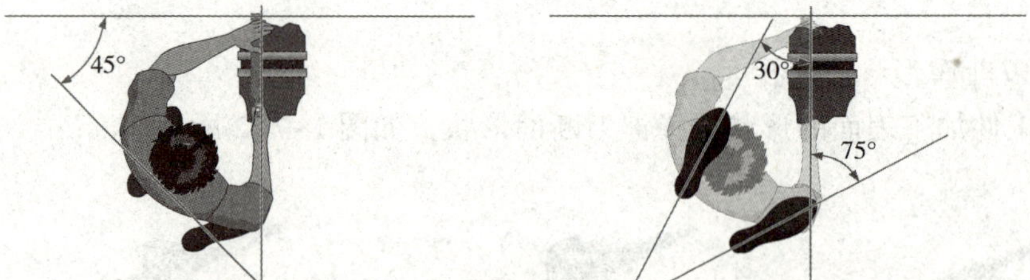

（a）　　（b）

图 1-7-3　锉削站立姿势

四、锉削姿势

锉刀的运动由身体和手臂的协调配合完成。如图 1-7-4（a）所示，开始锉削时，操作人员身体向前倾斜 10°左右，右肘尽量向后收缩；如图 1-7-4（b）所示，锉刀推出 1/3 行程时，身体前倾到 15°左右，左膝稍微弯曲；如图 1-7-4（c）所示，锉刀推出 2/3 行程时，左、右臂均向前推出，身体前倾到 18°左右；如图 1-7-4（d）所示，锉刀推出全程时，用右手腕力将锉刀推进，身体随着锉刀的反作用力退回到 15°左右。行程结束时，把锉刀略微抬起，手和身体都退回到初始位置，进行下一次锉削。

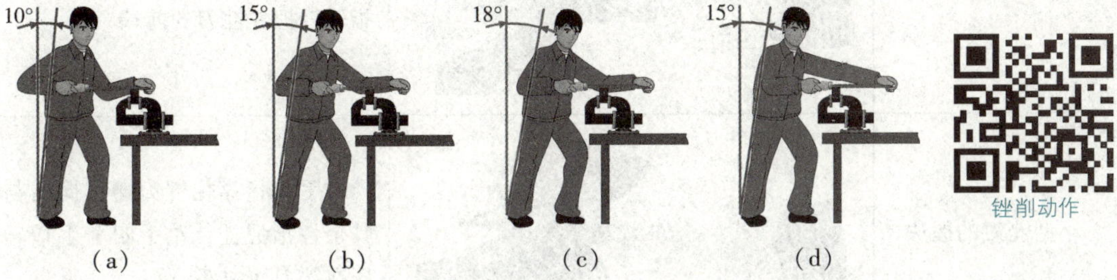

图 1-7-4 锉削动作示意图

五、锉刀的握法

锉刀的握法如表 1-7-5 所列。

表 1-7-5 锉刀的握法

类型	示意图	操作要领
大型锉刀的握法	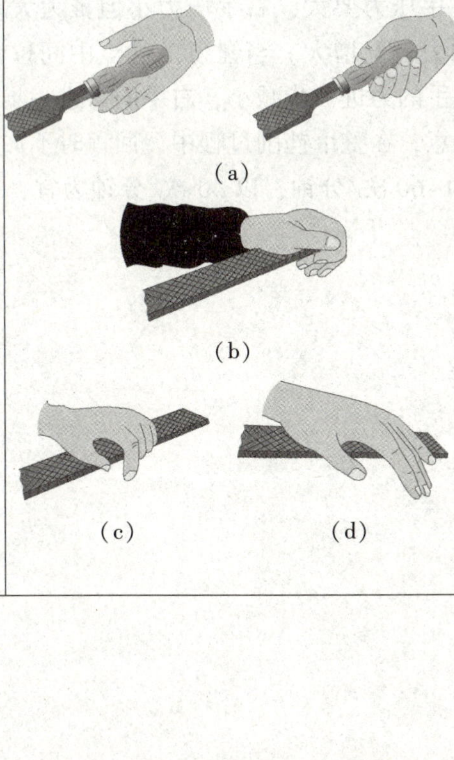	大型锉刀的握法如图（a）所示，右手拇指放在锉刀柄上面，手心抵住柄端，其余手指自下向上紧握锉刀柄。左手的握法有三种：第一种是左手拇指根部轻压在锉刀前端，食指、中指捏住锉刀前端右角，其余四指自然弯曲，如图（b）所示；第二种是左手手掌斜放在锉刀面的前部，拇指斜放在锉刀面上，其余各指自然弯曲，如图（c）所示；第三种是左手手掌放在锉刀面前部，其余各指自然放平，如图（d）所示

表 1-7-5（续）

类型	示意图	操作要领
中型锉刀的握法		中型锉刀右手的握法同大型锉刀一致，左手用拇指、食指和中指轻轻捏住锉刀的前端
小型锉刀的握法	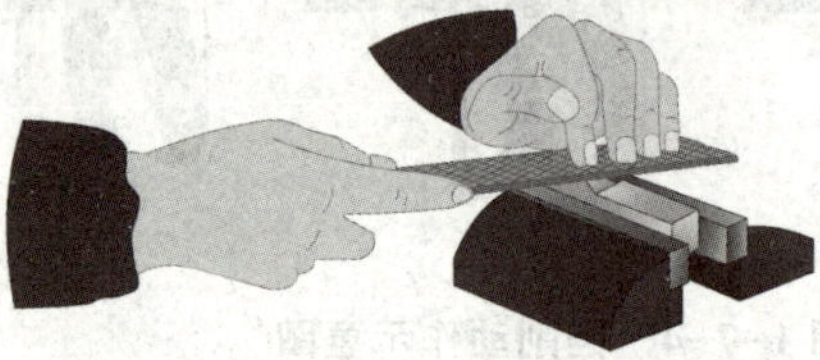	右手食指靠住锉刀边，拇指与其余各指握锉；左手四个手指轻压在锉刀面中部
整形锉刀的握法	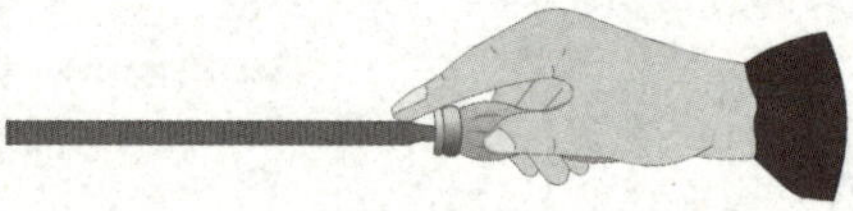	只需用右手平握，右手食指轻压在锉刀上面

六、锉削操作要领

锉削时，应保持锉刀在水平位置运动，以锉削出平直的平面。推力由右手控制，压力由两手控制。开始锉削时，左手压力要大，右手压力小但推力大。随着锉刀向前推进，左手的力逐渐减小，右手的力逐渐增大。当锉刀推进至中间位置时，两手的力相等。随着锉刀继续向前推进，左手的力进一步减小，右手的力进一步增大。锉削到最后阶段，左手只起扶锉的作用。注意，在整个锉削过程中，回程时不加压力，以减小锉齿的磨损。锉削速度一般控制在 30~60 次/分钟，以 40 次/分钟为宜，推出时稍慢，回程时稍快，动作要自然协调。

七、锉削方法

锉削方法如表 1-7-6 所列。

表 1-7-6 锉削方法

平面的锉削方法			
名称	示意图	操作要领	特点及应用场合
顺锉法 平面的锉削方法		顺着工件的同一个方向进行锉削	顺锉法得到的锉纹整齐一致，适用于锉削不大的平面和工件的锉光
交叉锉法		从与工件成一定角度的两个交叉方向对工件进行锉削	交叉锉削时，锉刀与工件接触面积大，锉刀容易掌握平稳，从交叉的锉纹上能判断出锉削面的高低情况，容易锉出平整的平面，适用于锉削余量较大的加工面
推锉法	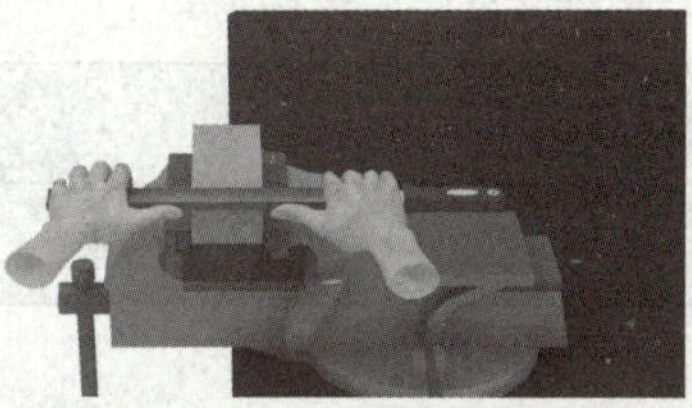	将锉刀横放，双手握住锉刀并保持平衡，用大拇指推动锉刀顺着工件长度方向进行锉削	推锉法切削量较小，能获得平整的加工面和较小的表面粗糙度，适用于锉削窄长的加工表面和尺寸的修整
外圆弧面的锉削方法			
名称	示意图	操作要领	特点及应用场合
顺向滚锉法 曲面的锉削方法	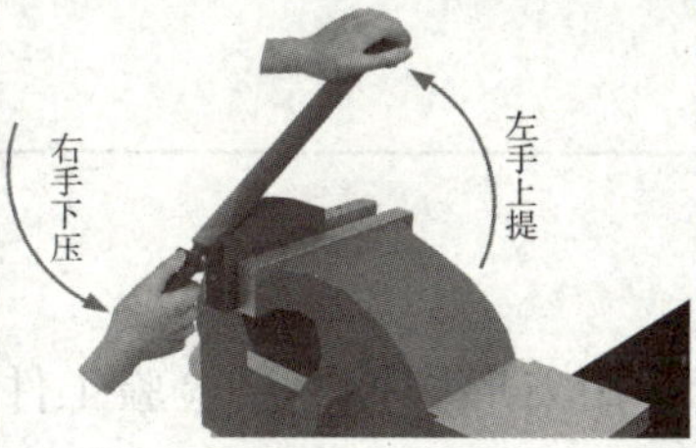	使用平锉刀进行锉削。锉削时，锉刀顺着圆弧方向前进、推进的同时，右手下压，左手上提，绕工件的圆弧中心做上下摆动	顺向滚锉法可以得到光滑的圆弧面，但锉削位置不易掌握，锉削量少，一般适用于精锉外圆弧面

表 1-7-6（续）

名称	示意图	操作要领	特点及应用场合
横向滚锉法	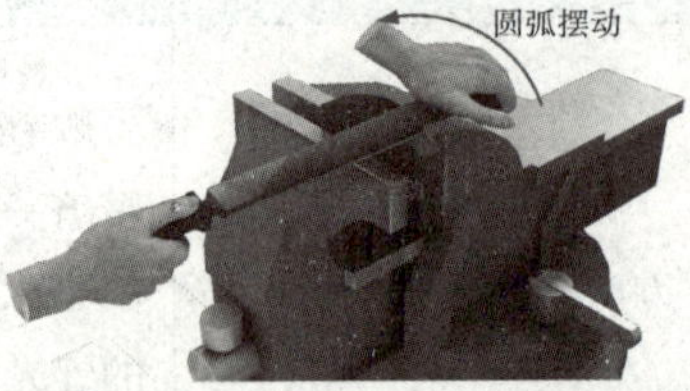	横向滚锉法使用平锉刀进行锉削。锉削时，锉刀沿圆弧的轴线方向做直线运动的同时，不断绕圆弧面中心做圆弧摆动	横向滚锉法锉削量大、效率高，但只能锉成近似圆弧面的多棱形面，适用于粗锉外圆弧面

内圆弧面的锉削方法	
示意图	操作要领
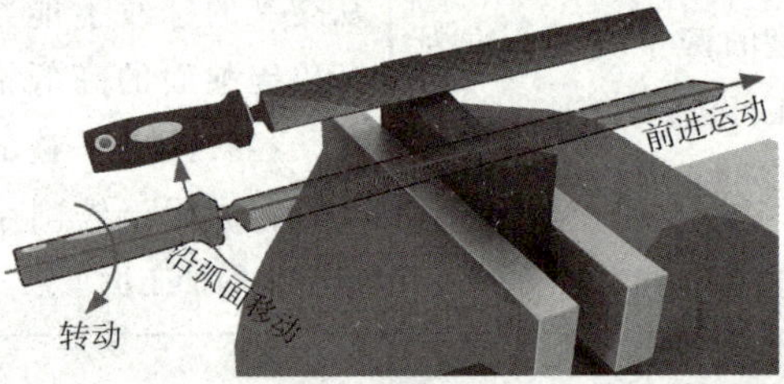	可选用圆锉、半圆锉等锉削内圆弧面。要锉削出光滑、准确的内圆弧面，锉刀需要同时完成三个运动：沿轴向做前进运动，以保证沿轴向全程切削；沿圆弧面向左或向右移动半个或一个锉刀直径，以避免加工表面出现棱角；绕锉刀轴线转动约 90°

球面的锉削方法	
示意图	操作要领
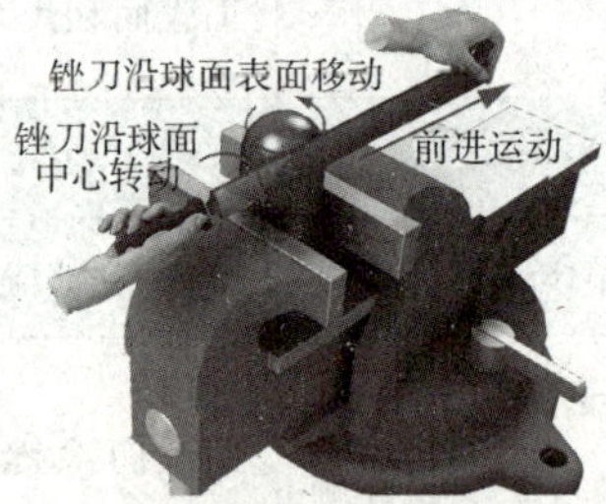	锉削球面时，锉刀沿球面做顺向滚锉的同时，还绕球面的球心做周向摆动

八、检验锉削质量

平面度是检验锉削表面质量的重要指标。用刀形样板平尺检验工件的平面度误差时，将刀形样板平尺垂直放在工件表面上，并沿工件表面的横向、纵向和对角方向多处逐一进行检查，如图 1-7-5 所示。用“透光”法判断平面度误差时，若刀形样板平尺与工件表面间透光微弱而均匀，说明该方向是直的。用塞尺检验平面度误差时，取各检查部位中的最大值作为平面度误差。使用刀形样板平尺时，应从一个位置轻提起，再轻放到另一位置，不要在工件表面上拖动，以防磨损。

图 1-7-5 刀形样板平尺检验平面度误差示意图

九、锉削注意事项

（1）锉刀放在钳工工作台上时，锉刀柄不可露在工作台外面，以免掉落伤脚或损坏锉刀。

（2）不可使用没有安装锉刀柄或锉刀柄已裂开的锉刀。

（3）清理铁屑时，不能用嘴吹，也不能用手擦摸工件的锉削表面。

（4）锉刀不可用作撬棒或锤子。

（5）新锉刀要用钝一面后，再使用另一面。

（6）粗锉时，应充分利用锉刀的有效全长。

（7）若铁屑嵌入锉齿纹内，必须及时用钢丝刷剔除。

单元八

孔加工

知识一 钻孔概述

一、钻削运动

钻孔时，钻头装夹在钻床的主轴上，工件固定不动，依靠钻头与工件之间的相对运动完成钻孔。钻孔时，钻头必须同时完成两个运动：一是主运动，即钻头绕其轴向做旋转运动；二是进给运动，即钻头沿轴线方向移动。钻削运动示意图如图 1-8-1 所示。

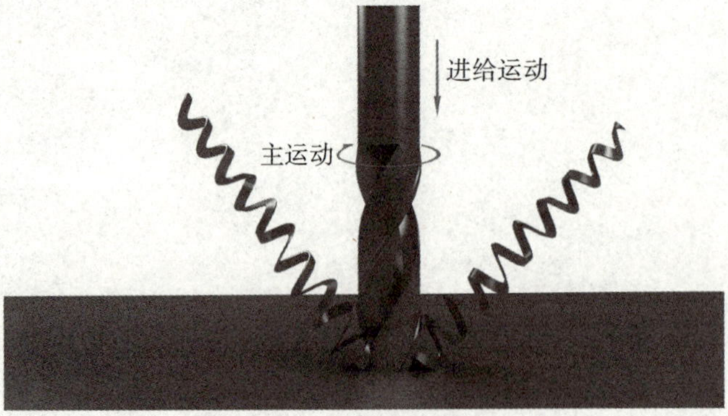

图 1-8-1 钻削运动示意图

钻削运动

二、钻孔特点及应用场合

钻孔时，钻头的刚度和精度都较低，因此加工精度较低，尺寸精度等级为 IT11～IT10，表面粗糙度（Ra）为 12.5～50.0 μm，适用于加工精度要求不高的孔或作为孔的粗加工。

三、钻削用量

钻削用量如表 1-8-1 所列。

表 1-8-1　钻削用量

示意图	名称	概念
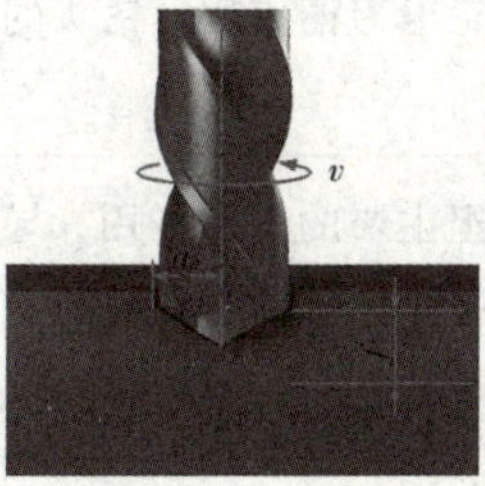	切削速度（v）	切削速度指钻孔时麻花钻切削刃最大直径处的线速度，可由下式计算：$$v=\frac{\pi Dn}{1000}$$ 式中，v——切削速度，m/min； D——钻头直径，mm； n——钻床主轴的转速，r/min
	进给量（f）	进给量指主轴每旋转一周，钻头相对于工件沿主轴轴线方向移动的距离，单位为 mm/r
	背吃刀量（a_p）	背吃刀量指工件已加工表面与待加工表面之间的垂直距离，钻削时的背吃刀量为钻头直径的一半，即$a_p=D/2$

知识二　钻孔工具

一、麻花钻

1. 麻花钻的结构

（1）材料。麻花钻一般由高速钢制成，经热处理硬度可达 62～68 HRC。麻花钻用来在实体材料上钻削直径为 0.1～80.0 mm 的孔，其结构图如图 1-8-2 所示。

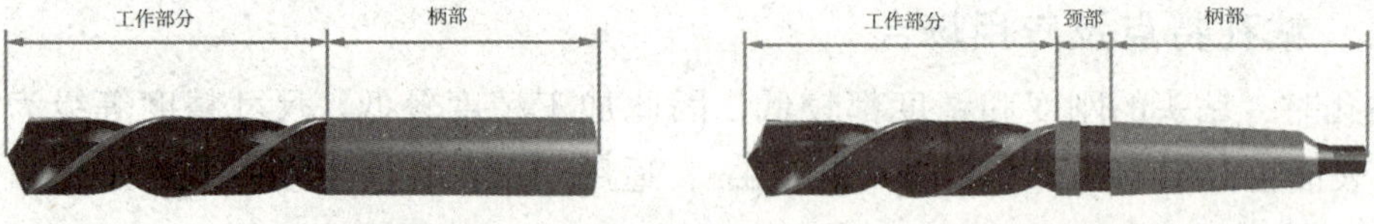

（a）直柄麻花钻　　（b）锥柄麻花钻

图 1-8-2　麻花钻结构图

（2）结构及作用。麻花钻结构及作用如表 1-8-2 所列。

表 1-8-2　麻花钻结构及作用

结构	作用
柄部	麻花钻的夹持部分有直柄和锥柄两种。直柄麻花钻传递的扭矩较小，用于钻削直径小于 13 mm 的孔；莫氏锥柄麻花钻可传递较大的扭矩，用于钻削直径大于 13 mm 的孔
颈部	颈部位于柄部和工作部分之间，磨制钻头时作为砂轮退刀槽使用。钻头的规格、材料和商标也刻印在颈部
工作部分	工作部分由切削部分和导向部分组成。切削部分承担主要的切削作用。导向部分有两条螺旋槽和两条窄螺旋形棱边，在切削过程中起引导钻削的方向、修光孔壁的作用。两条螺旋槽用来排屑和输送冷却液

2. 麻花钻工作部分的组成

麻花钻工作部分的组成如表 1-8-3 所列。

表 1-8-3　麻花钻工作部分的组成

示意图	名称	概念
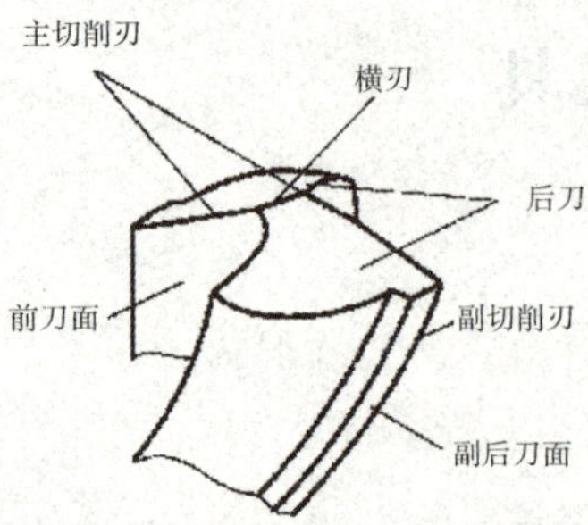	前刀面	切屑流经的表面。钻头的前刀面是导向部分的两条螺旋槽
	后刀面	与工件的待加工表面相对的表面。钻头的后刀面是切削部分顶端的两个曲面
	副后刀面	与工件的已加工表面相对的表面。钻头的副后刀面是导向部分两条窄螺旋形棱边
	主切削刃	前刀面与后刀面的交线
	副切削刃	前刀面与副后刀面的交线
	横刃	两个后刀面的交线

3. 麻花钻的辅助平面

麻花钻的辅助平面如表 1-8-4 所列。

表 1-8-4　麻花钻的辅助平面

示意图	名称	概念
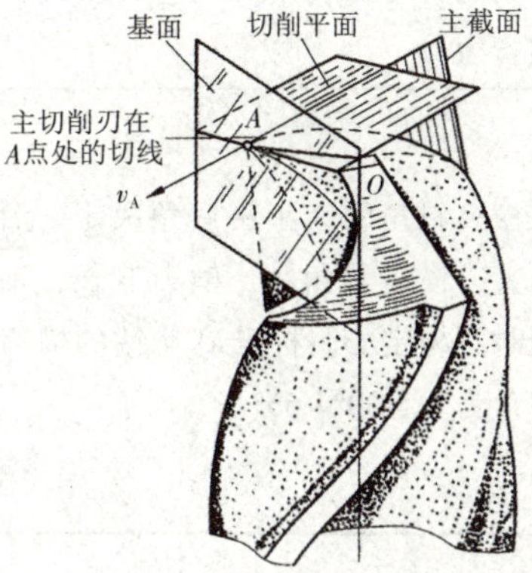	基面	通过主切削刃上任一点且与该点切削速度 v_A 方向垂直的平面，称为基面。标准麻花钻的基面就是通过该点与钻心连线的径向平面
	切削平面	由主切削刃上任一点的切削速度 v_A 方向和该点切削刃的切线所构成的平面，称为切削平面。标准麻花钻的切削平面即该点切削速度 v_A 方向与主切削刃构成的平面
	主截面 （正交平面）	通过主切削刃上任一点且垂直于基面和切削平面的平面，称为主截面（正交平面）
	柱剖面	通过主切削刃上任一点作与麻花钻轴线平行的直线，该直线绕麻花钻轴线旋转所形成的圆柱形截切面，称为柱剖面

4. 麻花钻的切削角度

麻花钻的切削角度如表 1-8-5 所列。

麻花钻的切削角度

表 1-8-5　麻花钻的切削角度

示意图	名称	概念	作用
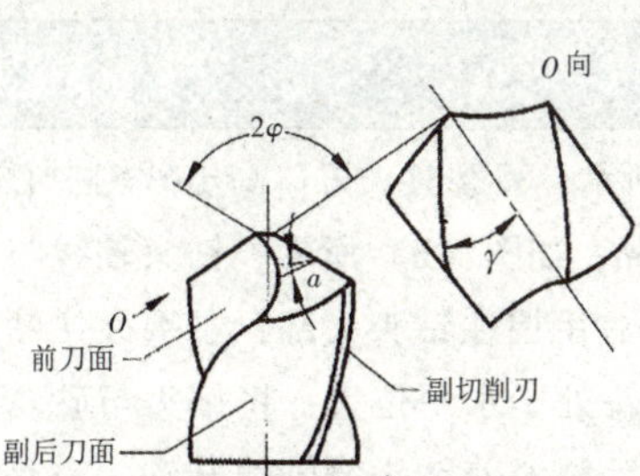	顶角 （2φ）	两主切削刃在其平行平面内投影之间的夹角，称为顶角，用 2φ 表示	顶角的大小影响主切削刃上轴向力的大小。顶角越小，轴向力越小，越有利于散热和提高钻头使用寿命；但顶角减小后，切屑变形加剧，排屑困难，不利于润滑。标准麻花钻的顶角为 $2\varphi=118°\pm2°$
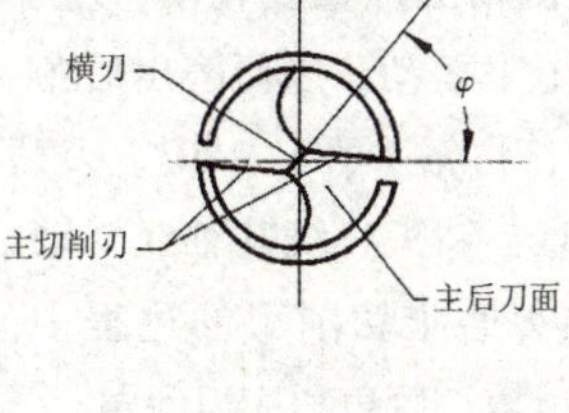	前角 （γ）	正交平面内，前刀面与基面之间的夹角，称为前角，用 γ 表示	前角的大小影响切削的难易程度和切屑在前刀面上摩擦阻力的大小。前角越大，切削越省力。钻削铜、铝等硬度较低、韧性较大的材料时，过大的前角易产生扎刀现象

表 1-8-5（续）

示意图	名称	概念	作用
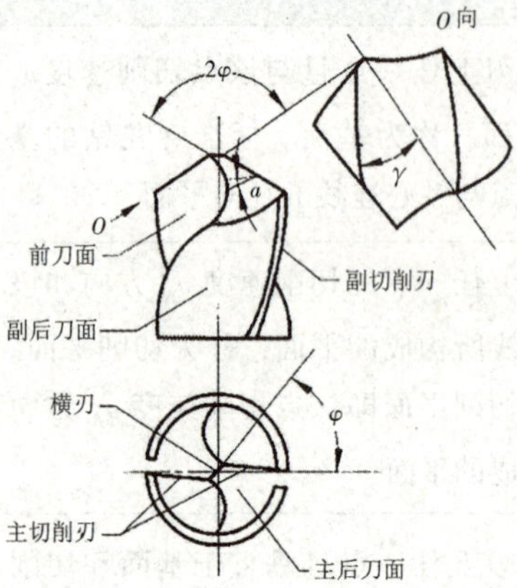	后角（α）	在柱剖面内，后刀面与切削平面之间的夹角，称为后角，用α表示	后角的大小影响后刀面与工件切削表面间摩擦阻力的大小。后角越小，摩擦越严重。钻削较硬材料时，后角可小些，以保证刀刃强度；钻削软材料时，后角可大些，以使钻削省力
	横刃斜角（φ）	在垂直于钻头轴线的端面投影中，横刃和主切削刃之间所夹的锐角，称为横刃斜角，用φ表示	横刃斜角的大小由后角决定，后角大，横刃斜角小，横刃变长，钻削时不易定心。标准麻花钻的横刃斜角为 $\varphi=50°\sim55°$

二、刃磨麻花钻

标准麻花钻的刃磨

1. 选择砂轮

砂轮的粒度一般为 F46~F80 号，最好采用中软级硬度的砂轮。砂轮旋转时的跳动要尽量小，否则影响钻头的刃磨质量。当砂轮跳动较大时，应进行修整。

2. 刃磨麻花钻

刃磨麻花钻的操作过程如表 1-8-6 所列。

表 1-8-6　刃磨麻花钻的操作过程

步骤	示意图	操作要领
刃磨主切削刃	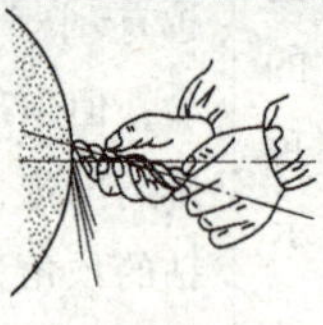 (a) 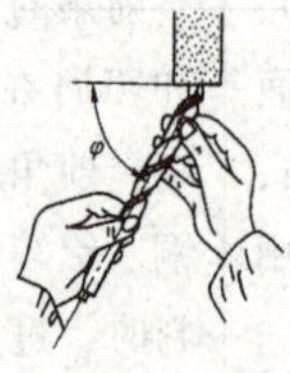 (b)	如图（a）所示，刃磨时，刃口高出砂轮中心平面 15~30 mm；如图（b）所示，钻头轴线与砂轮成 φ 角。右手握住钻头头部，左手握住钻头柄部，使钻头处于水平位置；将钻头与砂轮轻轻接触，右手缓慢使钻头绕轴线转动，左手配合右手同时使钻柄上下摆动，以便磨出后角。一个主切削刃磨好后，将钻头翻转 180°，刃磨另一个主切削刃。注意：钻头只绕其轴线转动，而空间位置不变；在刃磨主切削刃的过程中，应同时磨出切削刃的顶角、后角和横刃斜角

表 1-8-6（续）

步骤	示意图	操作要领
样板检查顶角	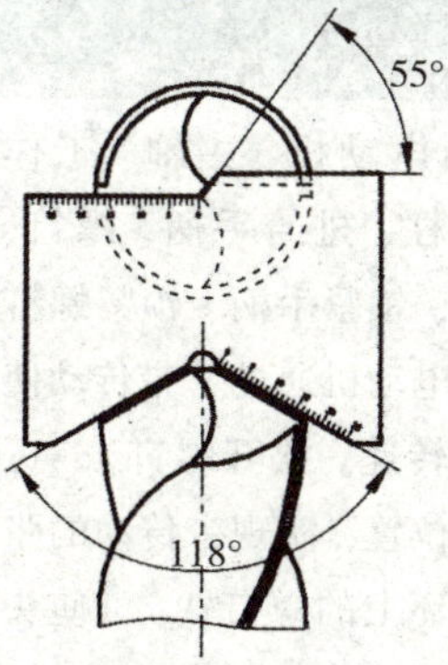	用样板检查顶角 2φ 的大小及两主切削刃的对称性。将钻头切削部分向上竖立，反复旋转 180°，两眼平视检查切削刃是否高低一致。观察横刃斜角 φ 是否接近 55°，以判断后角 α 是否达到要求
修磨横刃	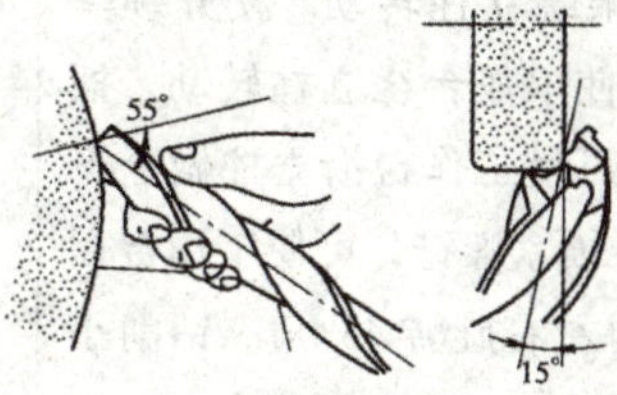 (a)　(b)	修磨横刃时，将钻头向上倾斜 55°左右，右手握住钻头头部，轻靠砂轮边缘；左手握住钻头柄部，随钻头做逆时针方向旋转。修磨一面后，将钻头转过 180°再修磨另一面，保持横刃长度为原来的 1/3 左右。 刃磨钻头时，应经常将钻头浸入水中冷却，以防止切削部分过热而退火

3. 麻花钻刃磨安全操作规程

（1）开动砂轮机后，应先观察砂轮旋转方向是否正确，待转速稳定后，再进行刃磨。

（2）操作人员进行刃磨时，周围不许有其他人围观。

（3）刃磨钻头时，操作人员必须戴好防护眼镜。

（4）刃磨钻头时，操作人员禁止戴手套。

（5）刃磨钻头时，不要用力过猛，以免打滑伤手。

（6）刃磨结束后，应随手关闭电源。

知识三　钻　床

钻床

钻床可分为台式钻床、立式钻床、摇臂钻床三种，如表 1-8-7 所列。

表 1-8-7　钻床分类

台式钻床		
示意图	结构	特点及应用场合
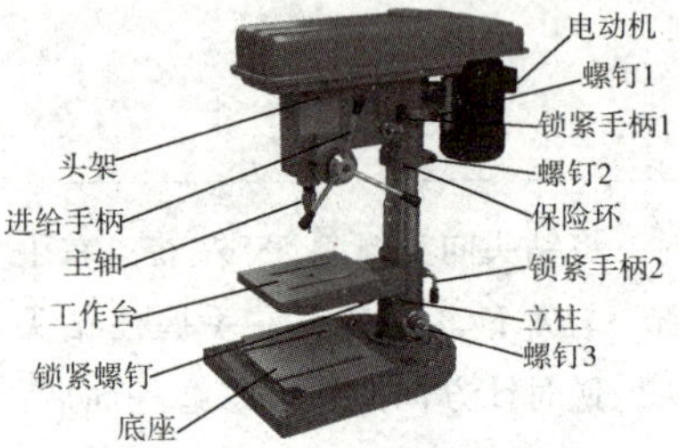	台式钻床由电动机、主轴、工作台、头架、立柱、进给手柄、螺钉、底座、保险环、锁紧手柄、锁紧螺钉等结构组成。电动机通过 V 带传动使主轴获得五种转速。松开螺钉 1，可调整电动机的位置，实现带传动的张紧。松开保险环上的螺钉 2，可使头架沿立柱做上下移动。松开锁紧手柄 1，可使头架绕立柱转动。松开锁紧手柄 2，可使工作台绕立柱转动。摇动螺钉 3，可使工作台沿立柱做上下移动。松开锁紧螺钉，可使工作台在垂直平面内左右旋转 45°角。钻削小型工件时，将工件放在工作台上；钻削较大型工件时，可直接将工件放在底座上进行钻孔	台式钻床结构简单、操作方便，一般用于钻削直径小于 13 mm 的孔
立式钻床		
示意图	结构	特点及应用场合
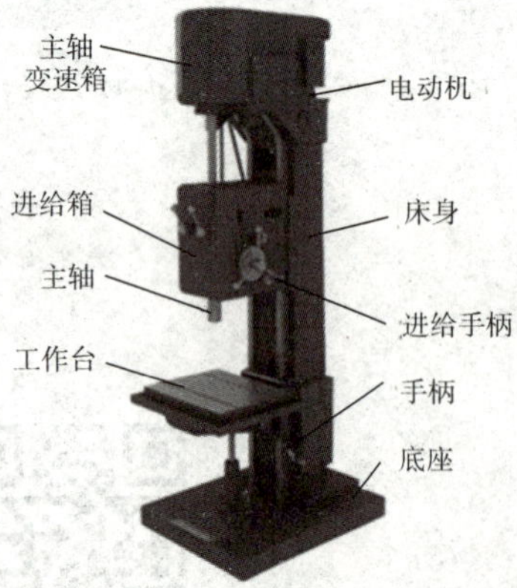	立式钻床由电动机、主轴变速箱、进给箱、主轴、工作台、床身、底座、进给手柄、手柄等结构组成。床身固定在底座上；主轴变速箱固定在床身上；进给箱安装在床身的导轨上，可沿导轨做上下移动；工作台安装在床身下方，摇动手柄可使工作台沿导轨做上下移动	立式钻床有自动进给装置，可使用较大的切削用量，主轴转速和进给量的变动范围大，加工效率和加工质量高。立式钻床一般用于钻削中型工件上的孔，最大钻孔直径有 25，35，40，50 mm 等几种

表 1-8-7（续）

摇臂钻床		
示意图	结构	特点及应用场合
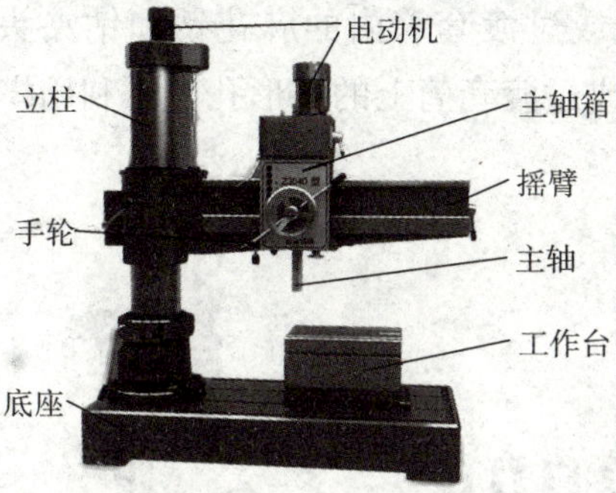	摇臂钻床由电动机、立柱、主轴箱、摇臂、手轮、主轴、工作台、底座等结构组成。立柱固定在底座上；摇臂安装在立柱上，可以绕立柱做360°旋转，也可沿立柱做上下移动；主轴箱安装在摇臂上，可沿摇臂做较大范围的移动。小型工件可装夹在工作台上加工，大型工件可直接放置在底座上加工	摇臂钻床的主轴转速和进给量的变动范围大，便于调整刀具的位置，以对准被加工孔的位置。摇臂钻床一般用于在大型工件上钻孔及工件的多孔加工

知识四　钻孔操作

钻孔操作

一、麻花钻的装拆

1. 直柄麻花钻的装拆

直径小于 13 mm 的直柄麻花钻用钻夹头夹持。如图 1-8-3（a）所示，钻夹头通过上端莫氏锥柄装入钻床主轴锥孔内；下端的三个自动定心夹爪用来夹持直柄钻头。如图 1-8-3（b）所示，将钻夹头装入主轴锥孔内，然后将钻头柄部放入钻夹头的夹爪内，注意夹持长度不能小于15 mm。如图 1-8-3（c）所示，转动钻夹头钥匙，以夹紧或放松钻头。

图 1-8-3　直柄麻花钻的装拆示意图

2. 锥柄麻花钻的装拆

锥柄麻花钻可直接安装到钻床主轴锥孔内。如图 1-8-4（a）所示，安装时，将麻花钻锥柄及主轴锥孔擦拭干净，使麻花钻扁尾与主轴上的腰形孔对准，利用加速冲力一次安装完成。如图 1-8-4（b）所示，当钻头锥柄小于主轴锥孔时，需要使用过渡套筒安装。如图 1-8-4（c）所示，过渡套筒为五个一套，可根据钻头锥柄的莫氏锥度选用相应的过渡套筒。如图 1-8-4（d）所示，拆卸主轴或过渡套筒内的麻花钻和钻夹头时，将楔铁圆弧面朝上、平面朝下，将楔铁敲入主轴或过渡套筒上的腰形孔内，利用楔铁斜面的张紧分力将麻花钻与主轴或过渡套筒分开。

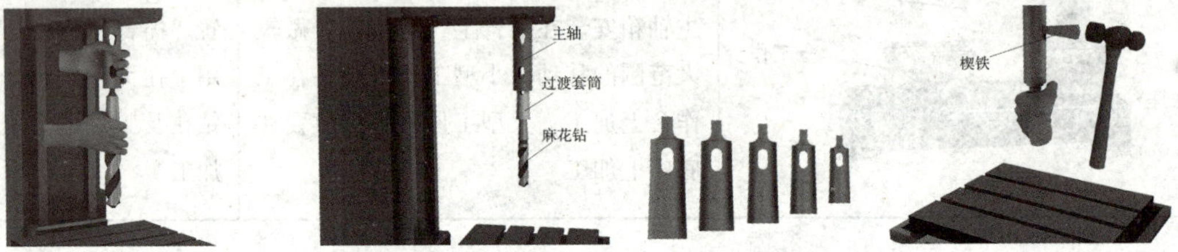

图 1-8-4　锥柄麻花钻的装拆示意图

二、选择钻削用量

1. 选择背吃刀量（a_p）

钻孔时，背吃刀量（a_p）取决于所加工孔的直径。当孔的直径小于 30 mm 时，可一次钻出；当孔的直径为 30~80 mm 时，可先用直径为（0.5~0.7）D（D 为要求的孔径）的钻头钻孔，再用直径为 D 的钻头将孔扩大至要求。

2. 选择进给量（f）

在允许范围内，尽量选择较大的进给量。当孔的加工质量要求较高、表面粗糙度要求较小时，应选择较小的进给量。当孔直径较小、孔深较大时，也应选择较小的进给量。采用高速钢麻花钻钻孔时，进给量的选择可参考表 1-8-8。

表 1-8-8　高速钢标准麻花钻的进给量

钻头直径（D）/mm	<3	3~6	6~12	12~25	>25
进给量（f）/（$mm \cdot r^{-1}$）	0.025~0.050	0.05~0.10	0.10~0.18	0.18~0.38	0.38~0.62

3. 选择切削速度（v）

确定钻头的直径和进给量后，参考表 1-8-9 和表 1-8-10，根据钻头的使用寿命选择切削速度。当材料的强度、硬度高，钻孔直径较大时，应选用较低的切削速度，进给量也应减小。当钻头直径小于 5 mm 时，应选用很高的转速，进给量不能过大，一般应采用手动进给，以免折断钻头。

表 1-8-9 高速钢麻花钻钻削钢材料时的切削用量（用切削液）

钢料的性能	进给量（f）/（$mm \cdot r^{-1}$）													
	0.20	0.27	0.36	0.49	0.66	0.88								
	0.16	0.20	0.27	0.36	0.49	0.66	0.88							
	0.13	0.16	0.20	0.27	0.36	0.49	0.66	0.88						
	0.11	0.13	0.16	0.20	0.27	0.36	0.49	0.66	0.88					
好	0.09	0.11	0.13	0.16	0.20	0.27	0.36	0.49	0.66	0.88				
↓		0.09	0.11	0.13	0.16	0.20	0.27	0.36	0.49	0.66	0.88			
差			0.09	0.11	0.13	0.16	0.20	0.27	0.36	0.49	0.66	0.88		
				0.09	0.11	0.13	0.16	0.20	0.27	0.36	0.49	0.66	0.88	
					0.09	0.11	0.13	0.16	0.20	0.27	0.36	0.49	0.66	0.88
						0.09	0.11	0.13	0.16	0.20	0.27	0.36	0.49	0.66
							0.09	0.11	0.13	0.16	0.20	0.27	0.36	0.49
钻头直径/mm	切削速度（v）/（$m \cdot min^{-1}$）													
≤4.6	43.0	37.0	32.0	27.5	24.0	20.5	17.7	15.0	13.0	11.0	9.5	8.2	7.0	6.0
≤9.6	50.0	43.0	37.0	32.0	27.5	24.0	20.5	17.7	15.0	13.0	11.0	9.5	8.2	7.0
≤20.0	55.0	50.0	43.0	37.0	32.0	27.5	24.0	20.5	17.7	15.0	13.0	11.0	9.5	8.2
≤30.0	55.0	55.0	50.0	43.0	37.0	32.0	27.5	24.0	20.5	17.7	15.0	13.0	11.0	9.5
≤60.0	55.0	55.0	55.0	50.0	43.0	37.0	32.0	27.5	24.0	20.5	17.7	15.0	13.0	11.0

表 1-8-10 高速钢麻花钻钻削铸铁时的切削用量（用切削液）

铸铁硬度（HBS）	进给量（f）/（$mm \cdot r^{-1}$）												
140~152	0.20	0.24	0.30	0.40	0.53	0.70	0.95	1.30	1.70				
153~166	0.16	0.20	0.24	0.30	0.40	0.53	0.70	0.95	1.30	1.70			
167~181	0.13	0.16	0.20	0.24	0.30	0.40	0.53	0.70	0.95	1.30	1.70		
182~199		0.13	0.16	0.20	0.24	0.30	0.40	0.53	0.70	0.95	1.30	1.70	
200~217			0.13	0.16	0.20	0.24	0.30	0.40	0.53	0.70	0.95	1.30	1.70
218~240				0.13	0.16	0.20	0.24	0.30	0.40	0.53	0.70	0.95	1.30
钻头直径/mm	切削速度（v）/（$m \cdot min^{-1}$）												
≤3.2	40.0	35.0	31.0	28.0	25.0	22.0	30.0	17.5	15.5	34.0	12.5	11.0	9.5
≤8.0	45.0	40.0	35.0	31.0	28.0	25.0	22.0	30.0	17.5	15.5	34.0	12.5	11.0
≤20.0	51.0	45.0	40.0	35.0	31.0	28.0	25.0	22.0	30.0	17.5	15.5	34.0	12.5
>20.0	55.0	55.0	47.0	42.0	37.0	33.0	29.5	26.0	23.0	21.0	18.0	16.0	14.5

4. 选择切削液

钻孔时加注切削液可以起到散热、冷却和润滑的作用，以提高麻花钻使用寿命、改善孔加工质量。

钻孔时，应根据工件材料和加工要求选用不同的切削液。钻孔时常用切削液的选用可参考表 1-8-11。

表 1-8-11　钻孔时常用切削液的选用

工件材料	切削液
各类结构钢	3%~5%乳化液或 7%硫化乳化液
不锈钢、耐热钢	3%肥皂加 2%亚麻油水溶液或硫化切削油
纯铜、黄铜、青铜	5%~8%乳化液（也可不用）
铸铁	5%~8%乳化液或煤油（也可不用）
铝合金	5%~8%乳化液或煤油、煤油和菜油的混合油（也可不用）
有机玻璃	5%~8%乳化液或煤油

三、装夹工件

装夹工件方法如表 1-8-12 所列。

表 1-8-12　装夹工件方法

名称	示意图	操作要领	适用范围
平口钳装夹	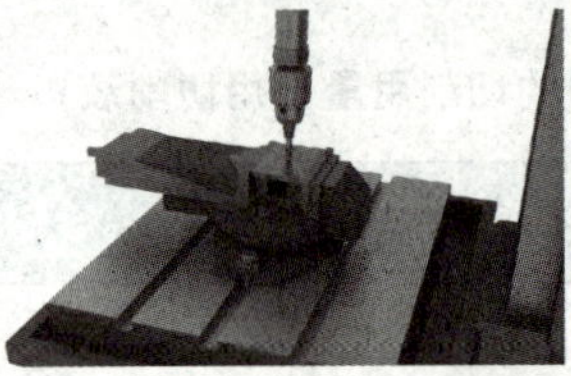	平口钳装夹时，应使工件表面垂直于麻花钻。钻削直径大于 8 mm 的孔时，必须用螺钉或压板将平口钳固定在工作台上。钻通孔时，工件底部应留出落钻位置	适用于尺寸较小、形状规整工件的装夹
V 形块装夹	 （a）  （b）	V 形块装夹时，应使麻花钻的轴线垂直通过 V 形块的对称平面，以保证钻出孔的中心线通过工件的轴线	适用于圆柱形工件的装夹

表 1-8-12（续）

名称	示意图	操作要领	适用范围
压板装夹	 （a）  （b）	压板装夹时，压板厚度与压紧螺栓直径要适当，以免压板弯曲变形而影响压紧力；压板螺栓应尽量靠近工件，以保证有较大的压紧力。当压紧表面为已加工表面时，需要采取保护措施	适用于钻孔直径大于10 mm的较大工件的装夹
卡盘装夹	 （a）  （b）	圆柱形工件端面钻孔时，可用三爪自定心卡盘进行装夹。方形工件钻孔时，可用四爪单动卡盘进行装夹	适用于圆柱形和方形工件的装夹
角铁装夹		角铁装夹时，用压板将角铁固定在钻床工作台上，以免钻孔时工件倾倒	适用于底面不平或加工基准在侧面工件的装夹
手虎钳装夹	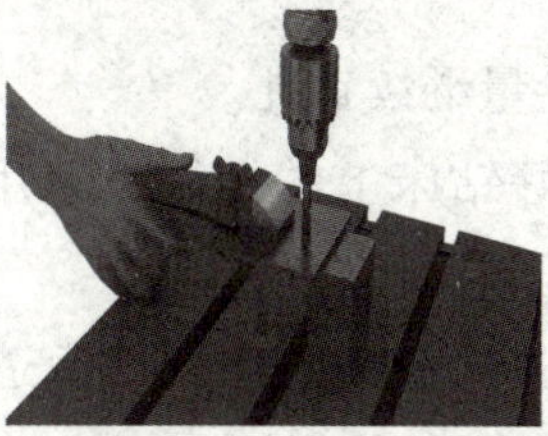	将工件放置在定位块上，并用手虎钳进行夹持	适用于小型工件或薄板件的装夹

四、划线

在工件上划出孔的中心线，在圆心处打样冲眼，划出孔的圆周线，以便钻孔时检查和校正孔的位置，如图 1-8-5 所示。

图 1-8-5 钻孔划线示意图

五、试钻

如图 1-8-6（a）所示，安装工件和钻头后，检查钻头相对于工件的垂直度误差。起钻时，将钻头的钻尖对准孔的中心试钻一浅坑，观察浅坑与孔的圆周线是否同心。当孔的位置正确时，继续钻孔。如图 1-8-6（b）所示，当孔的位置不正确时，可采取在校正方向錾槽、在需要去掉的部位冲眼、在起钻的同时用力将工件向偏离的反方向推移的方式，以达到校正的目的。

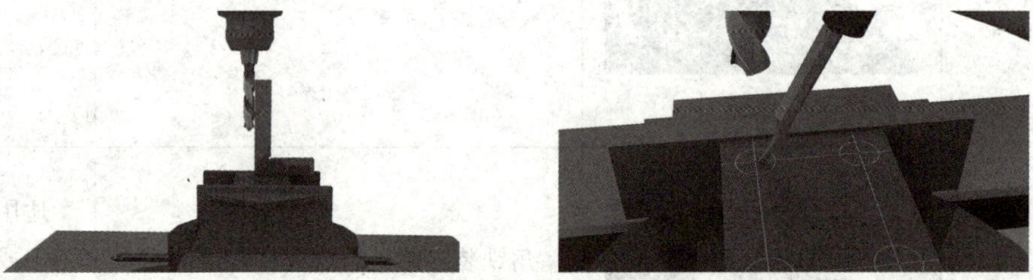

（a）　　（b）

图 1-8-6 试钻示意图

六、钻孔

当试钻达到同心要求后，即可根据选择的进给量继续钻孔。

（1）钻削不通孔时，应按照要求的尺寸调整好钻床上的挡块或采用其他控制措施保证钻孔深度，并注意退屑。

（2）钻削通孔时，当孔要被钻穿时，应减小进给量和压力，以免造成钻头的折断和钻孔质量的降低。如果采用自动进给，应及时改为手动进给。

（3）钻削深孔时，当钻削深度达到麻花钻直径的 3 倍时，应退出麻花钻排屑，并注意冷却、润滑。

（4）钻削直径小于 1 mm 的小孔时，切削速度可选在 2000～3000 r/min，保证进给力小且平稳，以防麻花钻弯曲和滑移；应经常退出麻花钻排屑，并加注切削液。

（5）钻削直径大于 30 mm 的大孔时，一般分成两次进行：第一次用 0.5～0.7 倍孔径的麻花钻钻孔；第二次用所需直径的麻花钻钻孔。

七、钻孔注意事项

（1）操作钻床时，操作人员不可戴手套。

（2）开动钻床前，应检查是否有钻夹头钥匙插在钻床上。

（3）钻孔前，先开动钻床试运转，待钻床运转正常后，再开始钻孔。

（4）装夹钻头前，应将钻头柄部和钻床主轴锥孔擦拭干净。

（5）钻孔时，钻头应慢慢接触工件，以免碰伤钻尖。

（6）检查工件和变换钻床主轴的转速，必须在停机下进行。

（7）钻头用钝后，应及时刃磨。

（8）钻孔时，应以目测和手感控制手动进给的压力。

（9）在钻床的工作表面上，不要乱放物件或撞击，以免影响钻床精度。

（10）停机时，应让主轴自然停转。

知识五 扩 孔

一、扩孔概述

利用扩孔钻对工件上已有的孔进行扩大的加工方法，称为扩孔。其示意图如图 1-8-7所示。

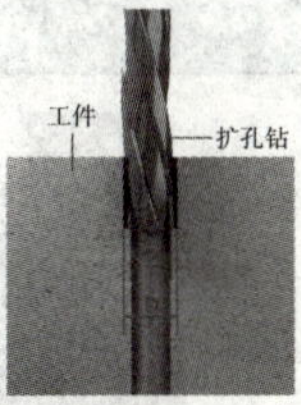

（a）

（b）

图 1-8-7 扩孔与扩孔钻示意图

扩孔加工精度和适用范围：扩孔公差等级一般可达 IT10～IT9，表面粗糙度（*Ra*）可达 3.2～12.5 μm。扩孔常作为孔的半精加工，也用作铰孔前的预加工。

二、扩孔的特点

（1）扩孔钻切削刃多、强度高、导向性好，孔的加工质量和加工效率高。

（2）扩孔钻的钻心粗，可以采取较大的进给量。

（3）扩孔钻没有横刃，可避免由横刃引起的一些不良影响。

（4）背吃刀量（a_p）较小，因此排屑容易，加工表面质量较好。

三、扩孔的操作要点

（1）用麻花钻扩孔时，钻孔直径为要求孔径的 0.5~0.7 倍；用扩孔钻扩孔时，钻孔直径为要求孔径的 0.9 倍。

（2）扩孔的切削速度为钻孔的 1/2。

（3）扩孔的进给量为钻孔的 1.5~2.0 倍。

（4）钻孔后，应立即换上扩孔钻进行扩孔，使钻头与扩孔钻的中心重合，保证孔加工质量。

知识六　锪　孔

一、锪孔概述

用锪孔钻在孔口或端面加工出一定形状的孔和表面的方法，称为锪孔。锪孔的目的是保证孔与连接件具有正确的相对位置，使连接可靠。

二、锪孔分类

锪孔分类如表 1-8-13 所列。

表 1-8-13　锪孔分类

类型	示意图
锪圆柱形沉孔	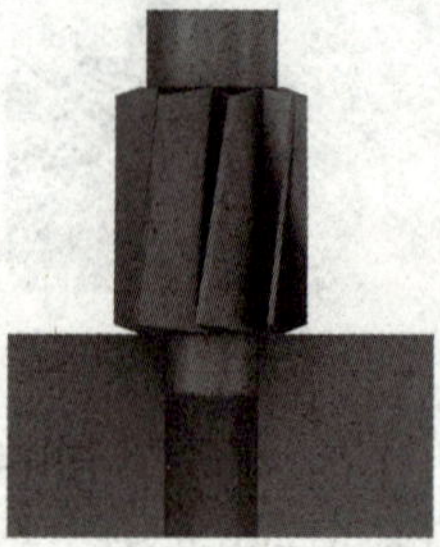

表 1-8-13（续）

类型	示意图
锪圆锥形沉孔	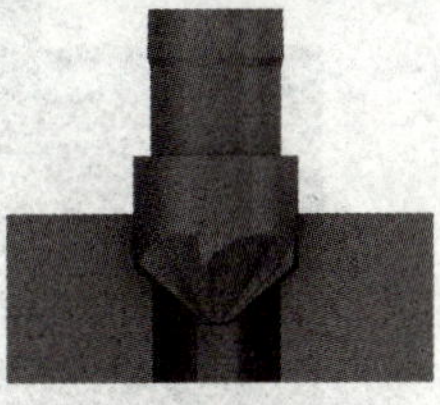
锪平面	

三、锪孔的操作要点

（1）锪孔时，应选择较大的进给量，一般为钻孔的 2~3 倍；应选择较低的切削速度，一般为钻孔的 1/3~1/2。

（2）使用麻花钻改制的锪孔钻时，应尽量选用较短的钻头，并仔细刃磨；使两主切削刃高度一致，适当减小后角，使切削平稳，减少振动。

（3）锪钢件时，因切削发热量大，应对导柱和切削表面进行冷却和润滑。

（4）为保证锪孔深度，可利用钻床上的深度标尺和定位螺母进行定位调整。

知识七 铰 孔

一、铰孔概述

铰孔指用铰刀从工件孔壁上切除微量金属层，以提高孔的尺寸精度和表面粗糙度的方法。其示意图如图 1-8-8 所示。

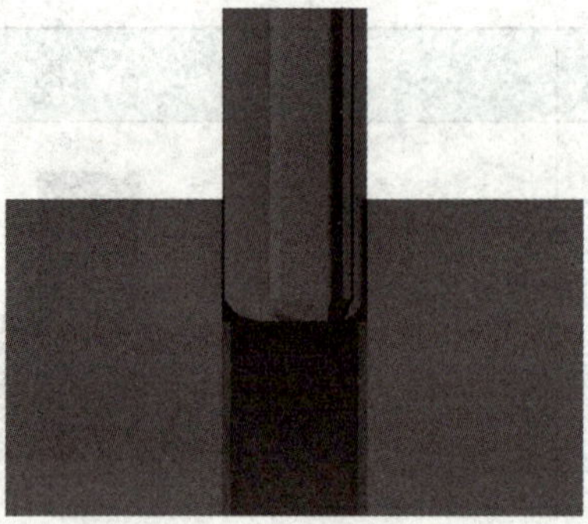

图 1-8-8 铰孔

铰孔操作

铰孔精度和适用范围：铰孔后，尺寸精度一般可达 IT9~IT7，表面粗糙度（*Ra*）可达 0.8~3.2 μm。铰孔是经常采用的孔的精加工方法之一。

二、铰刀

铰刀是铰孔的刀具，刀刃数量多，切削余量小，具有导向性好、刚性好、加工精度高等特点。

1. 铰刀分类

铰刀分类如表 1-8-14 所列。

表 1-8-14 铰刀分类

类型	示意图	应用场合
手用整体式圆柱铰刀		柄部为方榫形，工作部分较长，切削锥角较小。用于手工铰削标准直径系列的孔
锥柄机用铰刀		工作部分较短，切削锥角较大。用于机动铰削标准直径系列的孔
可调式手用铰刀		直径可以在一定范围内用螺母进行调节。用于单件生产和修配工作中铰削的非标准直径的孔
螺旋槽手用铰刀		用于铰削有键槽的孔
直柄机用铰刀	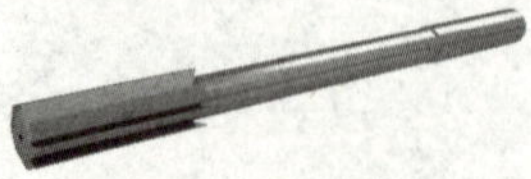	用于铰削普通孔

表 1-8-14（续）

类型	示意图	应用场合
直柄莫氏圆锥铰刀		用于铰削 0~6 号莫氏锥孔
手用 1∶50 锥铰刀	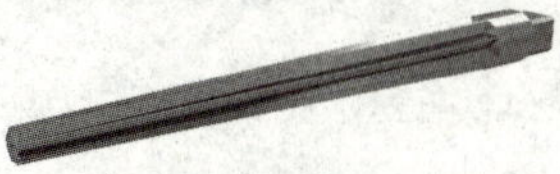	用于铰削锥形定位销孔

2. 铰刀的结构

铰刀的结构如表 1-8-15 所列。

表 1-8-15　铰刀结构

结构	示意图	作用
柄部		柄部用来夹持铰刀和传递扭矩。机用铰刀的柄部有直柄和锥柄两种。手用铰刀的柄部为直柄带方榫，方榫用来与铰杠的孔配合，以传递扭矩
颈部	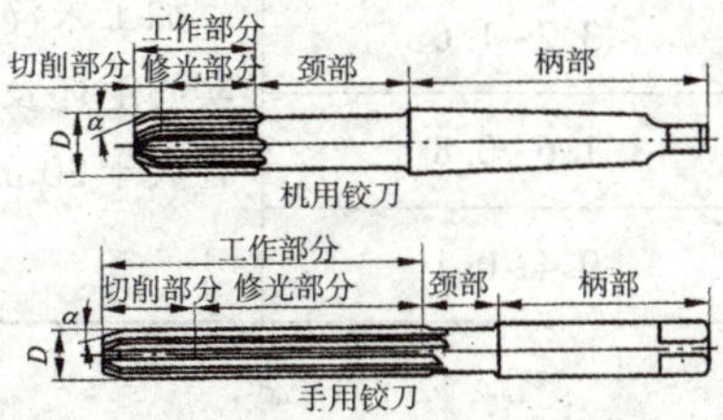	颈部在加工刀刃时供退刀用，一般印刻有商标和规格
工作部分		工作部分是铰刀的主要部分，由切削部分和修光部分组成。切削部分呈锥形，承担主要的切削任务。修光部分有圆柱形刃带，主要起导向、修光孔壁、保证铰孔直径和便于测量等作用。修光部分的直径带有倒锥，以减小铰刀和孔壁的摩擦。铰刀齿数一般为 4~8 齿，为了便于测量直径，多采用偶数齿

知识八　铰孔方法

一、铰孔操作步骤

1. 确定孔的加工方案

根据孔径和孔的精度要求，确定孔的加工方案，如表 1-8-16 所列。

表 1-8-16　孔的加工方案

序号	加工方案	精度等级	表面粗糙度（*Ra*）/μm	使用范围
1	钻	IT12~IT11	12.5	加工未淬火钢、铸铁的实心毛坯及有色金属，孔径小于 20 mm
2	钻→铰	IT9~IT8	3.2~1.6	
3	钻→粗铰→精铰	IT8~IT7	1.6~0.8	
4	钻→扩	IT11~IT10	12.5~6.3	加工未淬火钢、铸铁的实心毛坯及有色金属，孔径大于 20 mm
5	钻→扩→铰	IT9~IT8	3.2~1.6	
6	钻→扩→粗铰→精铰	IT7	1.6~0.8	
7	钻→扩→机铰→手铰	IT7~IT6	0.4~0.1	

2. 选择铰削余量

铰削余量指上道工序完成后，在孔的直径方向留下的加工余量。应根据孔径的大小、材料硬度、尺寸精度、表面粗糙度、加工工艺和铰刀类型等多种因素合理选择铰削余量，如表 1-8-17 所列。一般粗铰余量为 0.15~0.35 mm，精铰余量为 0.1~0.2 mm。

表 1-8-17　铰削余量的选择　　单位：mm

铰孔直径	<5	5~20	21~32	33~50	51~70
铰削余量	0.1~0.2	0.2~0.3	0.3	0.5	0.8

精度较高的 ϕ30 mm 孔的加工过程示意图如图 1-8-9 所示，首先使用 ϕ28 mm 的钻头进行钻孔，用 ϕ29.6 mm 的扩孔钻进行扩孔，然后用 ϕ29.9 mm 和 ϕ30 mm 的铰刀分别进行铰孔。

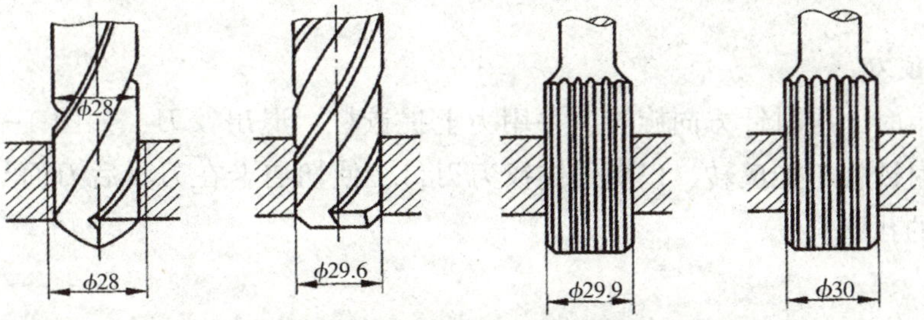

图 1-8-9 ϕ30 mm 孔的加工过程示意图

3. 选择机铰时的切削速度和进给量

使用普通标准高速钢机铰刀铰孔时，切削速度和进给量的选用可参考表 1-8-18。

表 1-8-18 机铰切削速度和进给量的选用

工件材料	切削速度（v）/（$m \cdot min^{-1}$）	进给量（f）/（$mm \cdot r^{-1}$）
钢	4~8	0.4~0.8
铸铁	6~10	0.5~1.0
铜或铝	8~12	1.0~1.2

4. 按照要求确定铰孔的次数和选择铰刀

5. 装夹工件，稳固安装铰刀

6. 起铰

手工起铰时，右手沿铰刀轴线方向加压，左手转动铰杠 2~3 圈，使铰刀缓慢进入孔内。注意控制速度不要太快，如图 1-8-10 所示。

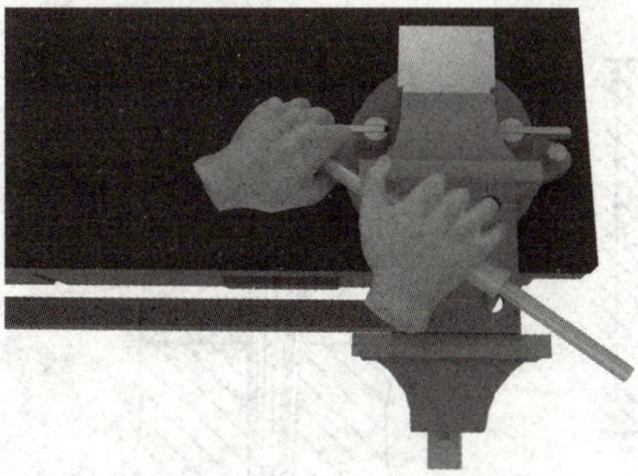

图 1-8-10 起铰示意图

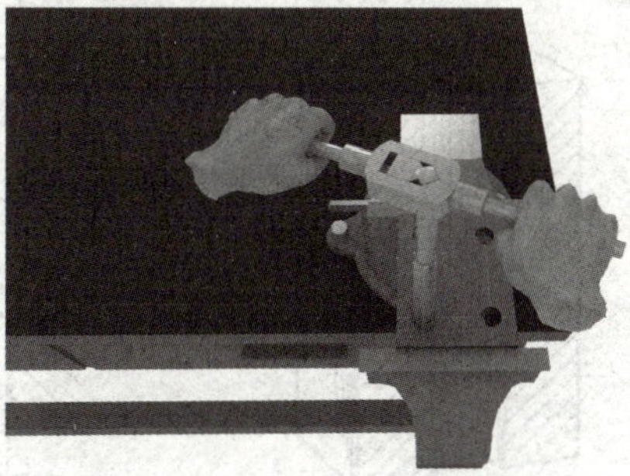

图 1-8-11 正常铰削示意图

7. 正常铰削

起铰完成后进入正常铰削阶段。操作人员双手握住铰杠柄部，注意两手用力均衡，铰杠放平，旋转速度均匀、平稳；按照顺时针方向扳动铰杠进行铰削，避免把孔口铰成喇叭口或将孔径扩大。手铰时，要注意变换铰刀每次停歇的位置，以消除振痕，如图

1-8-11所示。

8. 退出铰刀

手铰结束时，顺时针方向旋转，并用力上提铰杠、退出铰刀，如图 1-8-12 所示。注意：退刀时铰杠不能反转，以免磨钝铰刀刃口，使切屑卡在刀具后刀面与孔壁之间，划伤已铰好的孔壁。

图 1-8-12　退出铰刀示意图

二、圆锥孔的铰孔方法

铰削尺寸较小的圆锥孔时，首先按照小端直径钻孔，然后用锥铰刀铰孔。如图 1-8-13（a）（b)所示，铰削尺寸和深度较大的圆锥孔时，为减小切削余量，铰孔前可先钻出阶梯形孔，再用锥铰刀铰削。可利用钻床上的深度标尺控制铰孔深度。如图 1-8-13（c)所示，铰削锥孔多采用手铰，铰削过程中应经常用相配的圆锥销来检查铰孔深度，正确的铰孔深度应是圆锥销敲入后端面露出倒角。注意：铰削锥孔过程中应控制进给量，以防铰刀被卡住或折断。

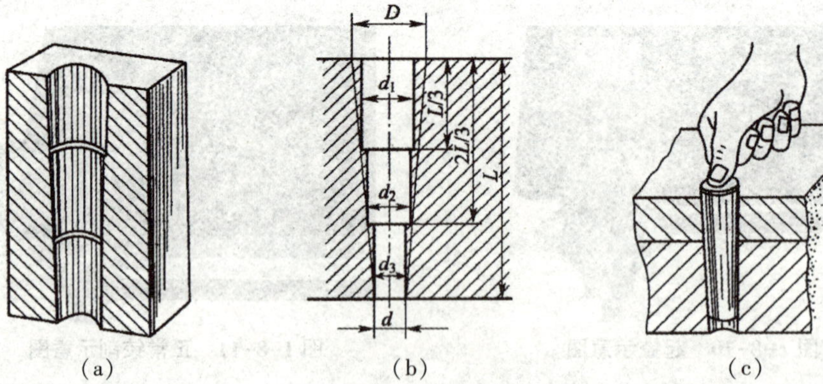

图 1-8-13　圆锥孔铰削示意图

三、铰孔的注意事项

（1）铰孔时，应注意保护铰刀刃口，避免碰撞。

（2）机铰时，应对工件采取一次装夹后进行钻孔、扩孔、铰孔加工，以保证孔的加工位置一致。

（3）铰孔时，应选用适当的切削液，以减少铰刀与孔壁间的摩擦、冲掉附着在铰刀和孔壁上的切屑、降低刀具与工件温度，以及减小孔的表面粗糙度和孔径的扩大量。

（4）铰孔时，应经常取出铰刀，清除切屑，以免铰刀被卡住。

（5）铰孔完成后，应退出铰刀后再停车，以免将加工后的孔壁拉出痕迹。

单元九

螺纹加工

知识一　攻螺纹工具

攻螺纹指用丝锥在工件孔中加工出内螺纹的操作。攻螺纹工具包括丝锥和铰杠等。

一、丝锥

1. 结构

手用丝锥由柄部和工作部分两部分结构组成，如图 1-9-1 所示。柄部上方为方榫，用来将丝锥夹持在铰杠中，丝锥的规格也刻印在柄部。工作部分包括切削部分和校准部分。切削部分的前端制成锥形，起切削时的引导作用；切削部分有锋利的切削刃，起切削作用。切削部分开有几条容屑槽，可以排屑和注入切削液。校准部分用来修光和校准已切制出的螺纹。

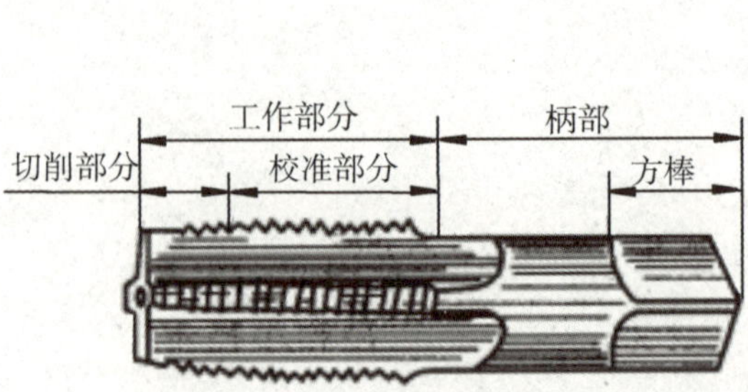

图 1-9-1　丝锥结构图

2. 材料

丝锥由碳素工具钢或高速钢经热处理淬硬制成。

3. 成组丝锥

攻螺纹时，常常采用成组丝锥共同承担整个切削工作量，以延长丝锥的使用寿命，保证螺纹加工质量。通常情况下，M6~M24 的丝锥每组两支，M6 以下及 M24 以上的丝锥每组三支，细牙螺纹丝锥每组两支。

成组丝锥可分为锥形分配和柱形分配，如表 1-9-1 所列。

表 1-9-1　成组丝锥分类

类型	示意图	说明
锥形分配		锥形分配的成组丝锥中，每支丝锥的大径、中径和小径都相等，切削部分的长度和锥角不同。头锥切削部分的长度最长，锥角小，便于攻入。二锥具有单支丝锥的功能。三锥切削部分的长度最短，只起修短螺尾的作用。锥形分配的成组丝锥加工精度不高；攻通孔螺纹时，可只用头锥一次完成螺纹的攻削。直径在 M12 以下的丝锥采用锥形分配
柱形分配		柱形分配的成组丝锥中，每支丝锥的大径、中径和小径及切削部分的长度和锥角都不相等。头锥切削部分的长度较长，锥角较小，校准部分螺纹牙型不完整的，起粗加工的作用。二锥起二次粗加工的作用。三锥切削部分较短，校准部分螺纹牙型完整，起精加工的作用。柱形分配的成组丝锥寿命长、加工精度高；但丝锥制造成本高，攻通孔螺纹时必须依次攻削。直径在 M12 以上的丝锥采用柱形分配

二、铰杠

铰杠是手工攻螺纹时用来夹持丝锥的工具。

铰杠分类如表 1-9-2 所列。

表 1-9-2　铰杠分类

类型	示意图	特点及应用场合
普通铰杠	 （a）固定式  （b）可调式	固定式铰杠用于攻削直径在 M5 以下的螺纹孔。可调式铰杠的方孔尺寸可以调整，应用较广
丁字形铰杠	 （a）固定式 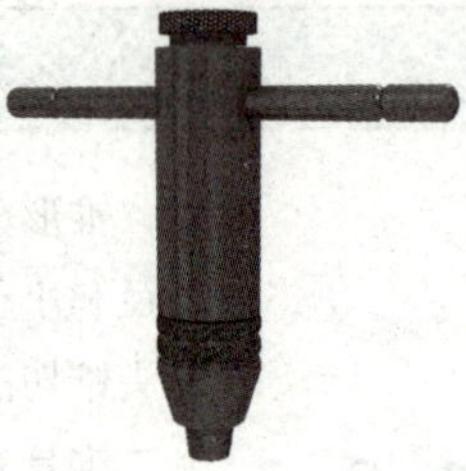 （b）可调式	丁字形铰杠用于攻削工件凸台旁的螺纹孔或机体内部的螺纹孔。大尺寸的丁字形铰杠一般都是固定式的，可调式丁字形铰杠用于攻削 M6 以下的螺纹孔

知识二　攻螺纹操作

一、攻螺纹操作步骤

1. 确定螺纹底孔直径

攻螺纹前，要根据工件材料及钻孔扩张量，按照经验公式计算出底孔直径。

（1）钢和塑性较大的材料，在其扩张量中等的条件下，螺纹底孔直径为

$$D_{钻} = d - p$$

（2）铸铁和塑性较小的材料，在其扩张量较小的条件下，螺纹底孔直径为

$$D_{钻} = d - (1.05 - 1.10)p$$

式中，$D_{钻}$——螺纹底孔直径，mm；

d——螺纹大径，mm；

p——螺距，mm。

普通螺纹直径与螺距可由表 1-9-3 查得，常用公制螺纹攻螺纹前底孔钻头直径可由表 1-9-4 查得。

表 1-9-3　普通螺纹直径与螺距　　　　单位：mm

公称直径（*D*）（*d*）			螺距（*P*）	
第一系列	第二系列	第三系列	粗牙	细牙
4			0.7	0.5
5			0.8	
6	7		1	0.75
8		9	1.25	1，0.75
10			1.5	1.25，1，0.75
12			1.75	1.25，1
	14		2	1.5，1.25，1
		15		1.5，1
16			2	1.5，1
20	18		2.5	2，1.5，1
24			3	2，1.5，1
		25		2，1.5，1
	27		3	2，1.5，1
30			3.5	(3)，2，1.5，1
36			4	3，2，1.5
		40		3，2，1.5
42	45		4.5	4，3，2，1.5
48			5	4，3，2，1.5
		50		3，2，1.5

表 1-9-4　常用公制螺纹攻螺纹前底孔钻头直径　单位：mm

螺纹大径	螺距	工件材料	
		铸件、青铜、黄铜	钢、可锻铸铁、紫铜、层压板
2	0. 4	1. 6	1. 6
	0. 25	1. 75	1. 75
2. 5	0. 45	2. 05	2. 05
	0. 35	2. 15	2. 15
3	0. 5	2. 5	2. 5
	0. 35	2. 65	2. 65
4	0. 7	3. 3	3. 3
	0. 6	3. 5	3. 5
5	0. 8	4. 1	4. 2
	0. 5	4. 5	4. 5
6	1	4. 9	5
	0. 75	5. 2	5. 2
8	1. 25	6. 6	6. 7
	1	6. 9	7
	0. 75	7. 1	7. 2
10	1. 5	8. 4	8. 5
	1. 25	8. 6	8. 7
	1	8. 9	9
	0. 75	9. 1	9. 2
12	1. 75	10. 1	10. 2
	1. 5	10. 4	10. 5
	1. 25	10. 6	10. 7
	1	10. 9	11

螺纹大径	螺距	工件材料	
		铸件、青铜、黄铜	钢、可锻铸铁、紫铜、层压板
14	2	11. 8	12
	1. 5	12. 4	12. 5
	1	12. 9	13
16	2	13. 8	14
	1. 5	14. 4	14. 5
	1	14. 9	15
18	2. 5	15. 3	15. 5
	2	15. 8	16
	1. 5	16. 4	16. 5
	1	16. 9	17
20	2. 5	17. 3	17. 5
	2	17. 8	18
	1. 5	18. 4	18. 5
	1	18. 9	19
22	2. 5	19. 3	19. 5
	2	19. 8	20
	1. 5	20. 4	20. 5
	1	20. 9	21
24	3	20. 7	21
	2	21. 8	22
	1. 5	22. 4	22. 5
	1	22. 9	23

2. 确定攻不通孔螺纹的钻孔深度

攻不通孔螺纹时，钻孔深度应大于螺纹的有效长度，如图 1-9-2 所示。钻孔深度的计算公式为

$$H_{深} = h_{有效} + 0.7d$$

式中，$H_{深}$——底孔深度，mm；

$h_{有效}$——螺纹有效长度，mm；

d——螺纹大径，mm。

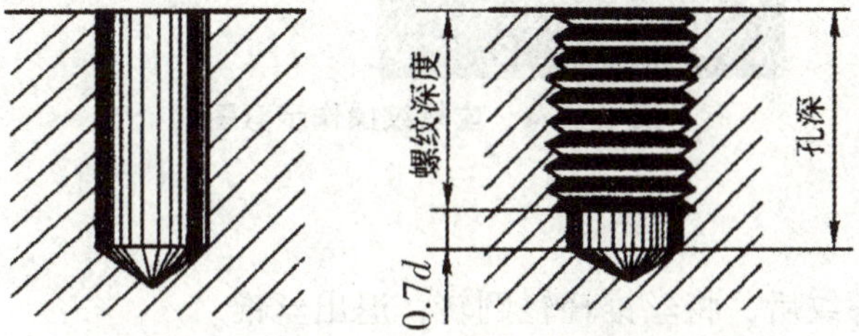

图 1-9-2　螺纹底孔直径和孔深的确定示意图

3. 根据图样划线，打样冲眼

4. 钻底孔

根据确定出的攻螺纹底孔直径和深度钻出底孔。将孔口倒角，以便丝锥顺利切入；注意倒角直径应稍大于螺纹大径，通孔螺纹两端都要倒角。

5. 装夹工件

6. 起攻

如图 1-9-3（a）所示，起攻时，把丝锥插入孔内，保证丝锥与工件表面垂直。右手手掌按住铰杠中间，沿丝锥轴线适当加压，左手配合做顺时针方向转动。如图 1-9-3（b）所示，当丝锥旋入 1~2 圈时，用直角尺从前后、左右两个相互垂直的方向检查丝锥与工件表面的垂直度，并做校正，直至达到要求。

（a）　　（b）

螺纹加工方法

图 1-9-3　起攻示意图

7. 正常攻削

当丝锥的切削部分全部进入工件时，进入正常攻削。操作人员两手平稳地继续转动铰杠，无须再加压力，靠丝锥自然旋进切削即可。每旋进 1/2~1.0 圈时，就倒转 1/4~

1/2 圈，使切屑碎断容易排出。其示意图如图 1-9-4 所示。

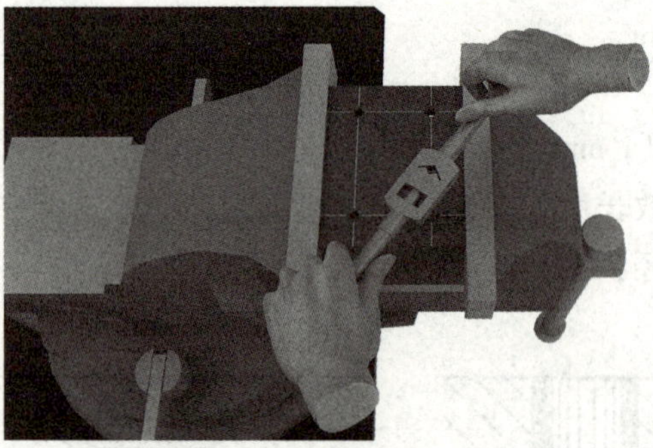

图 1-9-4　攻螺纹操作示意图

8. 退出丝锥

丝锥全部攻入螺纹后，将丝锥轻轻倒转，退出丝锥。

9. 检查

用标准螺栓试拧，注意不要弄坏螺纹。

二、攻螺纹注意事项

（1）使用成组丝锥攻削螺纹时，必须以头锥、二锥和三锥的顺序攻削至标准尺寸。

（2）攻削钢件时，可加注机油；攻削铸件时，可加注煤油。

（3）攻削不通孔螺纹时，应在丝锥上做好深度标记，并要经常退出丝锥，以清除丝锥及孔壁上的切屑。

（4）攻削通孔螺纹时，应从孔的一端连续攻出全部螺纹，不得中途从孔的另一端攻入，以免乱牙。

（5）退出丝锥时，应尽量用手直接旋转退出。

知识三　套螺纹工具

套螺纹指用板牙在圆杆或管子上切制外螺纹的操作。套螺纹工具主要包括板牙和板牙架。

一、板牙

1. 结构

如图 1-9-5（a）（b）（c）所示，板牙由切削部分、校准部分和排屑孔三部分组成，其结构形式有封闭式和开槽式两种。板牙的切削部分是两端有锥角的部分，板牙两端面都有切削部分。板牙的校准部分在中间，起修光和导向作用。如图 1-9-5（d）所示，直径 M3.5 以上的板牙外圆上有一条 V 形槽、两个定位螺钉锥孔和两个调整螺钉锥孔。其中，两个定位螺钉孔用来将板牙固定在板牙架中，两个调整螺钉锥孔用来调整板牙的尺寸。

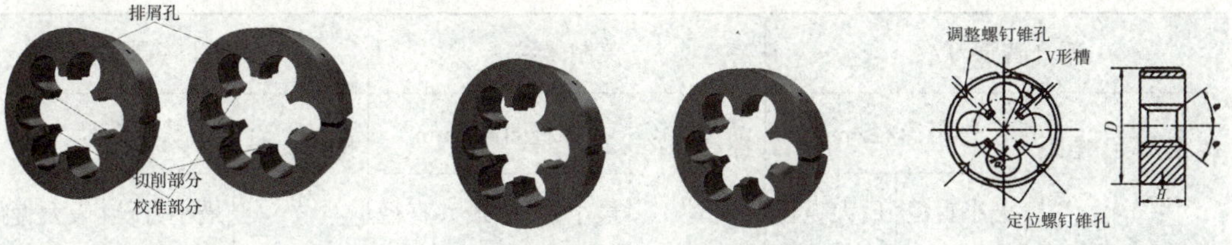

（a）结构　（b）封闭式　（c）开槽式　（d）V 形槽与螺钉锥孔

图 1-9-5　板牙示意图

2. 材料

板牙由碳素工具钢或高速钢制成，并经淬火热处理。

3. 特点及应用场合

板牙可用于手工和在机床上加工螺纹。板牙结构简单、使用方便，但加工出的螺纹精度较低，适用于单件、小批生产和修配中的螺纹加工。

二、板牙架

板牙架用来装夹板牙。通过板牙架外圆上的紧定螺钉和紧固螺钉，可以将板牙固定在板牙架上。其示意图如图 1-9-6 所示。

图 1-9-6　板牙架示意图

知识四　套螺纹操作

一、套螺纹操作步骤

1. 确定套螺纹前圆杆直径

套螺纹前圆杆直径要小于螺纹大径。一般情况下，圆杆直径用下列经验公式计算

$$D = d - 0.13p$$

式中，D——圆杆直径，mm；

d——螺纹大径，mm；

p——螺距，mm。

套螺纹前圆杆直径也可由表 1-9-5 中查得。

表 1-9-5　套螺纹前圆杆直径

粗牙普通螺纹				英制螺纹			圆柱管螺纹		
螺纹大径/mm	螺距/mm	螺杆直径/mm		螺纹大径/in	螺杆直径/mm		螺纹大径/in	螺杆直径/mm	
		最小直径	最大直径		最小直径	最大直径		最小直径	最大直径
M6	1	5.8	5.9	1/4	5.9	6	1/8	9.4	9.5
M8	1.25	7.8	7.9	5/16	7.4	7.6	1/4	12.7	13
M10	1.5	9.75	9.85	3/8	9	9.2	3/8	16.2	16.5
M12	1.75	11.75	11.9	1/2	12	12.2	1/2	20.5	20.8
M14	2	13.7	13.85	—	—	—	5/8	22.5	22.8
M16	2	15.7	15.85	5/8	15.2	15.4	3/4	26	26.3
M18	2.5	17.7	17.85	—	—	—	7/8	29.8	30.1
M20	2.5	19.7	19.85	3/4	18.3	18.5	1	32.8	33.1
M22	2.5	21.7	21.85	7/8	21.4	21.6	—	37.4	37.7
M24	3	23.65	23.8	1	24.5	24.8	—	41.4	41.7
M27	3	26.65	26.8	—	30.7	31	—	43.8	44.1
M30	3.5	29.6	29.8	—	—	—	—	47.3	47.6
M36	4	35.6	35.8	—	37	37.3	—	—	—
M42	4.5	41.55	41.75	—	—	—	—	—	—
M48	5	47.5	47.7	—	—	—	—	—	—
M52	5	51.5	51.7	—	—	—	—	—	—
M60	5.5	59.45	59.7	—	—	—	—	—	—

表 1-9-5（续）

粗牙普通螺纹				英制螺纹			圆柱管螺纹		
螺纹大径/mm	螺距/mm	螺杆直径/mm		螺纹大径/in	螺杆直径/mm		螺纹大径/in	螺杆直径/mm	
		最小直径	最大直径		最小直径	最大直径		最小直径	最大直径
M64	6	63.4	63.7	—	—	—	—	—	—
M68	6	67.4	67.7	—	—	—	—	—	—

2. 圆杆倒角

圆杆端部应倒出 15°~20°的倒角，以方便套螺纹时板牙切入工件；倒角的最小直径应略小于螺纹小径，以免切出的螺纹端部出现锋口或卷边。其示意图如图 1-9-7 所示。

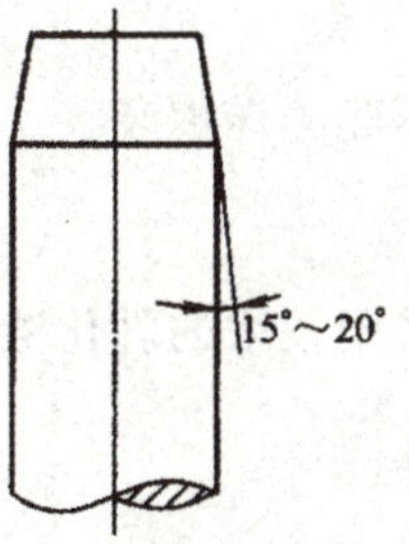

图 1-9-7　圆杆倒角示意图

图 1-9-8　装夹工件示意图

3. 装夹工件

将圆杆装夹在用硬木制成的 V 形夹块或厚软钳口中，以免夹伤圆杆表面；保证装夹牢固。工件伸出钳口的长度尽可能短，以免套螺纹时切削力矩过大使圆杆产生变形。其示意图如图 1-9-8 所示。

4. 起套

起套时，把板牙架套在圆杆上，保证板牙端面与圆杆轴线垂直。右手手掌按住板牙架中部，沿圆杆轴向适当加压，左手配合做顺时针方向转动。当切削部分全部切入圆杆后，两手握住板牙架两端做旋转切入；注意转动要慢、压力要大、用力要均匀。起套时，要注意对板牙的纠偏。当板牙偏斜时，可将板牙重新旋转切入，在偏斜位置反向用力下压进行纠偏。其示意图如图 1-9-9 所示。

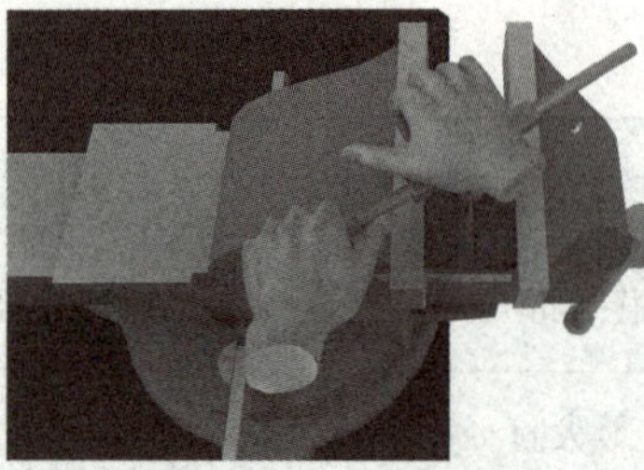

图 1-9-9　起套示意图

图 1-9-10　垂直度检查示意图

5. 检查垂直度

板牙切入 2~3 牙时，从台虎钳上取下圆杆，用直角尺从前后、左右两个互相垂直的方向检查板牙的端面与圆杆轴线的垂直度，并做校正，直至达到要求。其示意图如图 1-9-10 所示。

6. 正常套削

当板牙的切削部分全部进入圆杆时，进入正常套削。操作人员两手平稳地继续转动板牙，不需再加压力。每旋进 1/2~1 圈时，就倒转 1/4~1/2 圈，使切屑碎断容易排出。

7. 试件检查

试件检查即用标准螺母试拧套好的螺纹，注意不要弄坏螺纹。

二、套螺纹注意事项

钢件上套螺纹时，要加注切削液，切削液一般采用较浓的乳化液或机械油，以提高螺纹表面质量和延长板牙使用寿命。

单元十

锉　配

知识一　锉配概述

一、锉配的概念

综合运用钳工基本操作技能和测量技术，使两个或两个以上的工件达到规定的形状、尺寸和配合要求的操作，称为锉配。

二、锉配分类

锉配分类如表 1-10-1 所列。

表 1-10-1　锉配分类

类型		示意图	特点
按照配合形面类型	垂直面锉配		主要形面为垂直平面的配合件锉配

表 1-10-1（续）

类型		示意图	特点
按照配合形面类型	角度面锉配		主要形面为角度平面的配合件锉配
	圆弧面锉配		主要形面为圆弧面的配合件锉配
	综合面锉配		各基本形面组合的配合件锉配
按照配合形式	对配	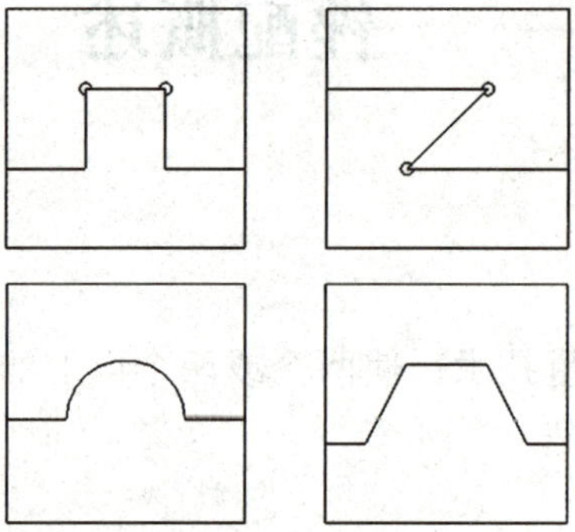	配合件在开放面内做面对面的锉配。一般要求配合件正、反翻转配合均能达到配合要求
	镶配	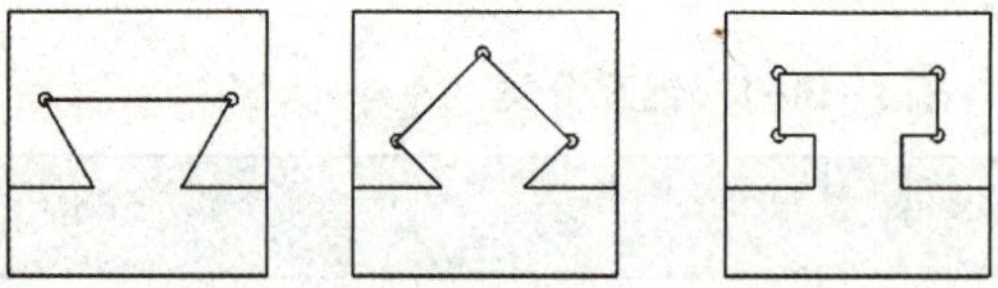	配合件在半封闭的平面内做轴向锉配。一般要求配合件正、反翻转配合均能达到配合要求
	嵌配	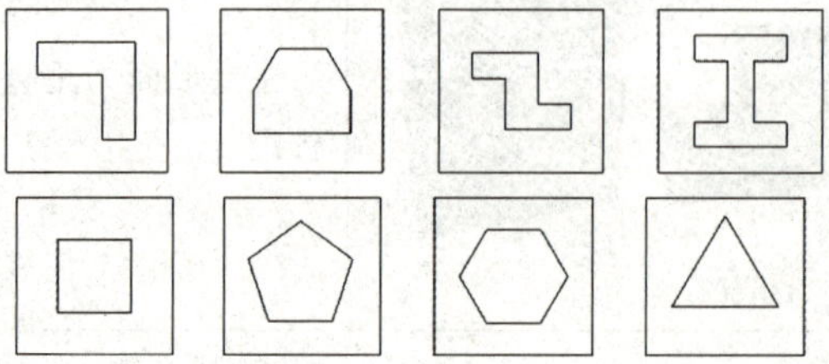	配合件在封闭的平面内做轴向锉配。一般要求配合件正、反翻转，依次换位均能达到配合要求

表 1-10-1（续）

类型		示意图	特点
按照配合形式	盲配	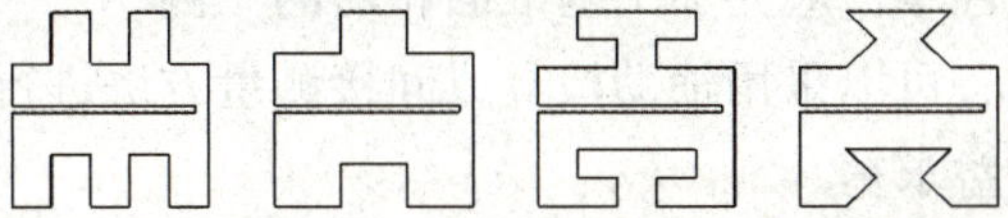	在工件两端分别加工出凸件和凹件，然后从工件中间锯断，判断配合是否达到要求的锉配
	多件配	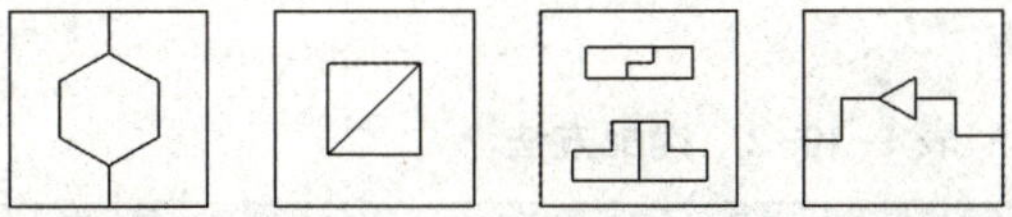	多个配合件组合在一起的锉配。一般要求配合件正、反翻转、依次换位均能达到配合要求
	旋转配		配合件均为对称配置的几何形体的锉配。一般要求配合件旋转后，在不同位置均能达到配合要求

类型		特点
按照精度要求	一般精度锉配	配合间隙不大于 0.10 mm，主要形位公差值为 0.04~0.06 mm，主要表面粗糙度（*Ra*）不大于 3.2 μm 的锉配
	中等精度锉配	配合间隙为 0.04~0.06 mm，主要形位公差值为 0.02~0.04 mm，主要表面粗糙度（*Ra*）不大于 1.6 μm 的锉配
	高精度锉配	配合间隙为 0.02~0.04 mm，主要形位公差值不大于 0.02 mm，主要表面粗糙度（*Ra*）为 1.6~0.8 μm 的锉配

三、锉配的一般原则

（1）先加工凸件，后加工凹件。

（2）依照中间公差加工的原则。

（3）选择面积大且精度高的面作为第一基准面，以第一基准面控制第二基准面，以第一、第二基准面共同控制第三基准面。

（4）先加工外轮廓面，后加工内轮廓面；先加工面积较大的面，后加工面积较小的面；先加工平行面，后加工垂直面；先加工基准平面，后加工角度面，再加工圆弧面。

（5）为保证加工精度，基准面应达到最小形位公差要求。

（6）为便于间接测量，对称性零件应先加工基准面相对的一侧。

（7）在不便于测量的情况下，可以采用辅助检具或间接测量方法进行测量。

（8）锉配时要勤测慎修、精益求精。

四、锉配方法

锉配方法如表 1-10-2 所列。

表 1-10-2　锉配方法

方法	示意图	操作要领
试配		将基准件用手的力量插入并退出配合件，根据配合面上留下的接触痕迹，确定配合件的修锉部位
同向锉配	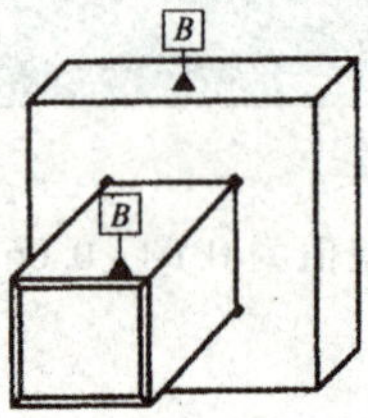	将基准件的某个基准面与配合件的相同基准面在同一个方向上进行试配、修锉和配入
换向锉配	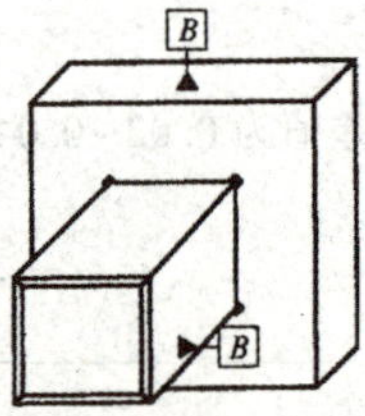	将基准件的某个基准面进行径向或轴向的位置转换，再进行试配、修锉和配入

五、锉配注意事项

（1）基准件加工完成后，一般不得再加工。

（2）基准件尺寸、形位公差应尽量接近公差带的中间值，尽量保证所有要求都合格。

（3）锉配时，要随时注意内尺寸的清根。

知识二 对称度及其检测

一、对称度的概念

对称度指所加工尺寸的轴线，必须位于距离为对称度要求的公差值范围内，且相对通过基准轴线的辅助平面对称的两平行平面之间，属位置公差。

对称度的相关概念主要包括对称度误差和对称度公差带，如表 1-10-3 所列。

表 1-10-3 对称度的相关概念

名称	示意图	概念
对称度误差	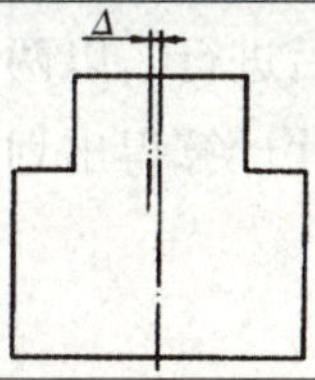	对称度误差是指被测表面的对称平面与基准表面的对称平面之间的最大偏移距离
对称度公差带	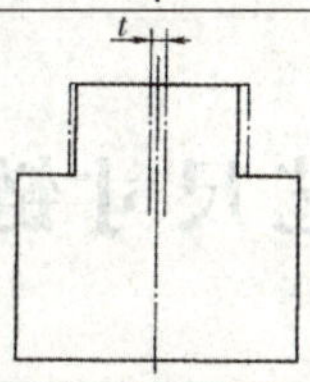	相对于基准中心平面（或中心线、轴线）对称配置的两个平行平面（或垂直平面）之间的区域，称为对称度公差带；对称度公差带的距离为 t，即对称度公差值

二、对称度误差的检测

被测表面与基准表面尺寸为 A 和 B 差值之半［（$A-B$）/2］，即为对称度误差值。其示意图如图 1-10-1。

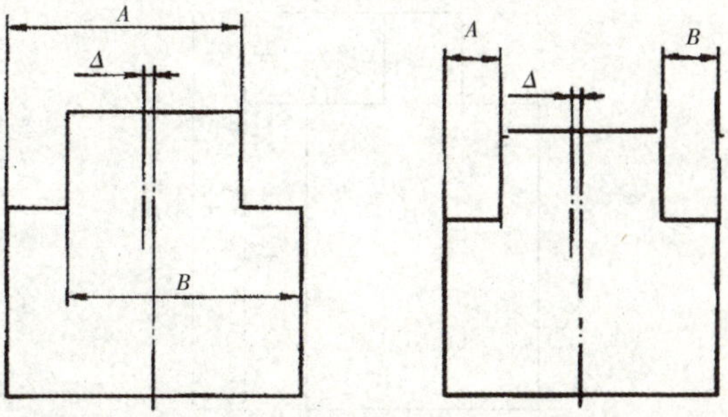

（a）　（b）

图 1-10-1 对称度误差检测示意图

三、对称度误差对配合精度的影响

对于有翻转配合精度要求的配合件，对称度误差会降低配合精度。如图 1-10-2 (a)所示，凸凹配合件对称度误差为 0.05 mm 且在同一个方向，配合间隙符合要求时两侧面平齐。如图 1-10-2 (b) 所示，配合件翻转 180°配合，两基准面会产生错位误差0.10 mm，从而导致工件超差。

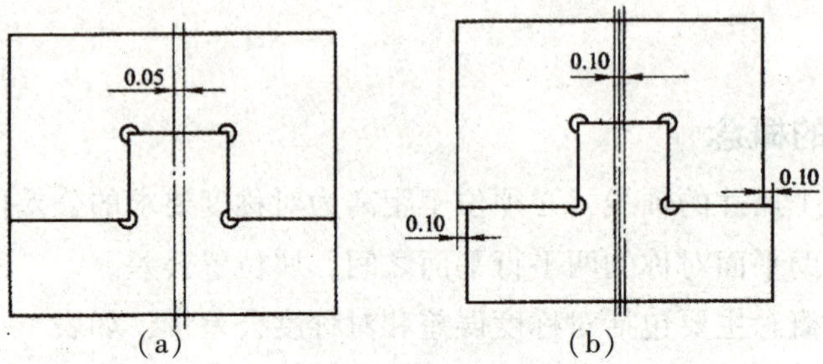

图 1-10-2　对称度误差对配合精度的影响

四、对称工件的划线

对称工件的划线应在两个对称的基准面精加工后进行。以两个面为划线基准，按照两个对称基准面间的实际尺寸及对称工件要求的尺寸计算得出划线尺寸。

知识三　工艺尺寸链

一、工艺尺寸链的基本概念

在零件加工过程中，由相互关联的尺寸组成的封闭尺寸系统，称为工艺尺寸链，如图 1-10-3 所示。

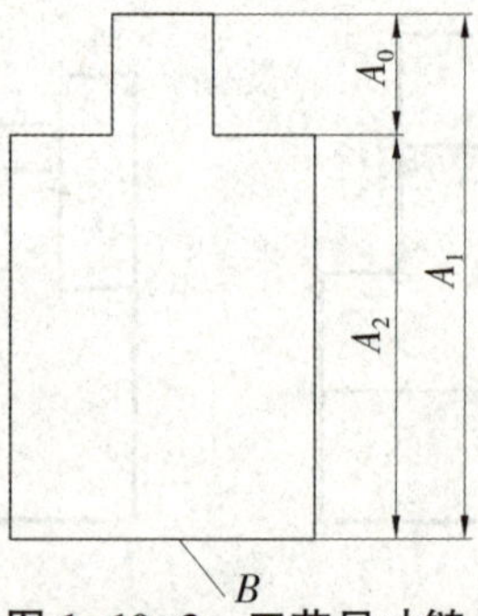

图 1-10-3　工艺尺寸链

加工凸形工件时，以 B 面为测量基准，测得工艺尺寸 A_1 和 A_2；加工过程中最后形成尺寸 A_0，尺寸 A_0、A_1 和 A_2 形成了一个工艺尺寸链。

二、工艺尺寸链的基本特性

1. 封闭性

封闭性指在工艺尺寸链中，各个工艺尺寸按照一定顺序构成一个封闭系统。

2. 相关性

相关性指在工艺尺寸链中，一个工艺尺寸变动将导致其他尺寸变动。

三、工艺尺寸链的组成

组成工艺尺寸链的各个工艺尺寸称为环。环通常分为封闭环和组成环。

1. 封闭环

在工艺尺寸链中，加工过程中最后自然形成（间接获得）的尺寸，称为封闭环。

工艺尺寸链中的封闭环即加工技术要求，一个工艺尺寸链只有一个封闭环。

图 1-10-3 中，工艺尺寸 A_0 是封闭环。

2. 组成环

在工艺尺寸链中，除封闭环以外的其他环，称为组成环。同一工艺尺寸链中的组成环用同一字母表示。

（1）增环。工艺尺寸链中，与封闭环同向变动的组成环，称为增环。在其他组成环不变的条件下，增环尺寸增大（或减小）时，封闭环也随之增大（或减小）。

（2）减环。工艺尺寸链中，与封闭环反向变动的组成环，称为减环。在其他组成环不变的条件下，减环尺寸增大（或减小）时，封闭环的尺寸却随之减小（或增大）。

判断增环和减环的方法：由任一环出发，沿工艺尺寸链旋转一周，按照旋转方向在每个环上标出箭头。与封闭环箭头方向相反的组成环是增环，与封闭环箭头方向相同的组成环是减环。

图 1-10-4 中，尺寸 A_1，A_2 均为组成环。其中，A_1 为增环，用 $\vec{A}_1$ 表示；A_2 为减环，用 $\overleftarrow{A}_2$ 表示。

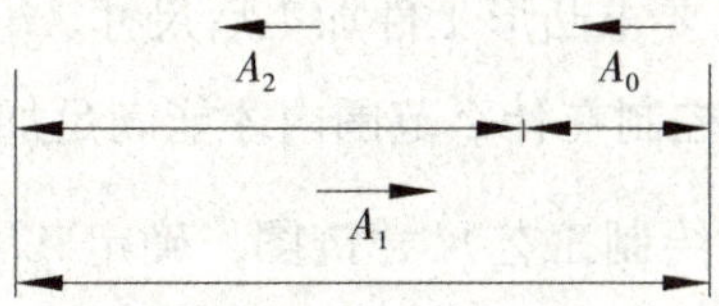

图 1-10-4　工艺尺寸链的组成

四、工艺尺寸链的计算

计算工艺尺寸链的基本方法是完全互换法。

设工艺尺寸链中，增环的数目为 m，减环的数目为 n；封闭环的基本尺寸为 A_0，组成环的基本尺寸为 A_i 。

工艺尺寸链的计算方法如表 1-10-4 所列。

表 1-10-4　工艺尺寸链的计算方法

名称	计算方法
封闭环的基本尺寸	封闭环的基本尺寸等于所有增环基本尺寸之和减去所有减环基本尺寸之和，即 $A_0 = \sum_{i=1}^{m} \overrightarrow{A}_i - \sum_{i=1}^{n} \overleftarrow{A}_i$
封闭环的极限尺寸	封闭环的上极限尺寸等于所有增环上极限尺寸之和减去所有减环下极限尺寸之和，封闭环的下极限尺寸等于所有增环下极限尺寸之和减去所有减环上极限尺寸之和，即 $A_{0max} = \sum_{i=1}^{m} \overrightarrow{A}_{imax} - \sum_{i=1}^{n} \overleftarrow{A}_{imin}$ $A_{0min} = \sum_{i=1}^{m} \overrightarrow{A}_{imin} - \sum_{i=1}^{n} \overleftarrow{A}_{imax}$
封闭环的极限偏差	封闭环的上偏差等于所有增环的上偏差之和减去所有减环的下偏差之和，封闭环的下偏差等于所有增环的下偏差之和减去所有减环的上偏差之和，即 $ES_0 = \sum_{i=1}^{m} \overrightarrow{ES}_i - \sum_{i=1}^{n} \overleftarrow{EI}_i$ $EI_0 = \sum_{i=1}^{m} \overrightarrow{EI}_i - \sum_{i=1}^{n} \overleftarrow{ES}_i$
封闭环公差	封闭环公差等于各组成环公差之和，即 $T_0 = \sum_{i=1}^{m+n} T_i$

五、工艺尺寸链计算举例

如图 1-10-4（a）所示，要求凸形工件加工后尺寸 $A_0 = 20^{\ 0}_{-0.05}$ mm，测得尺寸 $A_1 = 80^{\ 0}_{-0.02}$ mm，试确定尺寸 A_2 应控制在什么范围内才能满足加工要求。

如图 1-10-4（b）所示，绘制工艺尺寸链图，确定 A_0 为封闭环、$\overrightarrow{A}_1$ 为增环、$\overleftarrow{A}_2$ 为减环。

封闭环 A_0 的基本尺寸为 $A_0 = A_1 - A_2$，所以，$A_2 = A_1 - A_0 = 80 - 20 = 60$（mm）。

封闭环 A_0 的上极限尺寸为 $A_{0max} = A_{1max} - A_{2min}$，所以，$A_{2min} = A_{1max} - A_{0max} = 80 - 20 = 60$（mm）。

封闭环 A_0 的下极限尺寸为 $A_{0min} = A_{1min} - A_{2max}$，所以，$A_{2max} = A_{1min} - A_{0min} = 79.98 -$

19.95 = 60.03（mm），即当尺寸 $A_2 = 60^{+0.03}_{0}$（mm）才能满足加工要求。

知识四　锉配加工实例（一）四方体锉配

一、四方体锉配操作流程

1. 图样分析

图 1-10-5 所示工件属于一般精度要求的嵌配，如何保证工件的平面度、平行度、垂直度和配合间隙是制作难点。

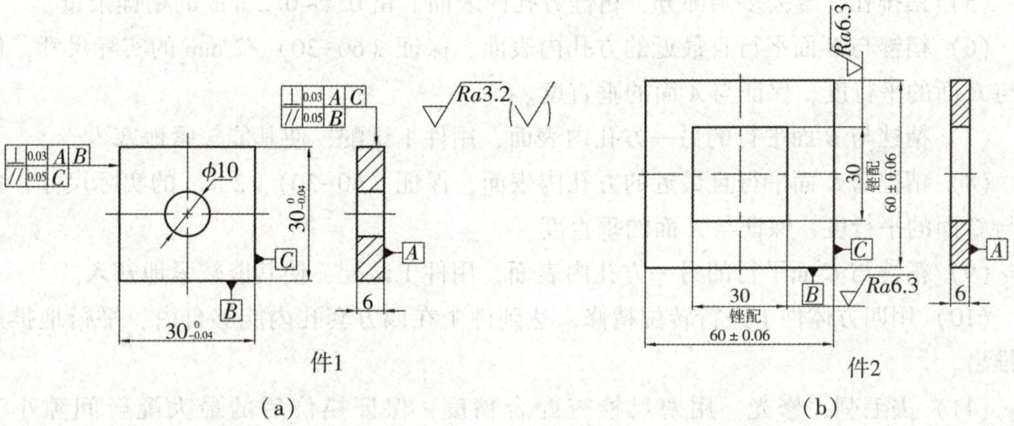

图 1-10-5　四方体锉配示意图

2. 工件检查、清理、涂色

（1）检查工件是否有足够的加工余量。

（2）清理工件表面的毛刺、氧化皮、浮锈。

（3）在工件的划线部位涂色。

3. 工、量、刃、辅具准备

需要准备划线平台、方箱、划针、划规、钢直尺、样冲、手锤、游标高度尺、刀形样板平尺、90°直角尺、塞尺、游标卡尺、千分尺、游标万能角度尺、锯弓、锯条、锉刀、钻头、毛刷、涂料、软钳口等。

4. 下料

锯削下料件 1、件 2，达到尺寸 32 mm×32 mm，62 mm×62 mm。

5. 加工件 1

（1）粗锉、精锉 B 面，保证平面度和与 A 面的垂直度。

（2）粗锉、精锉 C 面，保证平面度和与 A 面、B 面的垂直度。

（3）分别以 B 面、C 面为基准划出 30 mm 加工线。

（4）分别粗锉、精锉 B 面、C 面的对面，保证尺寸为 $30_{-0.04}^{0}$ mm，保证与 B 面、C 面的平行度，保证与 A 面的垂直度。

6. 加工件 2

（1）粗锉、精锉 B 面，保证平面度和与 A 面的垂直度。

（2）粗锉、精锉 C 面，保证平面度和与 A 面、B 面的垂直度。

（3）分别以 B 面、C 面为基准划出 60，45，15 mm 加工线及方孔线，用件 1 检验方孔线的正确性。

（4）分别粗锉、精锉 B 面、C 面的对面，保证平面度，保证尺寸为 60 mm±0.06 mm，保证与 B 面、C 面的平行度，保证与 A 面的垂直度。

（5）钻排孔，錾去多余部分，粗锉方孔内表面，留 0.1~0.2 mm 的精锉余量。

（6）精锉与 B 面平行且最近的方孔内表面，保证（60-30）/2 mm 的实际尺寸，保证与 B 面的平行度，保证与 A 面的垂直度。

（7）精锉与 B 面平行的另一方孔内表面，用件 1 试配，使其能较紧地塞入。

（8）精锉与 C 面平行且最近的方孔内表面，保证（60-30）/2 mm 的实际尺寸，保证与 C 面的平行度，保证与 A 面的垂直度。

（9）精锉与 C 面平行的另一方孔内表面，用件 1 试配，使其能较紧地塞入。

（10）用四方体件 1 进行转位精修，达到件 1 在四方套孔内能够自由、平行地推进和推出。

（11）去毛刺，修光。用塞尺检查配合精度，保证换位后的最大配合间隙小于 0.08 mm。

二、四方体锉配注意事项

（1）要保证划线准确、清晰，注意工件双面划线并一次划出。

（2）为保证转位互换的配合精度，开始试配时，工件尺寸误差都应控制在最小范围内，使配合较紧，以便后续的微量修整。

（3）试配时，操作人员只能用手推入四方体，严禁使用锤头或其他重物锤入。

（4）锉削方孔时注意选用光边锉刀，以免锉削到相邻表面。

知识五　锉配加工实例（二）凸凹燕尾体锉配

一、凸凹燕尾体锉配操作流程

凸凹燕尾体锉配

1. 图样分析

图 1-10-6 所示工件属于一般精度要求的镶配，如何保证工件的平面度、对称度、平行度、垂直度和配合间隙是制作难点。

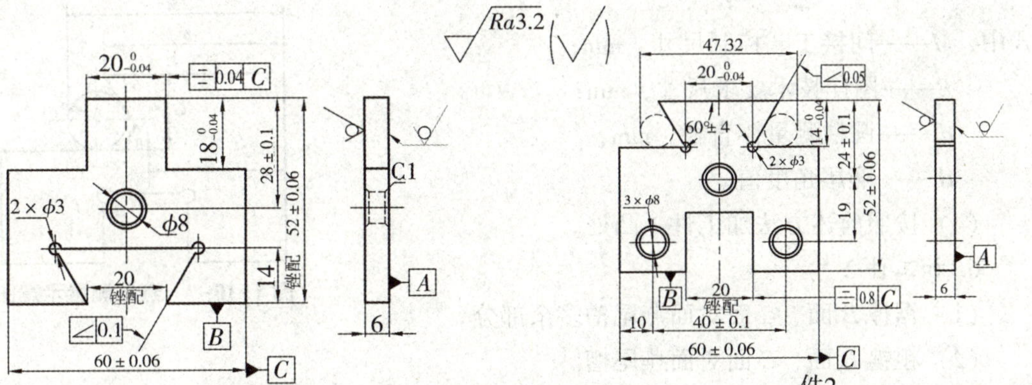

件1　（a）　　件2　（b）

图 1-10-6　凸凹燕尾体锉配示意图

2. 工件检查、清理、涂色

（1）检查工件是否有足够的加工余量。

（2）清理工件表面的毛刺、氧化皮、浮锈。

（3）在工件的划线部位涂色。

3. 工、量、刃、辅具准备

需要准备划线平台、方箱、划针、划规、钢直尺、样冲、手锤、游标高度尺、刀形样板平尺、90°直角尺、塞尺、游标卡尺、千分尺、游标万能角度尺、锯弓、锯条、锉刀、钻头、毛刷、涂料、软钳口等。

4. 加工外轮廓

（1）粗锉、精锉件 1、件 2 的 *B* 面，保证平面度和与 *A* 面的垂直度。

（2）粗锉、精锉件 1、件 2 的 *C* 面，保证平面度和与 *A* 面、*B* 面的垂直度。

（3）在件 1 和件 2 上，分别以 *B* 面为基准划出 52 mm 加工线，以 *C* 面为基准划出

60 mm 加工线。

（4）分别粗锉、精锉 *B* 面、*C* 面的对面，保证尺寸为（60±0.06），（52±0.06）mm，保证与 *B* 面、*C* 面的平行度，保证与 *A* 面的垂直度。

（5）划出件 1、件 2 上的全部加工线，钻 4 个 ϕ3 mm 工艺孔。

5. 加工件 1

（1）划线，钻排孔，锯、錾去件 1 凹燕尾处多余部分。

（2）粗锉件 1 燕尾槽，留精锉余量。

（3）精锉燕尾槽。

如图 1-10-7 所示，采用心棒间接测量燕尾的对称度（尺寸须通过 ϕ10 mm 心棒，以 *C* 面为基准 25.58 mm 测量）。

测量尺寸 *M* 与样板尺寸及心棒直径 *d* 之间的关系如下：

$$M = B + \frac{d}{2}\cot\frac{\alpha}{2} + \frac{d}{2}$$

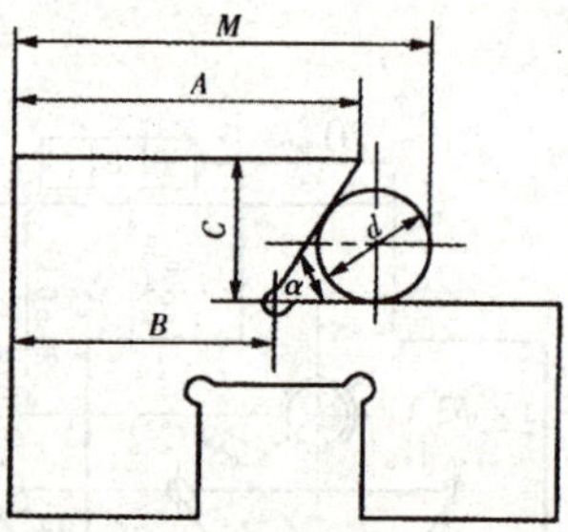

图 1-10-7　燕尾测量示意图

式中，*M*——间接工艺控制尺寸，mm；

B——图样技术要求尺寸，mm；

d——圆柱测量棒直径，mm；

α——燕尾角度值。

（4）按照前述方法加工件 1 凸处。

6. 加工件 2

（1）锯掉 *B* 面、*C* 面对面燕尾槽多余部分。

（2）粗锉 *B* 面、*C* 面对面燕尾槽。

（3）精锉 *B* 面、*C* 面对面燕尾槽，根据 52 mm 的实际尺寸，通过控制 24 mm 的尺寸误差，保证 $14_{-0.04}^{\ 0}$ mm 的尺寸。用万能角度尺或样板检查燕尾角度。

（4）锯、粗锉、精锉另一燕尾槽，保证角度；用双心棒间接测量尺寸为 47.32 mm。

（5）钻、锯、粗锉、精锉件 2 的凹槽尺寸。

（6）用件 1 配作件 2 的凹槽，用塞尺检查配合精度。

（7）用件 2 配作件 1 的燕尾槽，保证配合间隙不大于 0.1 mm。

（8）去毛刺，修光。

二、凸凹燕尾体锉配注意事项

（1）要保证划线准确、清晰，注意工件双面划线并一次划出。

（2）锉配时，不能锉削凸件的上面和凹件的下面，只能锉修凸件的台肩和凹件的凹面。

（3）锉好 60°角是保证翻转配合质量的关键。

单元十一

刮 削

知识一 刮削概述

一、刮削概述

用刮刀刮除工件表面一层很薄金属的操作称为刮削。工件刮削后，表面粗糙度（*Ra*）能达到0.4~0.8 μm。

二、刮削原理

刮削时，在工件或校准工具上涂上显示剂，通过互相研合使工件表面的高点、次高点显示出来，用刮刀刮掉较高部分的金属层。经过反复推研、显点、刮削，使工件表面获得较高的几何形状精度和表面接触精度。

三、刮削的特点和应用

刮削具有切削量小、切削力小、切削热少、切削变形小等特点。刮削后的工件表面能获得较高的尺寸精度、形位精度、接触精度、传动精度和很小的表面粗糙度。工件表面经过刮削后能形成比较均匀的微浅凹坑，有利于润滑和减小摩擦。经过刮刀的推挤和压光作用，工件表面组织变得紧密，产生表面加工硬化，提高了硬度和耐磨性，减小了表面粗糙度；但刮削劳动强度大、生产效率低。刮削常用于机械加工难以实现的场合，如机床导轨面、转动轴颈和轴承接触面加工等。

四、刮削余量

刮削余量以能消除前道工序所残留的几何形状误差和切削痕迹为准，一般为 0.05~0.40 mm，可参照表 1-11-1、表 1-11-2 或依据经验来确定。当工件面积大、刮削前加工误差大、工件刚性差时，刮削余量可大一些。

表 1-11-1　平面的刮削余量　　单位：mm

平面宽度	平面长度				
	100~500	>500~1000	>1000~2000	>2000~4000	>4000~6000
<100	0.10	0.15	0.20	0.25	0.30
100~500	0.15	0.20	0.25	0.30	0.40

表 1-11-2　孔的刮削余量　　单位：mm

孔径	孔长		
	<100	100~200	200~300
<80	0.05	0.08	0.12
80~180	0.10	0.15	0.25
180~360	0.15	0.20	0.35

知识二　刮削工具

一、刮刀

刮刀常用碳素工具钢（如 T8，T10，T12，T12A）或弹性好的滚动轴承钢（如 GCr15）制成，并经热处理淬硬，刃口部分硬度可达到 60 HRC 以上。

刮刀分类如表 1-11-3 所列。

表 1-11-3　刮刀分类

类型		示意图	特点及应用场合
平面刮刀	直头刮刀	 （a）手刮刀  （b）挺刮刀	直头刮刀分为手刮刀和挺刮刀。手刮刀用于手刮法，挺刮刀用于挺刮法。直头刮刀具有一定的弹性，其刮削量较大、效率较高，能刮出较高质量的表面
	弯头刮刀		刀杆弹性好，头部较小，刮削刀痕光洁，用于精刮或刮花
曲面刮刀	三角刮刀		用于刮削各种曲面
	柳叶刮刀		用于精刮加工余量不多的各种曲面
	蛇头刮刀		用于精刮各种曲面

二、校准工具

校准工具分类如表 1-11-4 所列。

表 1-11-4　校准工具分类

类型	示意图	作用及特点
校准平板		校准平板由组织均匀而细密、耐磨性较好、变形较小的铸铁制成，经过精刨、粗刮和精刮后达到很高的表面精度，用来检验较宽平面的平面度

表 1-11-4（续）

类型		示意图	作用及特点
校准平尺	桥形平尺		桥形平尺用来检验较长导轨的直线度
	工字形平尺		单面工字形平尺用来检验较短导轨的直线度，双面工字形平尺用来检验导轨的相互位置精度
	角度平尺		角度平尺用来检验两个互成角度平面的刮削精度

三、显示剂

显示剂分类如表 1-11-5 所列。

表 1-11-5　显示剂分类

类型	组成	特点及应用场合
红丹粉	红丹粉由氧化铅（称为铅丹，呈橘红色）或氧化铁（称为铁丹，呈红褐色）用润滑油调和而成	颗粒较细，价格低廉，常用于钢件、铸铁件的显点
蓝油	蓝油由普鲁士蓝粉和蓖麻油及适量的润滑油调和而成	呈深蓝色，研点小而清楚，常用于精密工件和铜、铝等有色金属工件的显点

四、平面刮刀刃磨和热处理

平面刮刀刃磨和热处理的操作过程如表 1-11-6 所列。

表 1-11-6　平面刮刀刃磨和热处理的操作过程

步骤	示意图	操作要领
粗磨	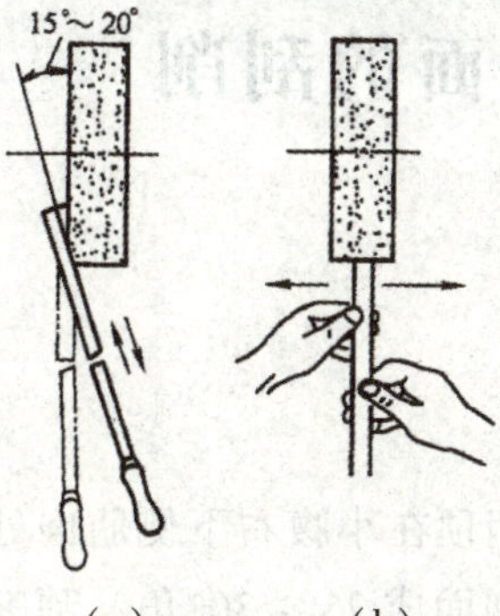（a）　（b）	刮刀的粗磨在砂轮机上进行。如图（a）所示，刮刀与砂轮端面成15°～20°夹角，磨去刮刀平面上的氧化皮；将刮刀平面贴在砂轮侧面，前后往复移动刮刀，刃磨刮刀平面，控制刮刀厚度为1.5～4.0 mm，保证两平面的平行度。如图（b）所示，将刮刀顶端放在砂轮的外缘上，左右往复移动刮刀，刃磨刮刀顶端平面，保证顶端平面和刮刀刀身中心线垂直
热处理	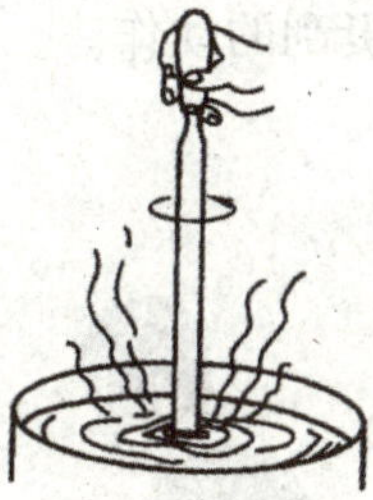	将长约25 mm的刮刀头部放入炉中，缓慢加热到780～800 ℃（呈樱桃红色），取出后迅速放入冷水中冷却（浸入深度为8～16 mm）。刮刀在水中缓慢移动和间断少许上下移动，以免在淬硬与不淬硬的边界处发生断裂。当露出水面部分呈黑色时，将刮刀全部浸入水中冷却，至常温后取出
细磨		淬火后的刮刀刃部在细砂轮上细磨，保证头部形状和几何角度达到要求。注意刃磨时要随时蘸水冷却，以免发生退火
精磨	（a）　（b）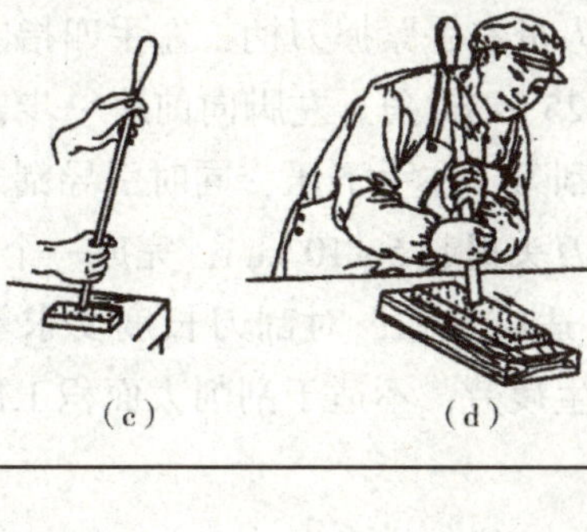（c）　（d）	如图（a）（b）所示，精磨刮刀平面时，在油石上加注润滑油，将刀身平贴在油石上，沿图示方向移动刮刀，保证刮刀平面平整光洁、无砂轮磨痕。如图（c）所示，精磨刮刀顶端平面时，右手握住刀身前端，左手握住刀柄，使刀身中心线与油石平面基本垂直，略向前倾斜。右手握紧刮刀用力向前推进，左手扶正，刮刀在油石上往复移动约75 mm；拉回时，可略提起刀身，以免磨损刀刃。也可以采用图（d）所示的刃磨方法，两手紧握刮刀，向后拉时刃磨刀刃，前移时提起刮刀

知识三　平面的刮削

刮削方法

一、平面刮削的方法

1. 挺刮法

（1）操作要领。如图 1–11–1 所示，将刮刀柄顶在小腹右下侧肌肉处，双手握住刀身，右手在后，左手距刀刃约 80 mm，刮刀与刮削面成 25°～30°角。刮削时，刀刃对准研点，左手下压，右手引导刮刀前进的方向，利用腿部和臀部的力量向前推动刮刀。推进到所需距离后，用双手立即将刮刀提起，完成一个挺刮的动作。

图 1–11–1　挺刮法示意图

图 1–11–2　手刮法示意图

（2）特点及应用场合。该方法用力大，每刀刮削量大，适用于大余量的刮削，但操作人员的身体容易感到疲劳。

2. 手刮法

（1）操作要领。如图 1–11–2 所示，操作人员右手紧握刀柄，左手四指向下弯曲握住刀身，距刀刃处约 50 mm，刮刀与刮削面成 25°～30°角。左脚向前跨一步，身体略向前倾。刮削时，利用右臂和上身摆动向前推动刮刀，左手下压，同时引导刮刀方向。刮削研点的同时，左手利用刮刀的反弹力迅速将刀头提起 5～10 mm，完成一个手刮动作。

（2）特点及应用场合。该方法动作灵活、适应性强，对刮刀长度要求不严格，适用于各种位置的刮削；但操作人员的手容易产生疲劳，不适于刮削大面积工件。

二、平面刮削的步骤

平面刮削包括粗刮、细刮、精刮、刮花四个步骤。其示意图如图 1–11–3 所示。

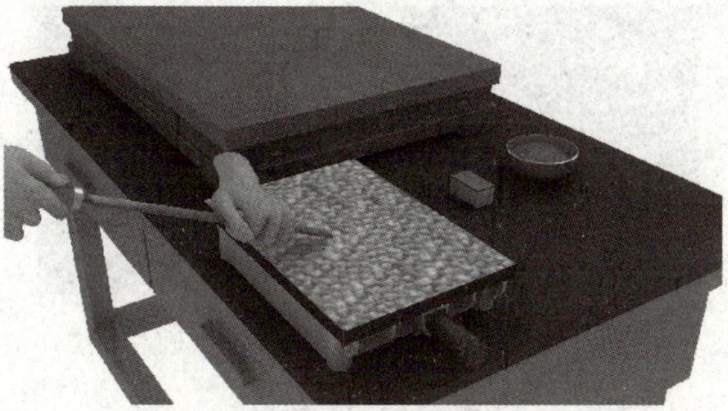

图 1-11-3　平面刮削示意图

1. 粗刮

（1）操作要领。粗刮使用长柄刮刀，采取连续推铲的方法，加大压力，使刀迹连成片；刀迹宽度为 8～16 mm，刮刀行程为 30～60 mm。粗刮一遍后，将刮刀调换 45°角，交叉进行。注意：要均匀刮削整个平面，避免出现中间低、边缘高的现象。反复研点、刮削几遍后，当每 25 mm×25 mm 内有 2～3 个研点时，粗刮阶段完成。

（2）特点及应用场合。粗刮适用于工件表面有较深的刀痕、严重的锈蚀或刮削加工余量较大（0. 05 mm 以上）的场合。

2. 细刮

（1）操作要领。细刮采用短刮法，刀口略带圆弧，刀痕宽而短，刀迹宽度为6～12 mm，刮刀行程为 10～25 mm。刮削一遍后，将刮刀调换 45°角，交叉进行。把高点和周围部分都刮去一层后，即可显现次高点，再刮次高点。随着研点的增多，刀痕逐步缩短。注意：对发亮的硬点刮重些，对发暗的软点刮轻些。当研点软硬均匀，每 25 mm×25 mm 内有 12～15 个研点时，细刮阶段完成。

（2）特点及应用场合。细刮可刮去工件表面上稀疏的大块研点，进一步改善工件表面不平现象。

3. 精刮

（1）操作要领。精刮采用点刮法，刃口呈圆弧形，刮刀较小。精刮时，落刀要轻，提刀要快，刀迹宽度为 3～5 mm，刮削行程为 3～6 mm。刮削一遍后，将刮刀调换 45°角，交叉进行。注意：每个研点只刮一刀，最高、最大的研点全部刮去；中等研点从中间挑开；小研点留下不刮。刮削面越窄，精度要求越高，刀迹越短。当每 25 mm×25 mm 内有 20～25 个研点时，精刮阶段完成。

（2）特点及应用场合。精刮可进一步提高工件表面质量，增加研点数目。

4. 刮花

（1）操作要领。精刮后在刮削面上刮出装饰性花纹，如图 1-11-4 所示。

(a) 斜纹　(b) 鱼鳞纹　(c) 半月纹　(d) 燕子纹

图 1-11-4　刮花

(2) 特点及应用场合。刮花可增加表面的美观、保证良好的润滑条件，可根据花纹消失情况判断平面的磨损程度。

知识四　曲面的刮削

一、显点

显点的操作要领如下：用标准轴或配合的轴作显点工具，将显示剂均匀涂在轴表面上，轴在孔中来回旋转即可显出高点。曲面刮削显点示意图如图 1-11-5 所示。

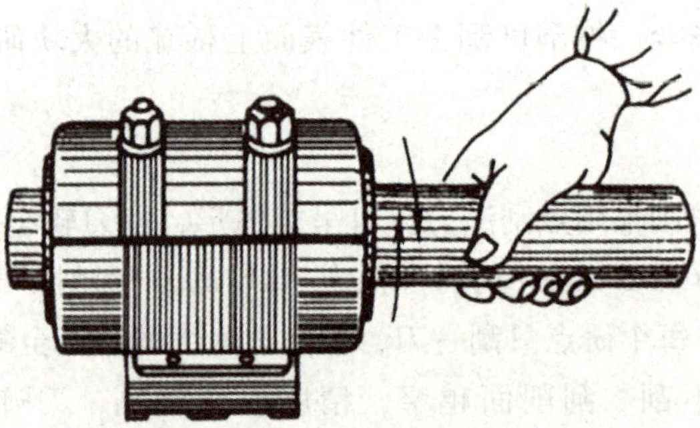

图 1-11-5　曲面刮削显点示意图

二、刮削曲面

刮削曲面的方法如表 1-11-7 所列。

表 1-11-7　刮削曲面的方法

名称	示意图	操作要领
短杆握刀法		右手握住刀柄，左手手掌向下用四指横握刀体，大拇指抵住刀身。刮削时，右手做半圆转动，左手顺着曲面方向做后拉和前推刀杆的螺旋运动，刀迹与曲面轴线约成45°角并交叉进行
长杆握刀法	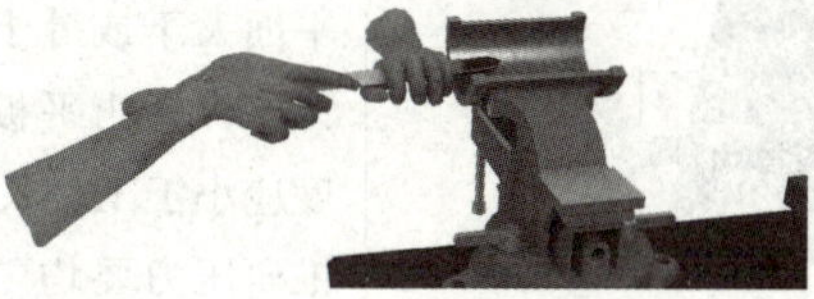	刮刀柄搁在右臂上，双手握住刀体。刮削时，右手做半圆转动，左手顺着曲面方向做后拉和前推刀杆的螺旋运动，刀迹与曲面轴线约成45°角并交叉进行

三、曲面刮削注意事项

（1）刮削时，用力不可太大，以不发生抖动、不产生振痕为宜。

（2）刮削应交叉进行，刀迹与曲面轴线约成45°角，以免刮削面产生波纹。

（3）研点时，相配合的轴应沿曲面做转动，避免沿轴线方向做直线运动。

（4）刮削内孔时，前后端的研点要多些，中间段的研点可以少些。

知识五　刮削精度的检验

一、接触精度的检验

接触精度的检验

1. 显点

粗刮时，显示剂应调得稀些，涂在校准工具上，显示灰白底黑红色显点；有闪光，不易看清，但刮削时刮屑不易粘在刮刀上。精刮时，显示剂应调得干些，涂在工件上，显示红底黑色显点；没有闪光，容易看清。

显点分类见表 1-11-8 所示。

表 1-11-8　显点分类

类型	示意图	操作要领
中小型工件的显点	（a） （b） （c）	如图（a）（b）所示，中小型工件显点时，标准平板固定不动，工件在平板上推研。一个方向推研几次后，将工件调转 90°，在前、后、左、右等方向各推研几次。当工件刮削平面小于平板表面时，工件最好不超出平板。 如图（c）所示，当工件刮削平面大于或等于平板表面时，允许工件超出平板，但超出部分长度应小于工件长度的 1/3。注意：推研压力要均匀，避免失真；应在整个平板内进行推研，以防平板局部磨损
大型工件的显点		大型工件显点时，工件固定不动，校准工具在工件上进行推研。推研时，校准工具超出工件的长度应小于校准工具长度的 1/5
不对称工件的显点		不对称工件推研时，应根据工件的形状，在不同的部位施加大小和方向不同的力，注意力的大小要均匀、适当。如果两次显点有矛盾时，应分析原因，谨慎处理

2. 接触精度的检验

如图 1-11-6 所示，工件表面接触精度以刮削面显点数目和均匀程度表示。将边长为25 mm×25 mm 的正方形方框放在工件表面，根据方框内显点数目确定其接触精度。各种平面接触精度显点数目见表 1-11-9。

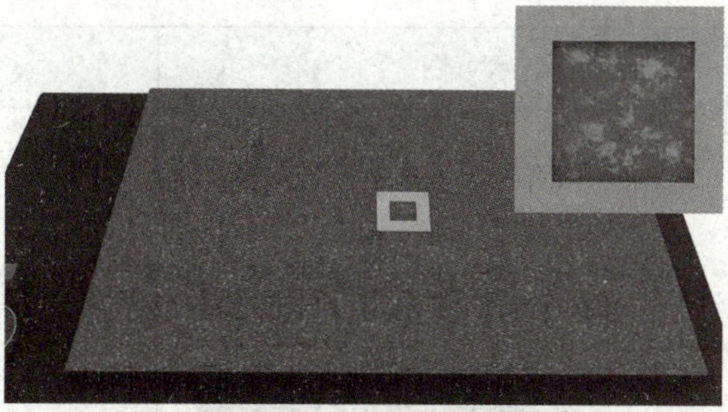

图 1-11-6　接触精度检验示意图

表 1-11-9　各种平面接触精度显点数

平面类型	每 25 mm×25 mm 内的显点数	应用
一般平面	2~5	较粗糙机件的固定结合面
	5~8	一般结合面
	8~12	机器台面、一般基准面、机床导向面、密封结合面
	12~16	机床导轨及导向面、工具基准面、量具接触面
精密平面	16~20	精密机床导轨、直尺
	20~25	I 级平板、精密量具
超精密平面	>25	0 级平板、高精度机床导轨、精密量具

二、形位精度的检验

形位精度检验分类如表 1-11-10 所列。

形位精度的检验

表 1-11-10　形位精度检验分类

类型	示意图	操作要领
直线度的检验		用水平仪检验车床导轨的直线度误差时，按照检验垫铁长度将导轨等分，将检验垫铁和水平仪放在导轨起始端，移动检验垫铁，依次读出水平仪在各等分位置的读数，用作图法或计算法求出导轨的直线度误差

表 1-11-10（续）

类型	示意图	操作要领
平行度的检验		用百分表检验工件上、下面之间的平行度误差时，将百分表安装到表座上，触头以一定的压力与工件被测表面接触。转动表盘使指针对准零位，沿四周和对角线移动工件，指针示数的最大值和最小值之差即工件上、下面之间的平行度误差
平面度的检验	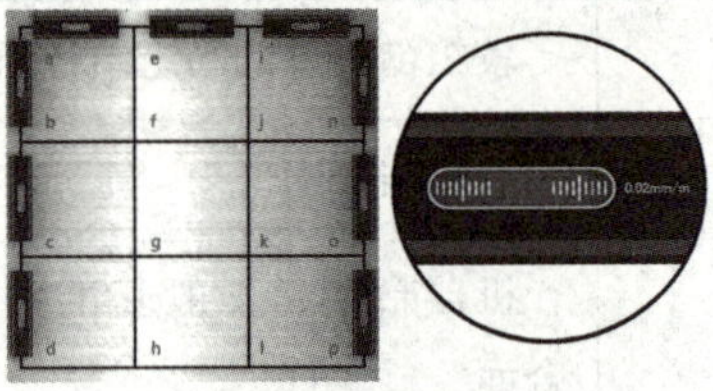	用水平仪检验工件的平面度误差时，按照水平仪规格在工件表面画出栅格，在栅格各个位置分别测量出示值，最高点和最低点示值之差值即工件的平面度误差
垂直度的检验		用标准圆柱检验工件的垂直度误差时，将工件和标准圆柱放到平板上，将标准圆柱靠近工件，用塞尺检验工件的垂直度误差

单元十二

研　磨

知识一　研磨概述

一、研磨概述

用研磨工具和研磨剂从工件表面磨去一层极薄金属，使工件表面获得精确的尺寸、准确的几何形状和极小的表面粗糙度的加工方法，称为研磨。

研磨后的工件尺寸精度可达 0.001~0.005 mm，形位误差可控制在 0.005 mm 之内，表面粗糙度（*Ra*）可达 0.05~0.80 μm，最小 *Ra* 可达 0.006 μm。

二、研磨的特点及应用

研磨后的零件，耐磨性、抗腐蚀性和疲劳强度都有所提高，可延长零件的使用寿命。但研磨加工生产效率低、成本高、研磨余量不能太大，一般只适用于形位公差小于 0.05 mm、尺寸公差小于 0.01 mm 工件的加工。

知识二　研磨工具

一、研具概述

为保证研磨质量，对研具的材料、精度和表面粗糙度都有较高要求，常用的研具材料为灰口铸铁和球墨铸铁。对于一些特殊的研磨对象，也可以使用低碳钢、铜、轴承合金等材料制作研具。

二、常用研具

常用研具分类如表 1-12-1 所列。

表 1-12-1　常用研具分类

名称		示意图	作用及特点
研磨平板	光滑平板		光滑平板用于精研
	有槽平板		有槽平板用于粗研
研磨环		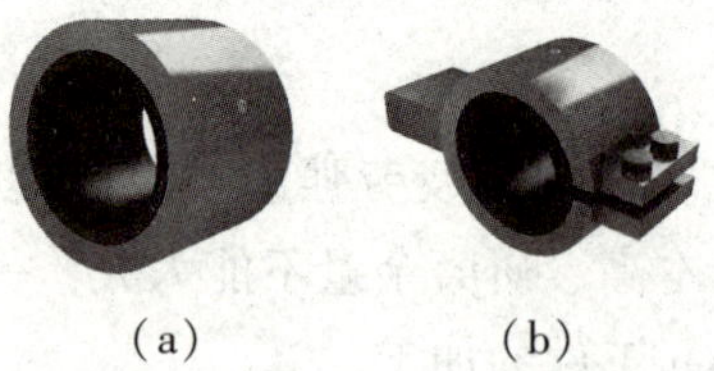 (a)　(b)	研磨环用来研磨外圆柱、外圆锥表面。 研磨环的内径应比工件的直径大 0.025～0.050 mm。研磨环孔径磨大后，可拧紧调节螺钉，将孔径缩小到所需尺寸

表 1-12-1（续）

名称		示意图	作用及特点
研磨棒	固定式研磨棒	 （a）光滑固定式研磨棒  （b）有槽固定式研磨棒	研磨棒用来研磨内圆柱、内圆锥表面。 固定式研磨棒磨损后无法补偿；光滑研磨棒用于精研磨，有槽研磨棒用于粗研磨
	可调式研磨棒	 （a）  （b）	通过调节螺母，可调式研磨棒的尺寸可以在一定范围内进行调整，其使用寿命较长，应用广泛
异形研具		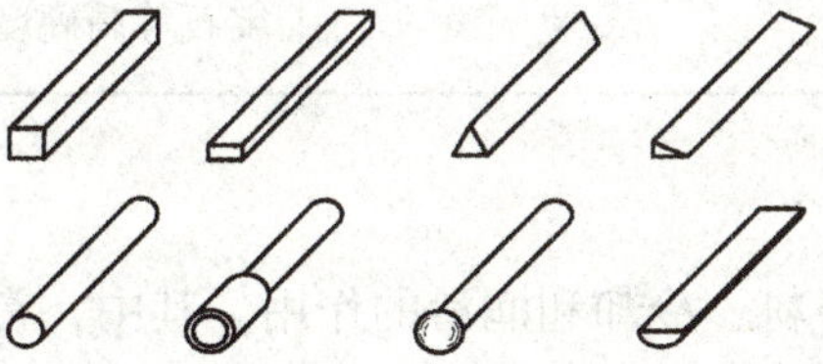	异形研具是根据工件被研磨面的几何形状而专门设计制造的特殊研具，用来研磨角度面、曲面等异形面。为了降低加工成本，对于小型工件的被研磨面，可采用各种形状的油石作为异形研具

知识三 研磨剂

一、研磨剂概述

研磨剂是由磨料、研磨液和辅助材料调和而成的混合物，有液态、膏状和固态三种。

二、研磨剂组成

1. 磨料

磨料是粒度很小的粉状硬质材料，在研磨中起切削作用。

磨料的粗细用粒度表示，有磨粒、磨粉和微粉三个组别。其中，磨粒和磨粉的粒度以号数数字右上角加“#”表示，如 100#，240# 等。微粉的粒度以微粉尺寸（μm）数字前加“W”表示，如 W10，W15 等。研磨所用的磨料主要是磨粉和微粉，应根据被研磨工件的精度选用磨料的粒度。

磨料分类如表 1-12-2 所列。

表 1-12-2 磨料分类

名称	状态和类型	用途
氧化物磨料	氧化物磨料有粉状和块状两种，常用的氧化物磨料有氧化铝（白刚玉）和氧化铬等	主要用于研磨碳素工具钢、合金工具钢、高速钢和铸铁工件，也可用于研磨铜、铝等有色金属
碳化物磨料	碳化物磨料呈粉状，常用的碳化物磨料有碳化硅、碳化硼等	主要用来研磨硬质合金、陶瓷和硬铬等高硬度工件
金刚石磨料	金刚石磨料有人造磨料和天然磨料两种	一般只用于硬质合金、硬铬、陶瓷和宝石等高硬度材料的精研磨加工

2. 研磨液

研磨液在研磨中起调和磨料、冷却和润滑的作用。其中，常用的研磨液有煤油、汽油、L-AN15 和 L-AN32 全损耗系统用润滑油、工业用甘油及透平油等。其中，常用研磨液为L-AN15 和 L-AN32 全损耗系统用润滑油，煤油和汽油主要起稀释磨料的作用，其他润滑剂起润滑和黏吸磨料的作用。

3. 辅助材料

辅助材料的作用是使金属表面形成氧化膜，提高工件表面质量和研磨效率。常用的辅助材料有油酸、脂肪酸、硬脂酸和工业甘油等。

知识四 研磨工艺

一、研磨余量

研磨是微量切削，研磨余量一般应控制在 0.005~0.030 mm。确定研磨余量时，应综合考虑工件尺寸、精度要求及上道加工工序的加工质量等因素。研磨余量可参考表

1-12-3、表 1-12-4 和表 1-12-5 进行选择。

表 1-12-3　平面研磨余量　　单位：mm

平面长度	平面宽度		
	≤25	26~75	76~150
≤25	0.005~0.007	0.007~0.010	0.010~0.014
26~75	0.007~0.010	0.010~0.014	0.014~0.020
76~150	0.010~0.014	0.014~0.020	0.020~0.024
151~260	0.014~0.018	0.020~0.024	0.024~0.030

表 1-12-4　外圆表面研磨余量　　单位：mm

直径	研磨余量	直径	研磨余量
≤10	0.005~0.008	51~80	0.008~0.012
11~18	0.006~0.008	81~120	0.010~0.014
19~30	0.007~0.010	121~180	0.012~0.016
31~50	0.008~0.010	181~260	0.015~0.020

表 1-12-5　内圆表面研磨余量　　单位：mm

内圆直径	铸铁	钢	内圆直径	铸铁	钢
25~125	0.020~0.100	0.010~0.040	300~500	0.120~0.200	0.040~0.060
150~275	0.080~0.160	0.020~0.050			

二、研磨运动轨迹

研磨时，研具的某点在工件表面上走过的路线，称为研磨的运动轨迹。研磨运动轨迹分类如表 1-12-6 所列。

表 1-12-6　研磨运动轨迹分类

名称	示意图	特点及应用场合
直线形运动轨迹		直线形运动轨迹不会交叉，但容易重叠，很难获得较小的表面粗糙度；但可以获得较高的几何精度。常常用于窄长平面或窄长阶梯平面的研磨

表 1-12-6（续）

名称	示意图	特点及应用场合
摆动式直线形运动轨迹	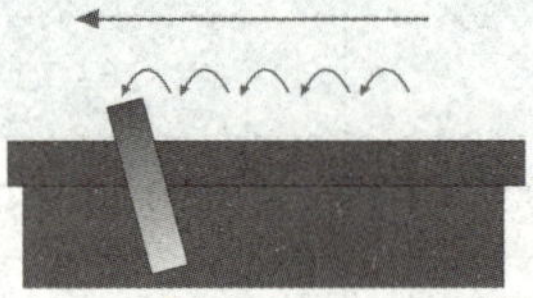	摆动式直线形运动轨迹是工件在直线往复运动的同时进行左右摆动，常用于直线度要求高的窄长刀口形工件的研磨
螺旋形运动轨迹		螺旋形运动轨迹能获得较高的平面度和较小的表面粗糙度，常用于圆片形或圆柱形工件端面的研磨
8 字形运动轨迹	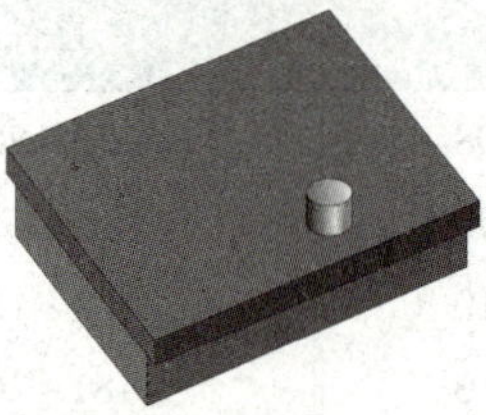	8 字形运动轨迹既有利于保证研磨质量，又能使研具保持均匀的磨损，常用于小平面工件的研磨或研磨平板的修整

三、研磨时的上料

研磨时，在研具或工件上添加研磨剂的操作，称为上料。研磨时上料的方法有涂敷法和压嵌法，如表 1-12-7 所列。

表 1-12-7　研磨时上料的方法

方法	操作要领	特点及应用场合
涂敷法	将研磨剂均匀地涂敷在工件或研具上，然后进行研磨	涂敷法切削力强，但研磨剂难以均匀地涂敷，加工精度较低，只适用于一般精度工件的研磨
压嵌法	预先将研磨剂涂在两研具工作表面并擦拭均匀，再将研具互相对研，使磨料均匀地嵌入研具工作表面	压嵌法可获得准确的尺寸、精确的几何形状及很小的表面粗糙度；但效率较低，对工作场地的要求较高，只适用于高精度工件的研磨［尺寸精度在 0.001 mm 左右、表面粗糙度（*Ra*）在 0.05 μm以下］

四、研磨的速度和压力

在研磨过程中，研磨的速度和压力对研磨质量和效率影响很大。手工研磨时，一般要求低速和低压。粗研时，研磨速度应控制在 40～60 次/分钟，压力控制在（100～200）kPa；精研时，研磨速度应控制在 20～40 次/分钟，压力控制在（10～50）kPa。当采用手工与机械相配合的研磨方式时，研磨速度应控制在 10～15 次/分钟；对于精度要求较高或易变形的工件，研磨速度一般不超过 30 次/分钟。

知识五　平面的研磨

平面的研磨方法

一、一般平面的研磨

如图 1-12-1 所示，一般平面的研磨在研磨平板上进行，粗研在有槽研磨平板上进行，精研在光滑研磨平板上进行。研磨前，用煤油或汽油将研磨平板的工作表面清洗干净并擦干，去除工件表面毛刺并清洗干净。然后，在研磨平板上涂上适当的研磨剂，把工件合在研磨平板上，沿着研磨平板的全部表面，以 8 字形、螺旋形或螺旋形与直线形相结合的运动轨迹进行研磨，注意需要不断变换工件的运动方向。较小的高硬度工件或粗研时，可采用较大的压力和较低的速度进行研磨。研磨自重大或接触面积较大的工件时，可以在研磨剂中加入一定量的润滑油。

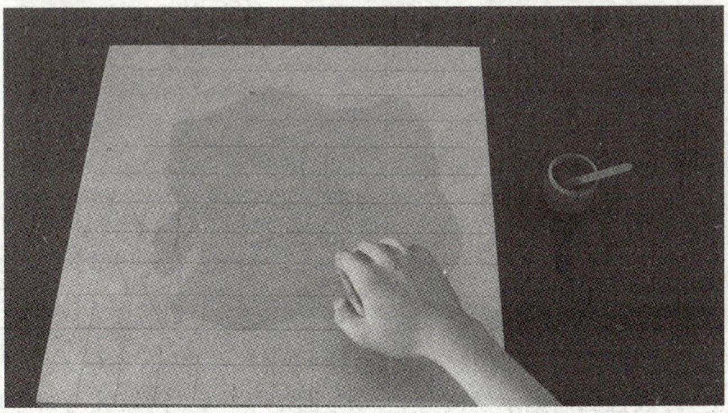

图 1-12-1　一般平面研磨示意图

二、窄平面的研磨

如图 1-12-2（a）所示，研磨窄平面时，可以将工件和金属块紧靠在一起，采用直线形研磨运动轨迹进行研磨，以保证工件的垂直度和平面度。如图 1-12-2（b）所示，当研磨工件的数量较多时，可用G形夹将几个工件夹在一起同时研磨，以提高研磨效率。

(a)　　(b)

图 1-12-2　窄平面研磨示意图

知识六　曲面的研磨

曲面的研磨方法

一、外圆柱面的研磨

外圆柱面的研磨在车床或钻床上进行，如图 1-12-3 所示。将工件装夹在车床或钻床的主轴上，在工件表面均匀地涂敷研磨剂，套上研磨环，配合间隙大小以能用手轻轻推动为宜。注意研磨环的内径尺寸比工件的直径略大 0.025~0.050 mm，其长度是直径的 1~2 倍。工件在机床主轴带动下做旋转运动，用手握住研磨环，沿工件轴向做往复直线运动进行研磨。研磨直径为 80 mm 以下的工件，工件的转速应为 100 r/min 左右；研磨直径大于 100 mm 的工件，工件的转速应为 50 r/min 左右。如图 1-12-4 所示，研磨环的运动速度以工件表面上磨出 45°交叉的网纹线为宜。

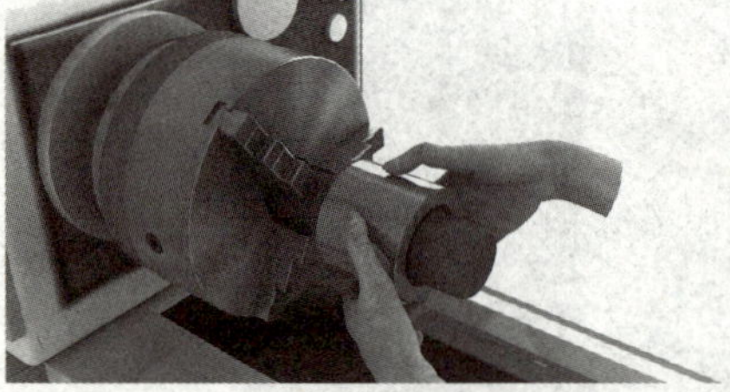

图 1-12-3　外圆柱面研磨示意图

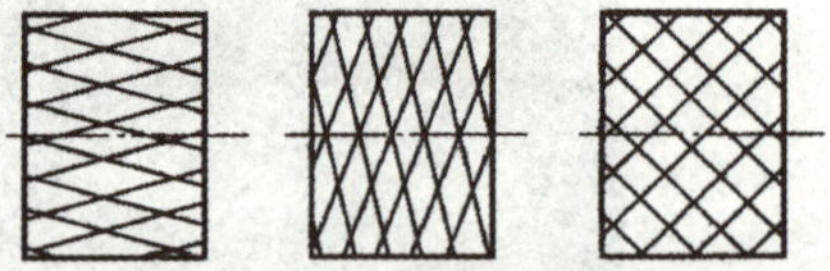

(a)太快　(b)太慢　(c)合适

图 1-12-4　网纹线与研磨环运动速度关系示意图

二、内圆柱面的研磨

如图 1-12-5 所示，研磨内圆柱面时，将研磨棒装夹在机床主轴上，研磨棒的直径应比工件的内径略小 0.010~0.025 mm，工作部分的长度应为工件长度的1.5~2.0 倍。

将研磨剂均匀地涂敷在研磨棒表面，以一定的速度开动机床旋转，套上工件，注意研磨棒与工件配合间隙大小以用手推动工件不费力为宜。用手控制研磨棒或工件沿轴向做往复直线运动。注意要经常擦干挤到孔口的研磨剂，以免造成孔口的扩大。

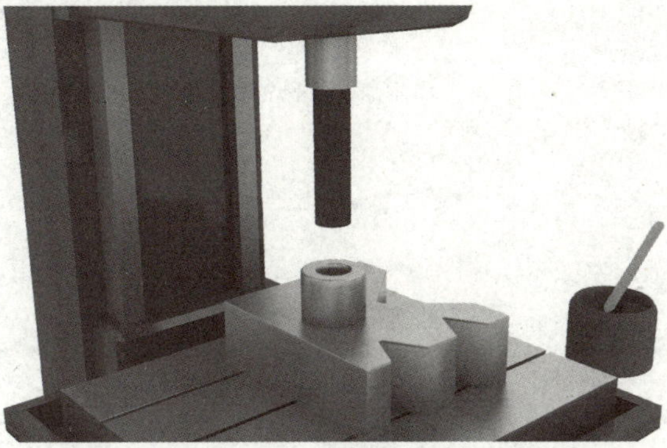

图 1-12-5　内圆柱面研磨示意图

三、圆锥面的研磨

圆锥面的研磨一般使用带有锥度的研磨棒或研磨环进行，也可以使用与研磨件相配合的表面直接进行研配。如图 1-12-6 所示，研磨棒上的螺旋槽有右旋和左旋之分，研磨棒或研磨环应与研磨表面具有相同的锥度。如图 1-12-7 所示，研磨内圆锥面时，将研磨棒装夹在机床主轴上，在研磨棒表面均匀地涂敷研磨剂，以一定的速度开动机床旋转（注意旋转方向要顺着研磨棒的螺旋槽方向），将研磨棒插入工件锥孔中，同时做轴向往复直线运动。当研磨接近要求时，可将研磨棒取出，擦净，然后重新装入锥孔进行研磨，直到表面呈银灰色或发亮为止。

（a）右旋　　　　（b）左旋

图 1-12-6　圆锥面研磨棒

图 1-12-7　圆锥面研磨示意图

第二部分

工 作 页

项目一 用钳工常用量具检测工件

项目描述

钳工常在固定的工作场地进行工作。为了保证工作的顺利进行，钳工常利用一些设备完成工件的加工或刀具的刃磨，利用工具对工件或零部件进行加工、装配及修理。为确保工件和产品的质量，钳工常利用量具对加工、装配后的零部件进行检测。

下面，让我们一起实践如何使用这些量具。

任务一 用游标卡尺测量凸形样板尺寸

学习目标

(1) 掌握游标卡尺的结构、精度、测量范围及作用。

(2) 能熟读游标卡尺的数值。

(3) 正确使用游标卡尺。

(4) 正确填写游标卡尺测量凸形样板尺寸任务单。

(5) 保证安全文明生产。

任务书

用游标卡尺测量图 2-1-1 所示凸形样板规定部位的尺寸，并判断尺寸是否合格。

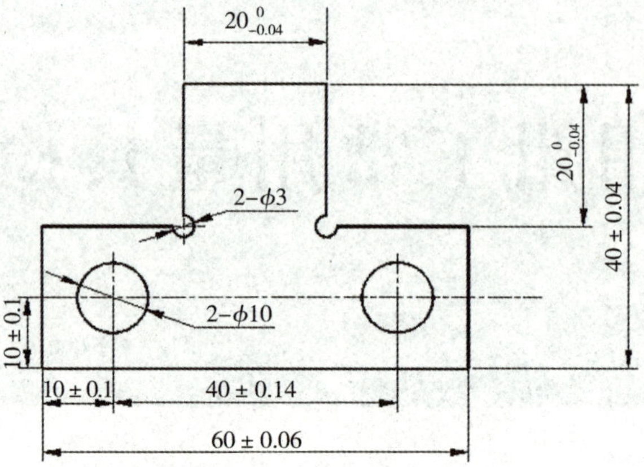

图 2-1-1　凸形样板（一）

接下来，让我们一起开始任务的准备工作。

任务准备

一、知识准备

（1）请读出下列游标卡尺的读数。

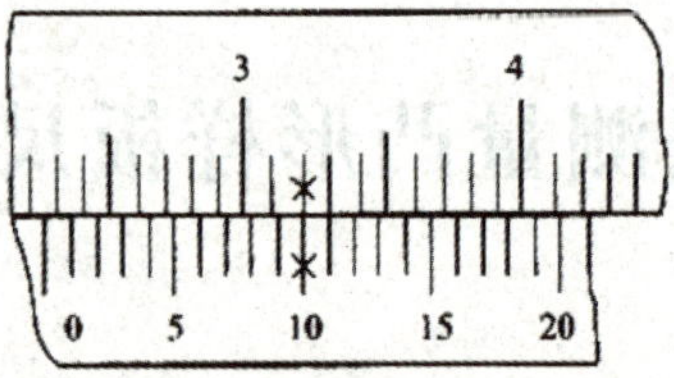

读数：________________

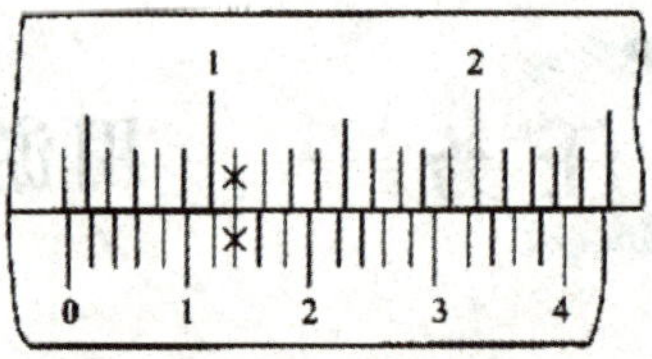

读数：________________

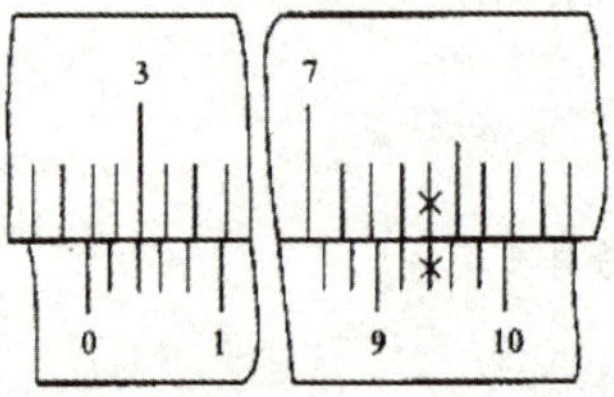

读数：________________

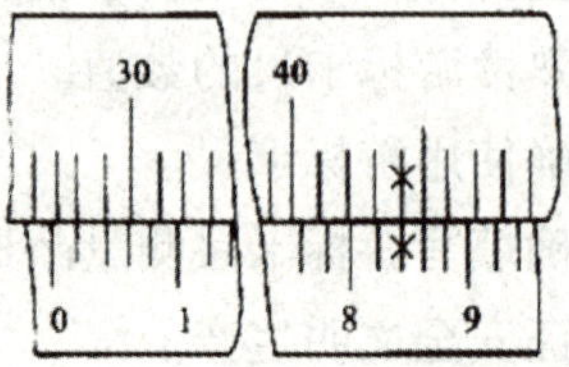

读数：________________

（2）使用游标卡尺的注意事项有哪些？

____

____

____

二、图样分析

根据图样分析，该凸形样板需要测量（　　　）个尺寸。

三、工、量、刃、辅具准备

根据任务具体情况，确定本任务所需工、量、刃、辅具，如表 2-1-1 所列。

表 2-1-1　任务一常用工具（项目一）

类型	示意图						
工具							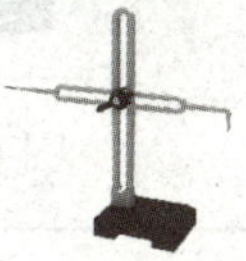
	□游标高度尺	□方箱	□划线平台	□样冲	□划规	□划针	□划线盘

	□垫铁	□千斤顶	□V 形铁	□手锤	□活动扳手	□呆扳手	□万能分度头
量具	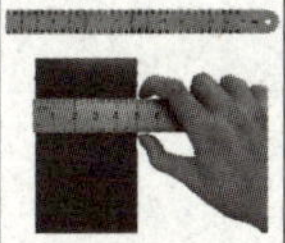						
	□钢直尺	□游标卡尺	□外径千分尺	□万能角度尺	□百分表	□直角尺	□刀口尺

	□塞尺	□半径规	□量块				

表 2-1-1（续）

类型	示意图						
刃具		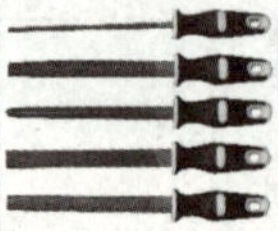					
	□錾子	□锉刀	□手锯	□麻花钻	□铰刀	□锪钻	
辅具			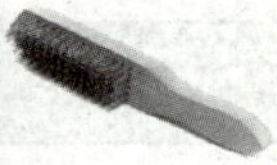	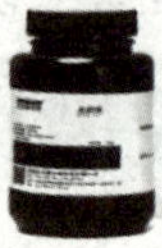			
	□毛刷	□油壶	□钢丝刷	□涂料	□螺钉旋具		

四、分组

组长填写小组成员任务分配表（见表 2-1-2）。

表 2-1-2　小组成员任务分配表（一）

班级：	组号：	组长：	指导老师：
组员			
任务分工			

五、填写任务工艺卡

组长填写任务工艺卡（见表 2-1-3）。

表 2-1-3　任务工艺卡（一）

序号	步骤及内容	工、量、刃具	注意事项
完成人		完成时间	

恭喜同学们已经完成前期知识积累和准备工作，下面开始任务实施工作。

任务实施

任务实施过程记录：

接下来，按照图纸技术要求和安全操作规程，对操作过程及结果进行任务评价。

任务评价

一、任务实施过程评价

任务实施过程评价表见表 2-1-4。

表 2-1-4　任务实施过程评价表（一）

班级：	测评组：		学号：	姓名：		日期：
评价项目	评价内容	配分	自评	小组评价	教师评价	得分
学习态度	能借助图书、网络等，独立查阅资料，自主学习	5分				
	与同学相互尊重、理解，增强团队协作意识	5分				
	能积极参与小组讨论，虚心接受意见或建议，并改正自身不足	5分				
	能认真填写任务单并提交	10分				
纪律观念	能穿好工作服、安全鞋，戴好工作帽、防护镜；不戴手套	5分				
	保证出勤，做到不迟到、不早退、不擅自离开实训岗位	5分				
	不在实训场地吃零食，不追逐嬉闹，不持工具打闹	5分				
知识技能	能快速读出游标卡尺的数值，正确使用游标卡尺	10分				
	能看图纸、分析技术要求	10分				
	工作页完成情况	10分				
文明生产	工、量、刃具的正确使用及摆放安全、合理	5分				
	认真遵守管理规程，清楚操作过程中的安全注意事项	5分				
	能将工位清理干净，并对设备进行维护保养	5分				
通用能力	语言表达能力、组织沟通能力	5分				
	发现问题、提出问题、分析问题、解决问题的能力	5分				
	自我创新能力	5分				
总评分数		100分				
教师签字：			日期：			
企业人员签字：			日期：			
简要评述						

二、任务实施质量检测

任务实施质量检测评分表见表 2-1-5。

表 2-1-5　任务实施质量检测评分表（一）

工件编号				总分				
任务	序号	技术要求	配分	评分标准	自测记录	互测记录	教师检测	得分
用游标卡尺测量凸形样板尺寸	1	$20_{-0.04}^{0}$ mm（3 处）	10 分	超差 0.02 mm 扣 2 分				
	2	40 mm±0.04 mm（2 处）	10 分	超差 0.02 mm 扣 2 分				
	3	40 mm±0.14 mm	10 分	超差 0.02 mm 扣 2 分				
	4	10 mm±0.1 mm（4 处）	20 分	超差 0.1 mm 扣 2 分				
	5	60 mm±0.06 mm	10 分	超差 0.02 mm 扣 2 分				
	6	2- ϕ10 mm（2 处）	10 分	超差 0.20 mm 扣 2 分				
	7	正确使用游标卡尺	10 分	酌情扣分				
	8	安全文明生产	20 分	按照有关安全操作规程酌情扣除				
操作人：		组长：		指导教师：		企业师傅：		

同学们，大家要认真学习，严格实训，遵守安全操作规程，养成文明生产的良好习惯。

任务反思

（1）通过本次任务，你学到了什么？

（2）通过本次任务，你觉得需要改进的地方有哪些？

任务二　用千分尺测量六方体样板尺寸

学习目标

（1）掌握千分尺的精度、测量范围及种类。
（2）掌握外径千分尺的结构和作用。
（3）能熟读外径千分尺的数值。
（4）正确使用外径千分尺。
（5）正确填写外径千分尺测量六方体样板尺寸任务单。
（6）保证安全文明生产。

任务书

用外径千分尺测量图 2-1-2 所示六方体样板规定部位的尺寸，并判断尺寸是否合格。

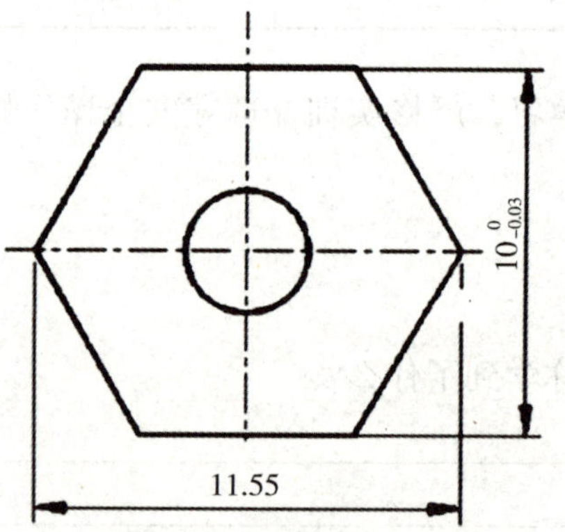

图 2-1-2　六方体样板

接下来，让我们一起开始任务的准备工作。

任务准备

一、知识准备

（1）请读出下列外径千分尺的读数。

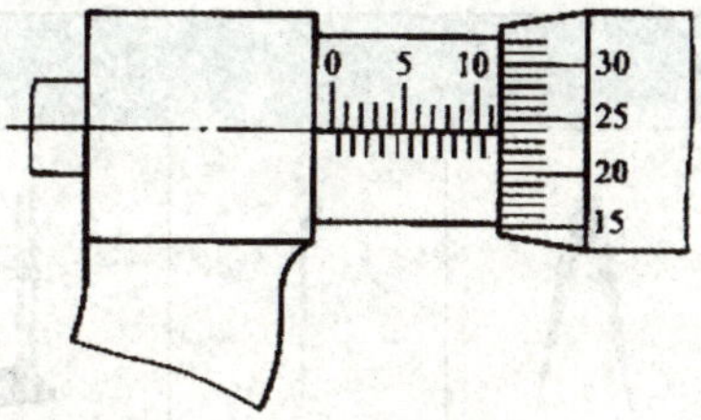

读数：________

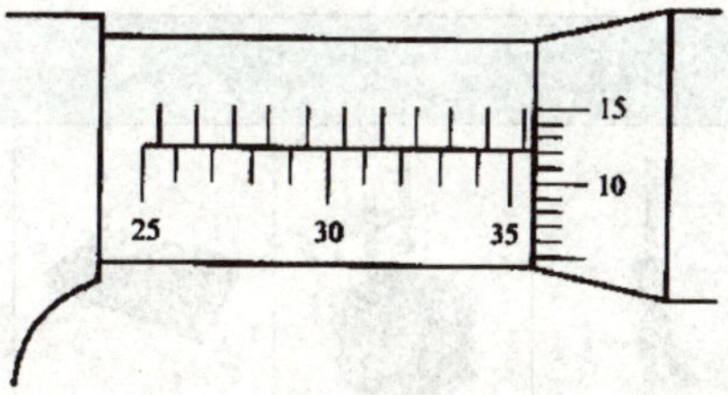

读数：________

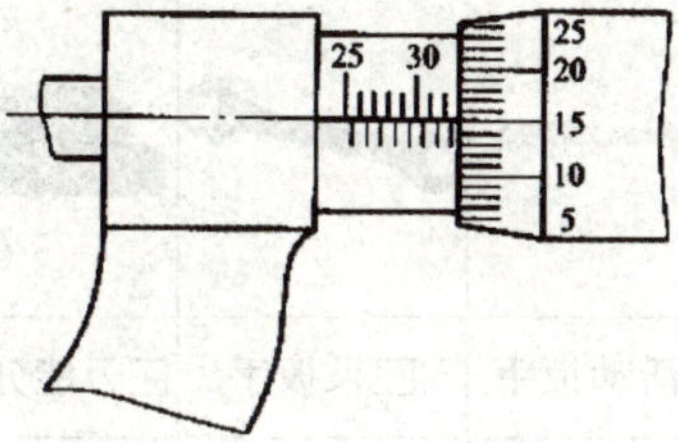

读数：________

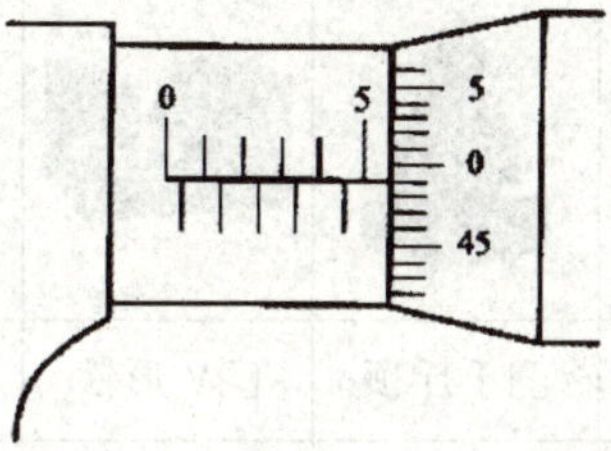

读数：________

（2）使用外径千分尺的注意事项有哪些？

二、图样分析

根据图样分析，该六方体样板需要测量（　　　）个尺寸。

三、工、量、刃、辅具准备

根据任务具体情况，确定本任务所需工、量、刃、辅具，如表 2-1-6 所列。

表 2-1-6　任务二常用工具（项目一）

类型	示意图						
工具							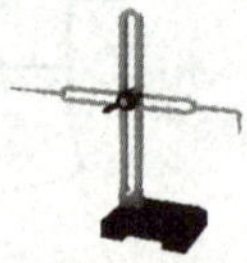
	□游标高度尺	□方箱	□划线平台	□样冲	□划规	□划针	□划线盘

	□垫铁	□千斤顶	□V 形铁	□手锤	□活动扳手	□呆扳手	□万能分度头
量具	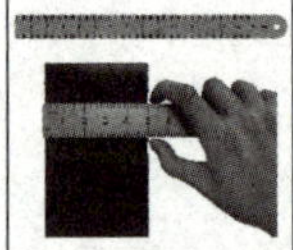				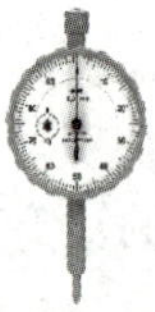		
	□钢直尺	□游标卡尺	□外径千分尺	□万能角度尺	□百分表	□直角尺	□刀口尺

	□塞尺	□半径规	□量块				
刃具							
	□錾子	□锉刀	□手锯	□麻花钻	□铰刀	□锪钻	
辅具				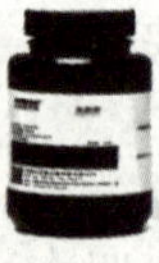			
	□毛刷	□油壶	□钢丝刷	□涂料	□螺钉旋具		

四、分组

组长填写小组成员任务分配表（见表 2-1-7）。

表 2-1-7　小组成员任务分配表（二）

班级：	组号：	组长：	指导老师：
组员			
任务分工			

五、填写任务工艺卡

组长填写任务工艺卡（见表 2-1-8）。

表 2-1-8　任务工艺卡（二）

序号	步骤及内容	工、量、刃具	注意事项
完成人		完成时间	

恭喜同学们已经完成前期知识积累和准备工作，下面开始任务实施工作。

任务实施

任务实施过程记录：

____

____

____

____

____

接下来，按照图纸技术要求和安全操作规程，对操作过程及结果进行任务评价。

任务评价

一、任务实施过程评价

任务实施过程评价表见表2-1-9。

表2-1-9 任务实施过程评价表（二）

班级：	测评组：	学号：	姓名：	日期：			
评价项目	评价内容	配分	自评	小组评价	教师评价	得分	
学习态度	能借助图书、网络等，独立查阅资料，自主学习	5分					
	与同学相互尊重、理解，增强团队协作意识	5分					
	能积极参与小组讨论，虚心接受意见或建议，并改正自身不足	5分					
	能认真填写任务单并提交	10分					
纪律观念	能穿好工作服、安全鞋，戴好工作帽、防护镜；不戴手套	5分					
	保证出勤，做到不迟到、不早退、不擅自离开实训岗位	5分					
	不在实训场地吃零食，不追逐嬉闹，不持工具打闹	5分					
知识技能	能快速读出外径千分尺的数值，正确使用外径千分尺	10分					
	能看图纸、分析技术要求	10分					
	工作页完成情况	10分					
文明生产	工、量、刃具的正确使用及摆放安全、合理	5分					
	认真遵守管理规程，清楚操作过程中的安全注意事项	5分					
	能将工位清理干净，并对设备进行维护保养	5分					
通用能力	语言表达能力、组织沟通能力	5分					
	发现问题、提出问题、分析问题、解决问题的能力	5分					
	自我创新能力	5分					
总评分数		100分					

表 2-1-9（续）

教师签字：	日期：
企业人员签字：	日期：
简要评述	

二、任务实施质量检测

任务实施质量检测评分表见表 2-1-10。

表 2-1-10 任务实施质量检测评分表（二）

工件编号				总分				
任务	序号	技术要求	配分	评分标准	自测记录	互测记录	教师检测	得分
用千分尺测量六方体样板尺寸	1	$10_{-0.03}^{\ 0}$ mm（3 处）	30 分	超差 0.01 mm 扣 5 分				
	2	11.55 mm（3 处）	30 分	超差 0.01 mm 扣 5 分				
	3	正确使用千分尺	20 分	酌情扣分				
	4	安全文明生产	20 分	按照有关安全操作规程酌情扣除				
操作人：		组长：		指导教师：		企业师傅：		

同学们，大家要认真学习，严格实训，遵守安全操作规程，养成文明生产的良好习惯。

任务反思

（1）通过本次任务，你学到了什么？

（2）通过本次任务，你觉得需要改进的地方有哪些？

任务三　用游标万能角度尺测量角度样板角度

学习目标

（1）掌握游标万能角度尺的结构和作用。

（2）能熟读游标万能角度尺的数值。

（3）正确使用游标万能角度尺。

（4）正确填写游标万能角度尺测量角度样板角度任务单。

（5）保证安全文明生产。

任务书

用游标万能角度尺测量图 2-1-3 所示角度样板角度，并判断是否合格。

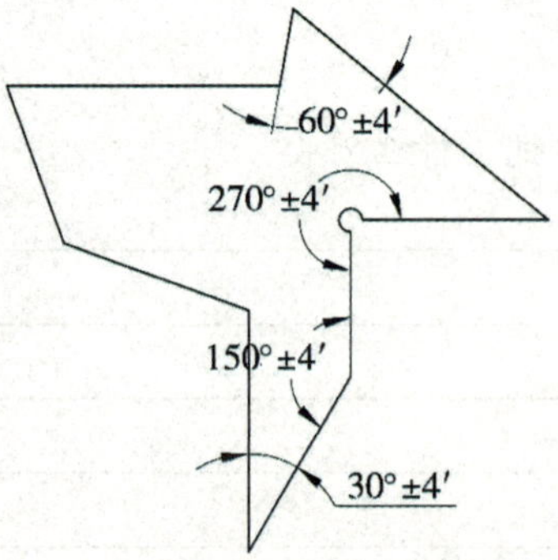

图 2-1-3　角度样板

接下来，让我们一起开始任务的准备工作。

任务准备

一、知识准备

（1）请读出下列游标万能角度尺的读数。

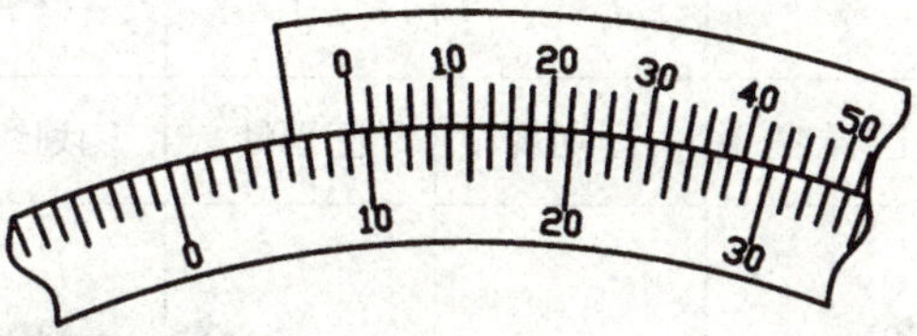

读数：________________

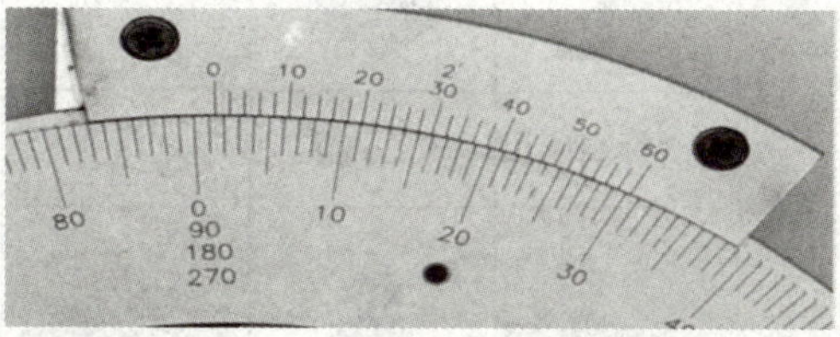

读数：________________

读数：________________

读数：________________

（2）使用游标万能角度尺的注意事项有哪些？

____

____

____

____

____

____

____

____

____

____

____

二、图样分析

根据图样分析，该角度样板需要测量（　　　　）个尺寸。

三、工、量、刃、辅具准备

根据任务具体情况，确定本任务所需工、量、刃、辅具，如表 2-1-11 所列。

表 2-1-11　任务三常用工具（项目一）

类型	示意图						
工具							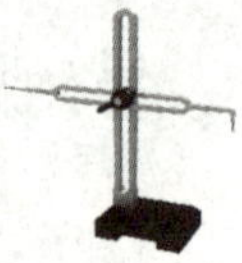
	□游标高度尺	□方箱	□划线平台	□样冲	□划规	□划针	□划线盘

	□垫铁	□千斤顶	□V 形铁	□手锤	□活动扳手	□呆扳手	□万能分度头
量具	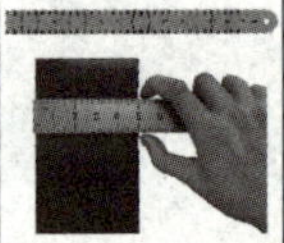						
	□钢直尺	□游标卡尺	□外径千分尺	□万能角度尺	□百分表	□直角尺	□刀口尺

	□塞尺	□半径规	□量块				
刃具		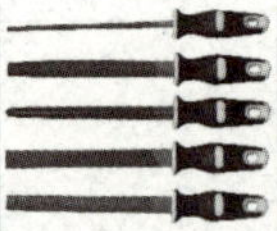					
	□錾子	□锉刀	□手锯	□麻花钻	□铰刀	□锪钻	
辅具				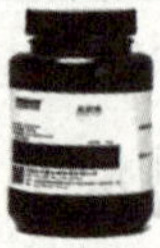			
	□毛刷	□油壶	□钢丝刷	□涂料	□螺钉旋具		

四、分组

组长填写小组成员任务分配表（见表 2-1-12）。

表 2-1-12　小组成员任务分配表（三）

班级：	组号：	组长：	指导老师：
组员			
任务分工			

五、填写任务工艺卡

组长填写任务工艺卡（见表 2-1-13）。

表 2-1-13　任务工艺卡（三）

序号	步骤及内容	工、量、刃具	注意事项
完成人		完成时间	

恭喜同学们已经完成前期知识积累和准备工作，下面开始任务实施工作。

任务实施

任务实施过程记录：

接下来，按照图纸技术要求和安全操作规程，对操作过程及结果进行任务评价。

任务评价

一、任务实施过程评价

任务实施过程评价表见表 2-1-14。

表 2-1-14 任务实施过程评价表（三）

班级：	测评组：	学号：	姓名：	日期：		
评价项目	评价内容	配分	自评	小组评价	教师评价	得分
学习态度	能借助图书、网络等，独立查阅资料，自主学习	5 分				
	与同学相互尊重、理解，增强团队协作意识	5 分				
	能积极参与小组讨论，虚心接受意见或建议，并改正自身不足	5 分				
	能认真填写任务单并提交	10 分				
纪律观念	能穿好工作服、安全鞋，戴好工作帽、防护镜；不戴手套	5 分				
	保证出勤，做到不迟到、不早退、不擅自离开实训岗位	5 分				
	不在实训场地吃零食，不追逐嬉闹，不持工具打闹	5 分				
知识技能	能读出游标万能角度尺的数值，正确使用游标万能角度尺	10 分				
	能看图纸、分析技术要求	10 分				
	工作页完成情况	10 分				
文明生产	工、量、刃具的正确使用及摆放安全、合理	5 分				
	认真遵守管理规程，清楚操作过程中的安全注意事项	5 分				
	能将工位清理干净，并对设备进行维护保养	5 分				
通用能力	语言表达能力、组织沟通能力	5 分				
	发现问题、提出问题、分析问题、解决问题的能力	5 分				
	自我创新能力	5 分				
总评分数		100 分				

表 2-1-14（续）

教师签字：	日期：
企业人员签字：	日期：
简要评述	

二、任务实施质量检测

任务实施质量检测评分表见表 2-1-15。

表 2-1-15　任务实施质量检测评分表（三）

工件编号				总分				
任务	序号	技术要求	配分	评分标准	自测记录	互测记录	教师检测	得分
用游标万能角度尺测量角度样板尺寸	1	30°±4′	20 分	超差 2′扣 10 分				
	2	60°±4′	20 分	超差 2′扣 10 分				
	3	150°±4′	20 分	超差 2′扣 10 分				
	4	270°±4′	20 分	超差 2′扣 10 分				
	5	正确使用万能角度尺	10 分	酌情扣分				
	6	安全文明生产	10 分	按照有关安全操作规程酌情扣除				
操作人：	组长：		指导教师：		企业师傅：			

同学们，大家要认真学习，严格实训，遵守安全操作规程，养成文明生产的良好习惯。

任务反思

（1）通过本次任务，你学到了什么？

（2）通过本次任务，你觉得需要改进的地方有哪些？

任务四 用百分表检测凸形样板平行度误差

学习目标

（1）掌握百分表的结构和作用。
（2）能熟读百分表的数值。
（3）正确使用百分表。
（4）正确填写百分表测凸形样板平行度误差任务单。
（5）保证安全文明生产。

任务书

用百分表检测图 2-1-4 所示凸形样板上、下面平行度误差，并判断是否合格。

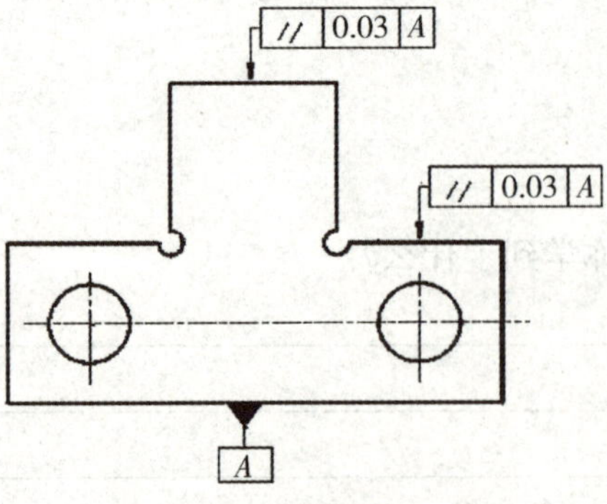

图 2-1-4 凸形样板（二）

接下来，让我们一起开始任务的准备工作。

任务准备

一、知识准备

（1）请读出下列百分表的读数。

读数：____________

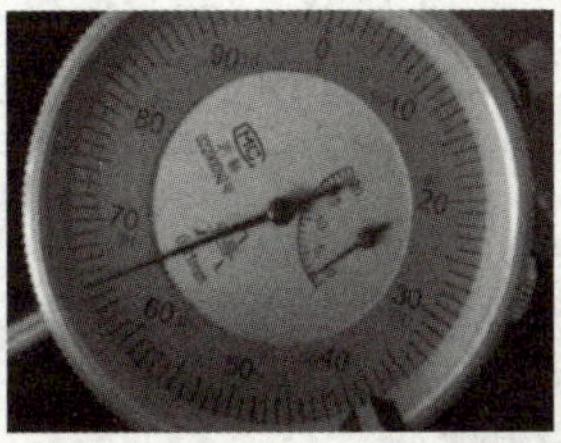

读数：____________

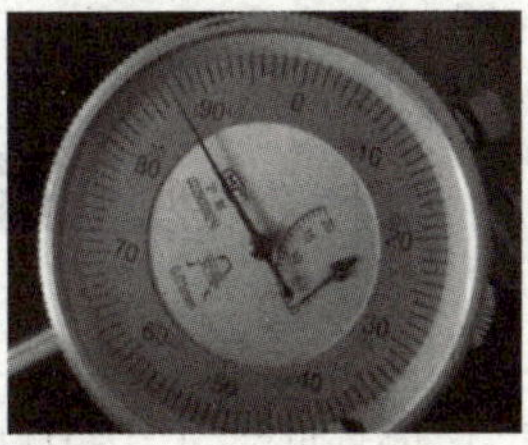

读数：____________

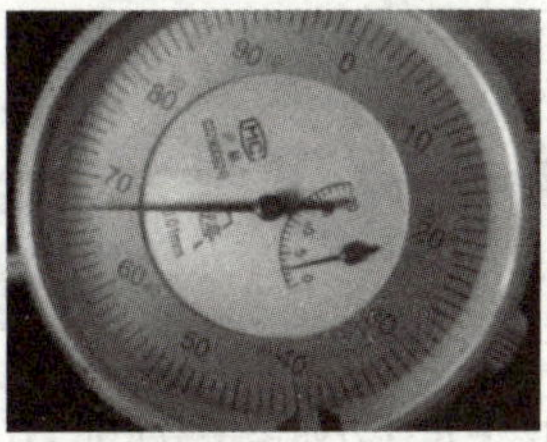

读数：____________

（2）使用百分表的注意事项有哪些？

____

____

____

____

____

____

____

____

二、图样分析

根据图样分析，该凸形样板以（　　　　）面为测量基准，需要测量（　　　　）个面的平行度误差。

三、工、量、刃、辅具准备

根据任务具体情况，确定本任务所需工、量、刃、辅具等，如表 2-1-16 所列。

表 2-1-16　任务四常用工具（项目一）

类型	示意图						
工具							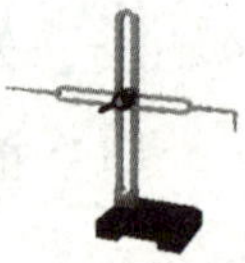
	□游标高度尺	□方箱	□划线平台	□样冲	□划规	□划针	□划线盘

	□垫铁	□千斤顶	□V 形铁	□手锤	□活动扳手	□呆扳手	□万能分度头
量具	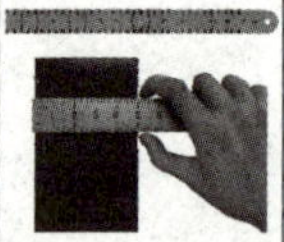						
	□钢直尺	□游标卡尺	□外径千分尺	□万能角度尺	□百分表	□直角尺	□刀口尺

	□塞尺	□半径规	□量块				
刃具		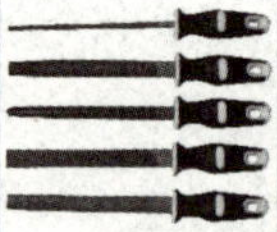					
	□錾子	□锉刀	□手锯	□麻花钻	□铰刀	□锪钻	
辅具				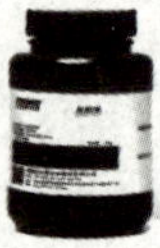			
	□毛刷	□油壶	□钢丝刷	□涂料	□螺钉旋具		

四、分组

组长填写小组成员任务分配表（见表 2-1-17）。

表 2-1-17　小组成员任务分配表（四）

班级：	组号：	组长：	指导老师：
组员			
任务分工			

五、填写任务工艺卡

组长填写任务工艺卡（见表 2-1-18）。

表 2-1-18　任务工艺卡（四）

序号	步骤及内容	工、量、刃具	注意事项
完成人		完成时间	

恭喜同学们已经完成前期知识积累和准备工作，下面开始任务实施工作。

任务实施

任务实施过程记录：

接下来，按照图纸技术要求和安全操作规程，对操作过程及结果进行任务评价。

任务评价

一、任务实施过程评价

任务实施过程评价表见表 2-1-19。

表 2-1-19 任务实施过程评价表（四）

班级：	测评组：	学号：	姓名：	日期：			
评价项目	评价内容	配分	自评	小组评价	教师评价	得分
学习态度	能借助图书、网络等，独立查阅资料，自主学习	5 分				
	与同学相互尊重、理解，增强团队协作意识	5 分				
	能积极参与小组讨论，虚心接受意见或建议，并改正自身不足	5 分				
	能认真填写任务单并提交	10 分				
纪律观念	能穿好工作服、安全鞋，戴好工作帽、防护镜；不戴手套	5 分				
	保证出勤，做到不迟到、不早退、不擅自离开实训岗位	5 分				
	不在实训场地吃零食，不追逐嬉闹，不持工具打闹	5 分				
知识技能	能快速读出百分表的数值，正确使用百分表	10 分				
	能看图纸、分析技术要求	10 分				
	工作页完成情况	10 分				
文明生产	工、量、刃具的正确使用及摆放安全、合理	5 分				
	认真遵守管理规程，清楚操作过程中的安全注意事项	5 分				
	能将工位清理干净，并对设备进行维护保养	5 分				
通用能力	语言表达能力、组织沟通能力	5 分				
	发现问题、提出问题、分析问题、解决问题的能力	5 分				
	自我创新能力	5 分				
总评分数		100 分				

表 2-1-19（续）

教师签字：	日期：
企业人员签字：	日期：
简要评述	

二、任务实施质量检测

任务实施质量检测评分表见表 2-1-20。

表 2-1-20　任务实施质量检测评分表（四）

工件编号				总分				
任务	序号	技术要求	配分	评分标准	自测记录	互测记录	教师检测	得分
凸形样板用百分表检测平行度误差	1	平行度误差为 0.03 mm（3 处）	60 分	超差 0.01 mm 扣 5 分				
	2	正确使用百分表	20 分	酌情扣分				
	3	安全文明生产	20 分	按照有关安全操作规程酌情扣除				
操作人：	组长：		指导教师：		企业师傅：			

同学们，大家要认真学习，严格实训，遵守安全操作规程，养成文明生产的良好习惯。

任务反思

（1）通过本次任务，你学到了什么？

（2）通过本次任务，你觉得需要改进的地方有哪些？

任务五 用直角尺和塞尺检测凸形样板垂直度误差

学习目标

（1）掌握直角尺、塞尺的结构和作用。
（2）正确使用直角尺和塞尺。
（3）正确填写直角尺和塞尺检测凸形样板垂直度误差任务单。
（4）保证安全文明生产。

任务书

用直角尺和塞尺检测图 2-1-5 所示凸形样板垂直度误差，并判断是否合格。

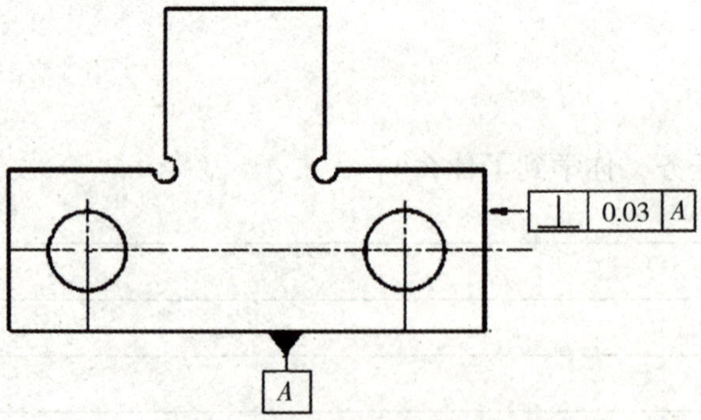

图 2-1-5　凸形样板（三）

接下来，让我们一起开始任务的准备工作。

任务准备

一、知识准备

（1）使用直角尺的注意事项有哪些？

（2）使用塞尺的注意事项有哪些？

二、图样分析

根据图样分析，该凸形样板以（　　　）面为测量基准，需要测量（　　　）面相对于基准面的（　　　）误差。

三、工、量、刃、辅具准备

根据任务具体情况，确定本任务所需工、量、刃、辅具，如表 2-1-21 所列。

表 2-1-21　任务五常用工具（项目一）

类型	示意图						
工具							
	□游标高度尺	□方箱	□划线平台	□样冲	□划规	□划针	□划线盘

	□垫铁	□千斤顶	□V 形铁	□手锤	□活动扳手	□呆扳手	□万能分度头

表 2-1-21（续）

类型	示意图						
量具							
	□钢直尺	□游标卡尺	□外径千分尺	□万能角度尺	□百分表	□直角尺	□刀口尺

	□塞尺	□半径规	□量块				
刃具		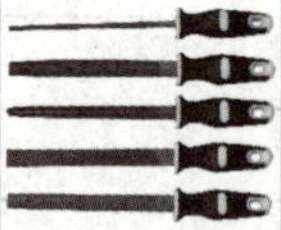					
	□錾子	□锉刀	□手锯	□麻花钻	□铰刀	□锪钻	
辅具							
	□毛刷	□油壶	□钢丝刷	□涂料	□螺钉旋具		

四、分组

组长填写小组成员任务分配表（见表 2-1-22）。

表 2-1-22　小组成员任务分配表（五）

班级：	组号：	组长：	指导老师：
组员			
任务分工			

五、填写任务工艺卡

组长填写任务工艺卡（见表 2-1-23）。

表 2-1-23　任务工艺卡（五）

序号	步骤及内容	工、量、刃具	注意事项
完成人		完成时间	

恭喜同学们已经完成前期知识积累和准备工作，下面开始任务实施工作。

任务实施

任务实施过程记录：

接下来，按照图纸技术要求和安全操作规程，对操作过程及结果进行任务评价。

任务评价

一、任务实施过程评价

任务实施过程评价表见表 2-1-24。

表 2-1-24　任务实施过程评价表（五）

班级：	测评组：	学号：	姓名：	日期：		
评价项目	评价内容	配分	自评	小组评价	教师评价	得分
学习态度	能借助图书、网络等，独立查阅资料，自主学习	5 分				
	与同学相互尊重、理解，增强团队协作意识	5 分				
	能积极参与小组讨论，虚心接受意见或建议，并改正自身不足	5 分				
	能认真填写任务单并提交	10 分				
纪律观念	能穿好工作服、安全鞋，戴好工作帽、防护镜；不戴手套	5 分				
	保证出勤，做到不迟到、不早退、不擅自离开实训岗位	5 分				
	不在实训场地吃零食，不追逐嬉闹，不持工具打闹	5 分				
知识技能	能正确使用直角尺和塞尺	10 分				
	能看图纸、分析技术要求	10 分				
	工作页完成情况	10 分				
文明生产	工、量、刃具的正确使用及摆放安全、合理	5 分				
	认真遵守管理规程，清楚操作过程中的安全注意事项	5 分				
	能将工位清理干净，并对设备进行维护保养	5 分				
通用能力	语言表达能力、组织沟通能力	5 分				
	发现问题、提出问题、分析问题、解决问题的能力	5 分				
	自我创新能力	5 分				
总评分数		100 分				
教师签字：		日期：				
企业人员签字：		日期：				
简要评述						

二、任务实施质量检测

任务实施质量检测评分表见表 2-1-25。

表 2-1-25　任务实施质量检测评分表（五）

工件编号				总分				
任务	序号	技术要求	配分	评分标准	自测记录	互测记录	教师检测	得分
用直角尺和塞尺检测凸形样板垂直度误差	1	垂直度误差为 0.03 mm（2 处）	60 分	超差 0.01 mm 扣 5 分				
	2	正确使用直角尺和塞尺	20 分	酌情扣分				
	3	安全文明生产	20 分	按照有关安全操作规程酌情扣除				
操作人：		组长：		指导教师：		企业师傅：		

同学们，大家要认真学习，严格实训，遵守安全操作规程，养成文明生产的良好习惯。

任务反思

（1）通过本次任务，你学到了什么？

（2）通过本次任务，你觉得需要改进的地方有哪些？

任务六 用刀形样板平尺检测凹形样板平面度误差

学习目标

(1) 掌握刀形样板平尺的结构和作用。

(2) 正确使用刀形样板平尺。

(3) 正确填写刀形样板平尺检测凹形样板平面度误差任务单。

(4) 保证安全文明生产。

任务书

用刀形样板平尺检测图 2-1-6 所示凹形样板平面度误差，并判断是否合格。

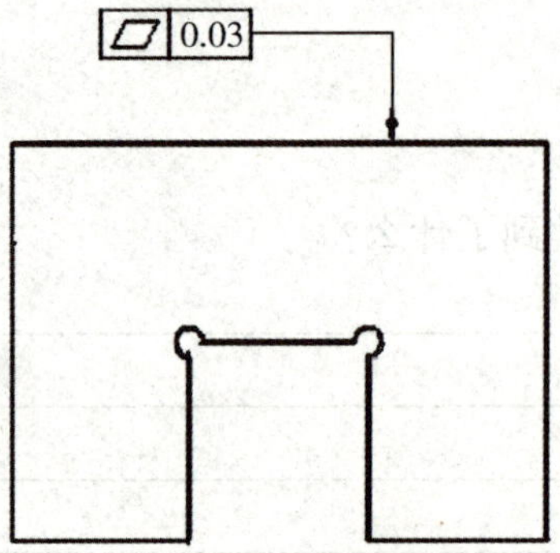

图 2-1-6 凹形样板

接下来，让我们一起开始任务的准备工作。

任务准备

一、知识准备

使用刀形样板平尺的注意事项有哪些？

二、图样分析

根据图样分析，该凹形样板需要测量（　　　）面的平面度误差。

三、工、量、刃、辅具准备

根据任务具体情况，确定本任务所需工、量、刃、辅具，如表 2-1-26 所列。

表 2-1-26　任务六常用工具（项目一）

类型	示意图						
工具							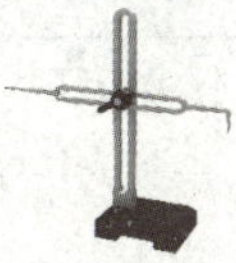
	□游标高度尺	□方箱	□划线平台	□样冲	□划规	□划针	□划线盘

	□垫铁	□千斤顶	□V 形铁	□手锤	□活动扳手	□呆扳手	□万能分度头
量具	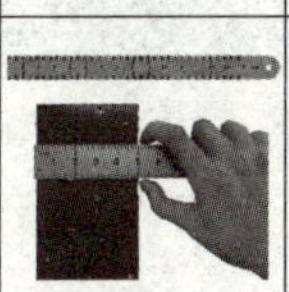						
	□钢直尺	□游标卡尺	□外径千分尺	□万能角度尺	□百分表	□直角尺	□刀口尺
	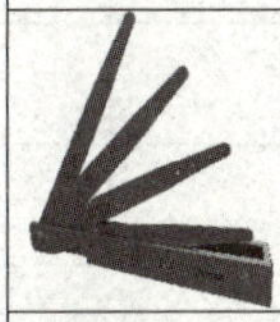						
	□塞尺	□半径规	□量块				
刃具		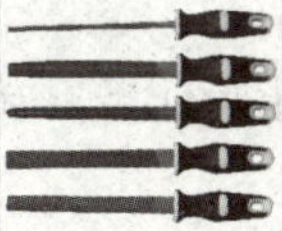					
	□錾子	□锉刀	□手锯	□麻花钻	□铰刀	□锪钻	
辅具				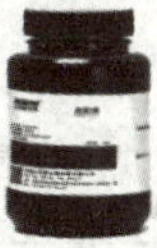			
	□毛刷	□油壶	□钢丝刷	□涂料	□螺钉旋具		

四、分组

组长填写小组成员任务分配表（见表 2-1-27）。

表 2-1-27　小组成员任务分配表（六）

班级：	组号：	组长：	指导老师：
组员			
任务分工			

五、填写任务工艺卡

组长填写任务工艺卡（见表 2-1-28）。

表 2-1-28　任务工艺卡（六）

序号	步骤及内容	工、量、刃具	注意事项
完成人		完成时间	

恭喜同学们已经完成前期知识积累和准备工作，下面开始任务实施工作。

任务实施

任务实施过程记录：

____

____

____

____

____

接下来，按照图纸技术要求和安全操作规程，对操作过程及结果进行任务评价。

任务评价

一、任务实施过程评价

任务实施过程评价表见表 2-1-29。

表 2-1-29　任务实施过程评价表（六）

班级：	测评组：	学号：	姓名：	日期：		
评价项目	评价内容	配分	自评	小组评价	教师评价	得分
学习态度	能借助图书、网络等，独立查阅资料，自主学习	5 分				
	与同学相互尊重、理解，增强团队协作意识	5 分				
	能积极参与小组讨论，虚心接受意见或建议，并改正自身不足	5 分				
	能认真填写任务单并提交	10 分				
纪律观念	能穿好工作服、安全鞋，戴好工作帽、防护镜；不戴手套	5 分				
	保证出勤，做到不迟到、不早退、不擅自离开实训岗位	5 分				
	不在实训场地吃零食，不追逐嬉闹，不持工具打闹	5 分				
知识技能	能正确使用刀形样板平尺	10 分				
	能看图纸、分析技术要求	10 分				
	工作页完成情况	10 分				
文明生产	工、量、刃具的正确使用及摆放安全、合理	5 分				
	认真遵守管理规程，清楚操作过程中的安全注意事项	5 分				
	能将工位清理干净，并对设备进行维护保养	5 分				
通用能力	语言表达能力、组织沟通能力	5 分				
	发现问题、提出问题、分析问题、解决问题的能力	5 分				
	自我创新能力	5 分				
总评分数		100 分				

表 2-1-29（续）

教师签字：	日期：
企业人员签字：	日期：
简要评述	

二、任务实施质量检测

任务实施质量检测评分表见表 2-1-30。

表 2-1-30 任务实施质量检测评分表（六）

工件编号				总分				
任务	序号	技术要求	配分	评分标准	自测记录	互测记录	教师检测	得分
用刀形样板平尺检测平面度误差	1	平面度公差为 0.03 mm（3 处）	60 分	超差 0.01 mm 扣 5 分				
	2	正确使用刀形样板平尺	20 分	酌情扣分				
	3	安全文明生产	20 分	按照有关安全操作规程酌情扣除				
操作人：		组长：		指导教师：		企业师傅：		

同学们，大家要认真学习，严格实训，遵守安全操作规程，养成文明生产的良好习惯。

任务反思

（1）通过本次任务，你学到了什么？

(2) 通过本次任务，你觉得需要改进的地方有哪些？

____

____

____

____

____

知识点滴

台虎钳的起源

《礼记·曲礼》中记载："天子之六工，曰土工、金工、石工、木工、兽工、草工，典制六材。"钳工的前身应该是"金工"。钳工技术是机械制造中最古老的金属加工技术。

在古代，到底是谁萌生了"牢牢固定住加工工件，使它在锯、锉、钻的强力冲击下也不会移动"的想法，已经不得而知了。但是，在如今的计算机时代，台虎钳作为纯机械夹具，仍然是一种重要的工具，在充斥着电气化设备的车间中必不可少。台虎钳在从不可或缺的夹紧工具发展成如今的成熟形态的过程中，关键一步是在中世纪，以楔子和锤子为主的装夹技术被以螺纹和杠杆为主的装夹技术所取代。然而这种技术的缺点是可动夹爪导致仅能径向固定，使得被夹持的工件或多或少地倾斜。直到1750年前后平行台虎钳的发明，使得可动夹爪被移动到水平推移的滑架上，才使这一技术得到最佳实践应用。

1830年，英国人发明了第一个铸铁台虎钳。其缺点是在强应力下缺乏耐抗性、易折断。Josef Heuer是德国的一名工匠和发明家，他于1925年发明了新型结构的模锻台虎钳，其具有革命性的双棱形导轨。1927年，该产品取得了专利，并开始在生产中得到广泛应用。世界著名的Heuer台虎钳自此诞生，此后久经考验并蜚声海内外。面对企业在行业中所取得的成功，Brockhaus公司的技术人员并没有止步不前。他们除了开发出向后打开的Heuer-Primus台虎钳外，还开发了向前（即朝着用户打开）的台虎钳，使较大零部件在垂直方向上的夹紧和加工成为可能。

在优化生产方法的同时，中外技术人员不断改进产品形式，以期找到技术应用与发展的有效途径。

项目二

工件划线

项目描述

划线是钳工的基本操作，是零件加工成型前的一道重要工序。通过划线，可以在毛坯和工件表面上划出待加工表面的轮廓线或作为基准的点和线，这些点和线表明工件待加工部分的形状、尺寸或特性，并确定加工的尺寸界限。

下面，让我们一起实践如何进行划线操作。

任务一　支架平面划线

学习目标

（1）能正确分析图样。

（2）能正确选择和使用划线工具进行平面划线。

（3）正确填写支架平面划线任务单。

（4）保证安全文明生产。

任务书

完成图 2-2-1 所示支架平面划线。

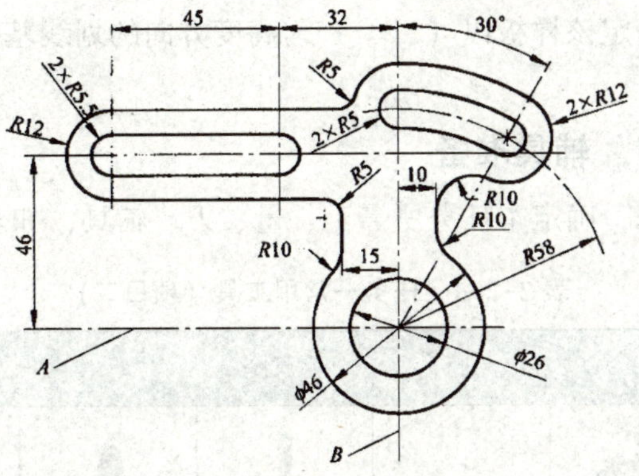

图 2-2-1　支架

接下来，让我们一起开始任务的准备工作。

任务准备

一、知识准备

（1）使用划针划线的操作要领是什么？

（2）常见的划线基准类型有哪些？

（3）钳工中常用的基本线条包括哪些？

（4）使用游标高度尺的注意事项有哪些？

二、图样分析

根据图样分析，确定该样板以（　　）为高度方向的划线基准、（　　）为长度方向的划线基准。

三、工、量、刃、辅具准备

根据任务具体情况，确定本任务所需工、量、刃、辅具，如表 2-2-1 所列。

表 2-2-1　任务一常用工具（项目二）

类型	示意图						
工具							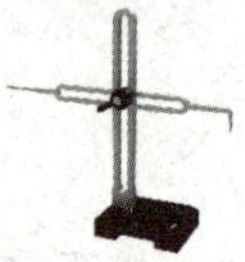
	□游标高度尺	□方箱	□划线平台	□样冲	□划规	□划针	□划线盘

	□垫铁	□千斤顶	□V 形铁	□手锤	□活动扳手	□呆扳手	□万能分度头
量具	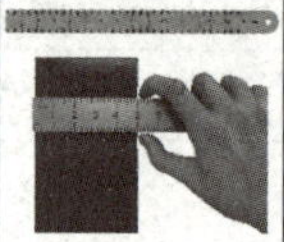						
	□钢直尺	□游标卡尺	□外径千分尺	□万能角度尺	□百分表	□直角尺	□刀口尺

	□塞尺	□半径规	□量块				
刃具		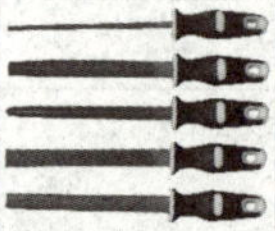					
	□錾子	□锉刀	□手锯	□麻花钻	□铰刀	□锪钻	

表 2-2-1（续）

类型	示意图						
辅具				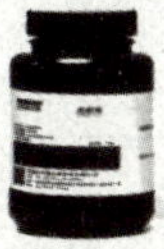			
	□毛刷	□油壶	□钢丝刷	□涂料	□螺钉旋具		

四、分组

组长填写小组成员任务分配表（见表 2-2-2）。

表 2-2-2　小组成员任务分配表（七）

班级：	组号：	组长：	指导老师：
组员			
任务分工			

五、填写任务工艺卡

组长填写任务工艺卡（见表 2-2-3）。

表 2-2-3　任务工艺卡（七）

序号	步骤及内容	工、量、刃具	注意事项
完成人		完成时间	

恭喜同学们已经完成前期知识积累和准备工作，下面开始任务实施工作。

任务实施

任务实施过程记录：

____

____

____

接下来，按照图纸技术要求和安全操作规程，对操作过程及结果进行任务评价。

任务评价

一、任务实施过程评价

任务实施过程评价表见表 2-2-4。

表 2-2-4　任务实施过程评价表（七）

班级：	测评组：	学号：	姓名：	日期：			
评价项目	评价内容	配分	自评	小组评价	教师评价	得分	
学习态度	能借助图书、网络等，独立查阅资料，自主学习	5 分					
	与同学相互尊重、理解，增强团队协作意识	5 分					
	能积极参与小组讨论，虚心接受意见或建议，并改正自身不足	5 分					
	能认真填写任务单并提交	10 分					
纪律观念	能穿好工作服、安全鞋，戴好工作帽、防护镜；不戴手套	5 分					
	保证出勤，做到不迟到、不早退、不擅自离开实训岗位	5 分					
	不在实训场地吃零食，不追逐嬉闹，不持工具打闹	5 分					
知识技能	能正确使用划线工具	10 分					
	能看图纸、分析技术要求	10 分					
	工作页完成情况	10 分					

表 2-2-4（续）

评价项目	评价内容	配分	自评	小组评价	教师评价	得分
文明生产	工、量、刃具的正确使用及摆放安全、合理	5分				
	认真遵守管理规程，清楚操作过程中的安全注意事项	5分				
	能将工位清理干净，并对设备进行维护保养	5分				
通用能力	语言表达能力、组织沟通能力	5分				
	发现问题、提出问题、分析问题、解决问题的能力	5分				
	自我创新能力	5分				
总评分数		100分				
教师签字：	日期：					
企业人员签字：	日期：					
简要评述						

二、任务实施质量检测

任务实施质量检测评分表见表 2-2-5。

表 2-2-5　任务实施质量检测评分表（七）

工件编号				总分				
任务	序号	技术要求	配分	评分标准	自测记录	互测记录	教师检测	得分
支架平面划线	1	图形及其排列位置正确	15分	总体评定，酌情扣分				
	2	线条清晰，无重线	15分	每处不正确扣3分				
	3	尺寸及线条位置正确	25分	每处不正确扣5分				
	4	各圆弧连接圆滑	15分	每处不圆滑扣3分				
	5	样冲眼位置正确、分布合理	10分	每处不合理扣3分				
	6	工具使用及操作姿势正确	10分	每处不正确扣3分				
	7	安全文明生产	10分	按照有关安全操作规程酌情扣除				
操作人：		组长：		指导教师：		企业师傅：		

同学们，大家要认真学习，严格实训，遵守安全操作规程，养成文明生产的良好习惯。

任务反思

（1）通过本次任务，你学到了什么？

（2）通过本次任务，你觉得需要改进的地方有哪些？

任务二　轴承座立体划线

学习目标

（1）能正确分析图样。

（2）能正确选择和使用划线工具进行立体划线。

（3）正确填写轴承座立体划线任务单。

（4）保证安全文明生产。

任务书

完成图 2-2-2 所示轴承座立体划线。

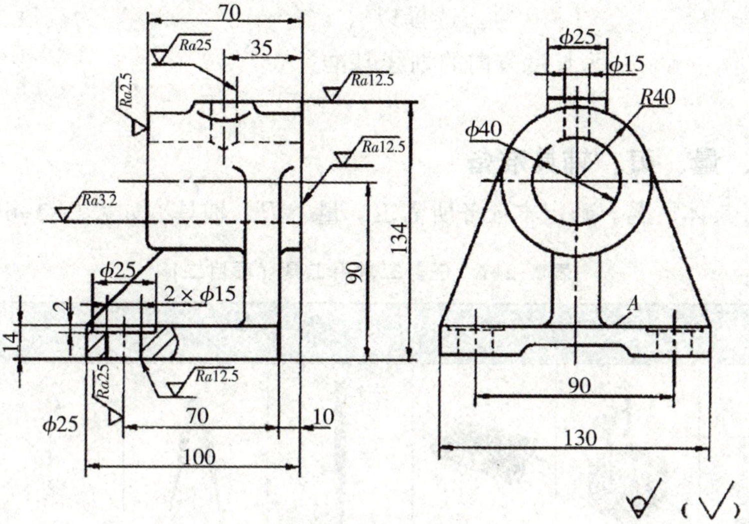

图 2-2-2　轴承座

接下来，让我们一起开始任务的准备工作。

任务准备

一、知识准备

（1）划线时找正的原则有哪些？

____

____

____

（2）划线时借料的一般步骤是什么？

____

____

____

____

（3）使用划线盘的注意事项有哪些？

____

____

____

____

二、图样分析

根据图样分析，该工件需要划线的尺寸共有（　　　）个方向，所以工件要经过（　　　）次安放才能划出所有线条。选择（　　　　　　　　　　　　　）为第一划线位置，原因是（　　　　　　　）。选择以（　　　　　　）为高度方向的划线基准、（　　　　　　　）为长度方向的划线基准、（　　　　　　　）为宽度方向的划线基准。

三、工、量、刃、辅具准备

根据任务具体情况，确定本任务所需工、量、刃、辅具，如表 2-2-6 所列。

表 2-2-6　任务二常用工具（项目二）

类型	示意图						
工具							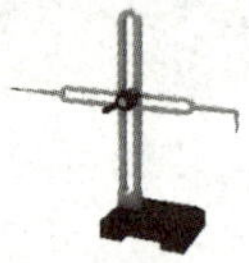
	□游标高度尺	□方箱	□划线平台	□样冲	□划规	□划针	□划线盘

	□垫铁	□千斤顶	□V 形铁	□手锤	□活动扳手	□呆扳手	□万能分度头
量具							
	□钢直尺	□游标卡尺	□外径千分尺	□万能角度尺	□百分表	□直角尺	□刀口尺

	□塞尺	□半径规	□量块				

表 2-2-6（续）

类型	示意图					
刃具		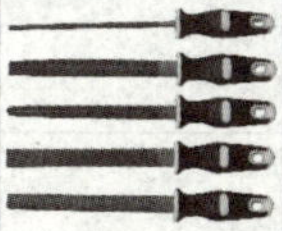				
	□錾子	□锉刀	□手锯	□麻花钻	□铰刀	□锪钻
辅具						
	□毛刷	□油壶	□钢丝刷	□涂料	□螺钉旋具	

四、分组

组长填写小组成员任务分配表（见表 2-2-7）。

表 2-2-7　小组成员任务分配表（八）

班级：	组号：	组长：	指导老师：
组员			
任务分工			

五、填写任务工艺卡

组长填写任务工艺卡（见表 2-2-8）。

表 2-2-8　任务工艺卡（八）

序号	步骤及内容	工、量、刃具	注意事项

表 2-2-8（续）

序号	步骤及内容	工、量、刃具	注意事项
完成人		完成时间	

恭喜同学们已经完成前期知识积累和准备工作，下面开始任务实施工作。

任务实施

任务实施过程记录：

接下来，按照图纸技术要求和安全操作规程，对操作过程及结果进行任务评价。

任务评价

一、任务实施过程评价

任务实施过程评价表见表 2-2-9。

表 2-2-9　任务实施过程评价表（八）

班级：	测评组：	学号：	姓名：		日期：	
评价项目	评价内容	配分	自评	小组评价	教师评价	得分
学习态度	能借助图书、网络等，独立查阅资料，自主学习	5 分				
	与同学相互尊重、理解，增强团队协作意识	5 分				
	能积极参与小组讨论，虚心接受意见或建议，并改正自身不足	5 分				
	能认真填写任务单并提交	10 分				

表 2-2-9（续）

评价项目	评价内容	配分	自评	小组评价	教师评价	得分
纪律观念	能穿好工作服、安全鞋，戴好工作帽、防护镜；不戴手套	5 分				
	保证出勤，做到不迟到、不早退、不擅自离开实训岗位	5 分				
	不在实训场地吃零食，不追逐嬉闹，不持工具打闹	5 分				
知识技能	能正确使用划线工具	10 分				
	能看图纸、分析技术要求	10 分				
	工作页完成情况	10 分				
文明生产	工、量、刃具的正确使用及摆放安全、合理	5 分				
	认真遵守管理规程，清楚操作过程中的安全注意事项	5 分				
	能将工位清理干净，并对设备进行维护保养	5 分				
通用能力	语言表达能力、组织沟通能力	5 分				
	发现问题、提出问题、分析问题、解决问题的能力	5 分				
	自我创新能力	5 分				
总评分数		100 分				
教师签字：	日期：					
企业人员签字：	日期：					
简要评述						

二、任务实施质量检测

任务实施质量检测评分表见表 2-2-10。

表 2-2-10　任务实施质量检测评分表（八）

工件编号				总分				
任务	序号	技术要求	配分	评分标准	自测记录	互测记录	教师检测	得分
轴承座立体划线	1	图形及其排列位置正确	15 分	总体评定，酌情扣分				
	2	线条清晰，无重线	15 分	每处不正确扣 3 分				
	3	尺寸及线条位置正确	25 分	每处不正确扣 5 分				
	4	支承牢固、可靠	15 分	每处不圆滑扣 3 分				
	5	样冲眼位置正确、分布合理	10 分	每处不合理扣 3 分				
	6	工具使用及操作姿势正确	10 分	每处不正确扣 3 分				
	7	安全文明生产	10 分	按照有关安全操作规程酌情扣除				
操作人：		组长：		指导教师：		企业师傅：		

同学们，大家要认真学习，严格实训，遵守安全操作规程，养成文明生产的良好习惯。

任务反思

（1）通过本次任务，你学到了什么？

（2）通过本次任务，你觉得需要改进的地方有哪些？

任务三　正六角样板划线

学习目标

(1) 能正确分析图样。
(2) 能正确选择和使用划线工具进行工件划线。
(3) 正确填写正六角样板划线任务单。
(4) 保证安全文明生产。

任务书

利用分度头完成图 2-2-3 所示正六角样板划线。

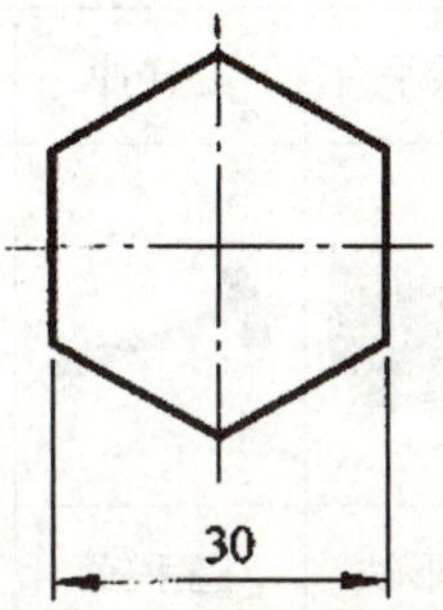

图 2-2-3　正六角样板

接下来，让我们一起开始任务的准备工作。

任务准备

一、知识准备

(1) 什么是万能分度头？分度头的结构和工作原理是什么？

____

____

____

____

（2）使用分度头的注意事项有哪些？

____

____

____

二、图样分析

划线平台表面到万能分度头主轴中心线的中心高是（　　　）mm，根据图样尺寸，计算出正六角样板每条边至圆心的垂直距离为（　　　）mm，因此确定划线高度为（　　　）mm。

三、工、量、刃、辅具准备

根据任务具体情况，确定本任务所需工、量、刃、辅具，如表 2-2-11 所列。

表 2-2-11　任务三常用工具（项目二）

类型	示意图						
工具							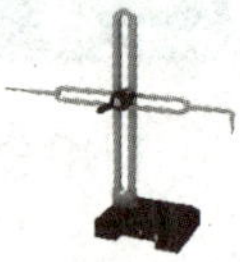
	□游标高度尺	□方箱	□划线平台	□样冲	□划规	□划针	□划线盘

	□垫铁	□千斤顶	□V 形铁	□手锤	□活动扳手	□呆扳手	□万能分度头
量具	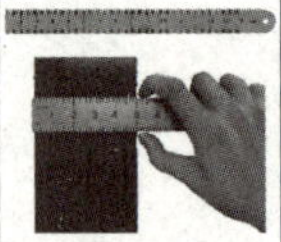						
	□钢直尺	□游标卡尺	□外径千分尺	□万能角度尺	□百分表	□直角尺	□刀口尺

	□塞尺	□半径规	□量块				

表 2-2-11（续）

类型	示意图						
刃具		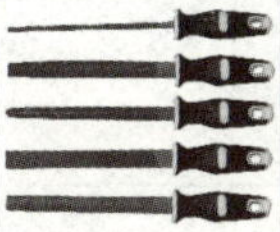					
	□錾子	□锉刀	□手锯	□麻花钻	□铰刀	□锪钻	
辅具							
	□毛刷	□油壶	□钢丝刷	□涂料	□螺钉旋具		

四、分组

组长填写小组成员任务分配表（见表 2-2-12）。

表 2-2-12　小组成员任务分配表（九）

班级：	组号：	组长：	指导老师：
组员			
任务分工			

五、填写任务工艺卡

组长填写任务工艺卡（见表 2-2-13）。

表 2-2-13　任务工艺卡（九）

序号	步骤及内容	工、量、刃具	注意事项
完成人		完成时间	

恭喜同学们已经完成前期知识积累和准备工作，下面开始任务实施工作。

任务实施

任务实施过程记录：

____

____

____

____

接下来，按照图纸技术要求和安全操作规程，对操作过程及结果进行任务评价。

任务评价

一、任务实施过程评价

任务实施过程评价表见表 2-2-14。

表 2-2-14 任务实施过程评价表（九）

班级：	测评组：	学号：	姓名：	日期：			
评价项目	评价内容	配分	自评	小组评价	教师评价	得分	
学习态度	能借助图书、网络等，独立查阅资料，自主学习	5 分					
	与同学相互尊重、理解，增强团队协作意识	5 分					
	能积极参与小组讨论，虚心接受意见或建议，并改正自身不足	5 分					
	能认真填写任务单并提交	10 分					
纪律观念	能穿好工作服、安全鞋，戴好工作帽、防护镜；不戴手套	5 分					
	保证出勤，做到不迟到、不早退、不擅自离开实训岗位	5 分					
	不在实训场地吃零食，不追逐嬉闹，不持工具打闹	5 分					
知识技能	能正确使用划线工具	10 分					
	能看图纸、分析技术要求	10 分					
	工作页完成情况	10 分					

表 2-2-14（续）

评价项目	评价内容	配分	自评	小组评价	教师评价	得分
文明生产	工、量、刃具的正确使用及摆放安全、合理	5分				
	认真遵守管理规程，清楚操作过程中的安全注意事项	5分				
	能将工位清理干净，并对设备进行维护保养	5分				
通用能力	语言表达能力、组织沟通能力	5分				
	发现问题、提出问题、分析问题、解决问题的能力	5分				
	自我创新能力	5分				
总评分数		100分				
教师签字：		日期：				
企业人员签字：		日期：				
简要评述						

二、任务实施质量检测

任务实施质量检测评分表见表 2-2-15。

表 2-2-15　任务实施质量检测评分表（九）

工件编号				总分				
任务	序号	技术要求	配分	评分标准	自测记录	互测记录	教师检测	得分
正六角样板划线	1	线条清晰，无重线	20分	每处不正确扣5分				
	2	尺寸及线条位置正确	20分	每处不正确扣5分				
	3	样冲眼位置分布合理	15分	每处不合理扣5分				
	4	分度头使用正确	15分	使用不正确每次扣5分				
	5	其他工具使用及操作姿势正确	20分	使用不正确每次扣5分				
	6	安全文明生产	10分	按照有关安全操作规程酌情扣除				
操作人：		组长：		指导教师：		企业师傅：		

同学们，大家要认真学习，严格实训，遵守安全操作规程，养成文明生产的良好习惯。

任务反思

（1）通过本次任务，你学到了什么？

（2）通过本次任务，你觉得需要改进的地方有哪些？

知识点滴

我国最早的游标卡尺

中国历史博物馆珍藏着一件西汉新莽时期的铜卡尺，它于 1992 年 5 月在扬州市西北 8 公里处的邗江县甘泉乡出土，又称王莽卡尺（见图 2-2-4）。

图 2-2-4　王莽卡尺

据资料显示，此铜卡尺全长 14.22 cm，由固定尺、固定卡爪、鱼形柄、导槽、导销、组合套、活动尺和活动卡爪等部分组成。固定尺通长 13.3 cm，固定卡爪长

5.2 cm、宽 0.9 cm、厚 0.5 cm。活动尺正面刻 5 寸①；固定尺正面也刻 5 寸，除右端 1 寸外，左边的 4 寸，每寸又刻 10 分。固定尺上端有鱼形柄，长 13 cm，中间开一导槽，槽内置一能旋转调节的导销，可循着导槽左右移动。在活动尺和活动卡爪间接一环形拉手，便于系绳或抓握。两个卡爪相并时，固定尺与活动尺等长，两尺刻线大体相对。铜卡尺的固定尺与活动尺，相当于现代游标卡尺的主尺和副尺；组合套、导销和导槽，相当于现代游标卡尺的游标架，其结构是相似的。

使用铜卡尺时，应左手握住鱼形柄，右手牵动环形拉手，左右拉动，以测量工件。如果用它测圆柱体、圆断面直径、榫槽深度，以及器物的长、宽、厚，都比使用直尺方便和精确。这件铜卡尺的最大测量极限是莽制 4 寸，所以固定尺右端 1 寸，无须刻分。

就该铜卡尺原理、性能和用途情况来说，这件新莽时期的铜卡尺是一种原始的游标卡尺，是我国现今保存最早的卡尺，也是世界上最早的游标卡尺。

① 寸为非法定单位，1 寸≈3.33 厘米，因该卡尺为我国古代传统测量工具，此处仍使用寸为单位。——编者注

项目三

工件錾削加工

项目描述

利用手锤击打錾子，对工件进切削加工的操作方法，称为錾削。錾削是钳工工作中一项重要的基本操作，在机械设备的安装和维修中有着广泛的应用。錾削加工效率低、劳动强度大，但工具简单、操作方便，主要用于不便于机械加工的场合，如去除毛坯表面上多余的凸缘、毛刺、浇冒口，分割材料，錾削平面及沟槽，等等。

下面，让我们使用钳工工具、量具、刃具一起完成錾削加工任务。

任务一　长方体平面錾削加工

学习目标

（1）能正确分析图样。

（2）掌握錾削工具的使用方法。

（3）能正确进行錾削操作。

（4）正确填写长方体錾削平面任务单。

（5）保证安全文明生产。

任务书

完成图 2-3-1 所示长方体平面的錾削。

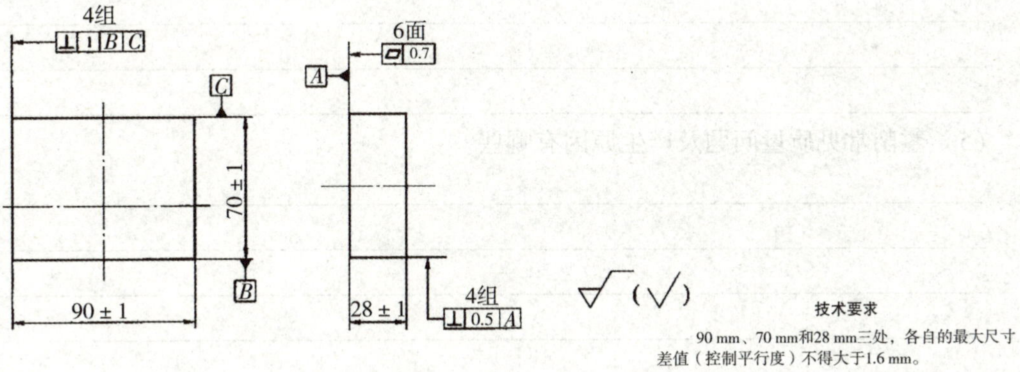

图 2-3-1 长方体（一）

接下来，让我们一起开始任务的准备工作。

任务准备

一、知识准备

(1) 錾子切削部分的几何角度有哪些？各有何作用？

(2) 錾削站立姿势和握錾方法有哪些？

(3) 手锤的握法和挥锤方法有哪些？

（4）錾削注意事项有哪些？

____

____

____

____

____

（5）錾削常见质量问题及产生原因有哪些？

____

____

____

____

____

二、图样分析

根据图样分析，该工件要求錾削加工（　　　）个表面。其中，保证錾削面的（　　　　　　　　　　　　　　）是加工重点。

三、工、量、刃、辅具准备

根据任务具体情况，确定本任务所需工、量、刃、辅具，如表 2-3-1 所列。

表 2-3-1　任务一常用工具（项目三）

类型	示意图						
工具	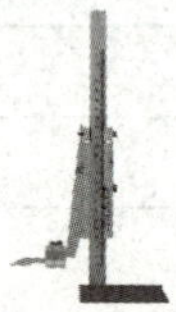						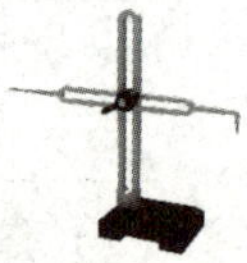
	□游标高度尺	□方箱	□划线平台	□样冲	□划规	□划针	□划线盘

	□垫铁	□千斤顶	□V 形铁	□手锤	□活动扳手	□呆扳手	□万能分度头

表 2-3-1（续）

类型	示意图						
量具	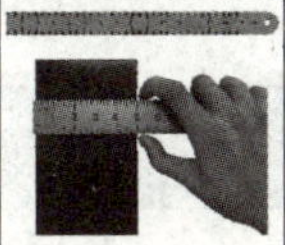						
	□钢直尺	□游标卡尺	□外径千分尺	□万能角度尺	□百分表	□直角尺	□刀口尺
		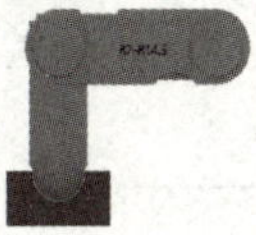					
	□塞尺	□半径规	□量块				
刃具			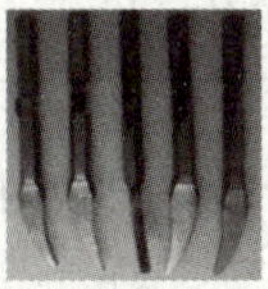		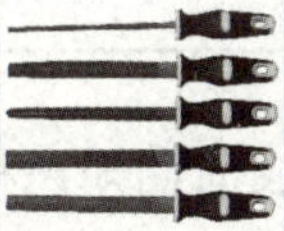		
	□扁錾	□尖錾	□油槽錾	□手锯	□锉刀	□麻花钻	□铰刀
辅具							
	□毛刷	□油壶	□钢丝刷	□涂料	□螺钉旋具		

四、分组

组长填写小组成员任务分配表（表 2-3-2）。

表 2-3-2　小组成员任务分配表（十）

班级：	组号：	组长：	指导老师：
组员			
任务分工			

五、填写任务工艺卡

组长填写任务工艺卡（见表 2-3-3）。

表 2-3-3　任务工艺卡（十）

序号	步骤及内容		工、量、刃具	注意事项
完成人		完成时间		

恭喜同学们已经完成前期知识积累和准备工作，下面开始任务实施工作。

任务实施

任务实施过程记录：

接下来，按照图纸技术要求和安全操作规程，对操作过程及结果进行任务评价。

任务评价

一、任务实施过程评价

任务实施过程评价表见表 2-3-4。

表 2-3-4　任务实施过程评价表（十）

班级：	测评组：		学号：	姓名：		日期：
评价项目	评价内容	配分	自评	小组评价	教师评价	得分
学习态度	能借助图书、网络等，独立查阅资料，自主学习	5 分				
	与同学相互尊重、理解，增强团队协作意识	5 分				
	能积极参与小组讨论，虚心接受意见或建议，并改正自身不足	5 分				
	能认真填写任务单并提交	10 分				
纪律观念	能穿好工作服、安全鞋，戴好工作帽、防护镜；不戴手套	5 分				
	保证出勤，做到不迟到、不早退、不擅自离开实训岗位	5 分				
	不在实训场地吃零食，不追逐嬉闹，不持工具打闹	5 分				
知识技能	能正确使用錾削工具	10 分				
	能看图纸、分析技术要求	10 分				
	工作页完成情况	10 分				
文明生产	工、量、刃具的正确使用及摆放安全、合理	5 分				
	认真遵守管理规程，清楚操作过程中的安全注意事项	5 分				
	能将工位清理干净，并对设备进行维护保养	5 分				
通用能力	语言表达能力、组织沟通能力	5 分				
	发现问题、提出问题、分析问题、解决问题的能力	5 分				
	自我创新能力	5 分				
总评分数		100 分				
教师签字：		日期：				
企业人员签字：		日期：				
简要评述						

二、任务实施质量检测

任务实施质量检测评分表见表 2-3-5。

表 2-3-5　任务实施质量检测评分表（十）

工件编号				总分				
任务	序号	技术要求	配分	评分标准	自测记录	互测记录	教师检测	得分
长方体平面錾削	1	90 mm±1 mm	8 分	超差 1 mm 扣 4 分				
	2	70 mm±1 mm	8 分	超差 1 mm 扣 4 分				
	3	28 mm±1 mm	8 分	超差 1 mm 扣 4 分				
	4	90 mm 尺寸差为 1.6 mm	4 分	超差全扣				
	5	70 mm 尺寸差为 1.6 mm	4 分	超差全扣				
	6	28 mm 尺寸差为 1.6 mm	4 分	超差全扣				
	7	平面度公差为 0.7 mm（6 处）	10 分	1 处超差 0.5 mm 扣 2 分				
	8	垂直度公差为 1 mm（4 处）	10 分	1 处超差 0.5 mm 扣 2 分				
	9	垂直度公差为 0.5 mm（4 处）	10 分	1 处超差 0.5 mm 扣 2 分				
	10	錾削痕迹整齐（6 处）	10 分	1 处升高一级不得分				
	11	使用工具正确	8 分	1 处不正确扣 4 分				
	12	錾削姿势正确	8 分	1 处不正确扣 4 分				
	13	安全文明生产	8 分	按照有关安全操作规程酌情扣除				
操作人：		组长：		指导教师：		企业师傅：		

同学们，大家要认真学习，严格实训，遵守安全操作规程，养成文明生产的良好习惯。

任务实施

（1）通过本次任务，你学到了什么？

（2）通过本次任务，你觉得需要改进的地方有哪些？

任务二　长方体直槽錾削加工

学习目标

（1）能正确分析图样。
（2）能掌握錾削工具的使用方法。
（3）能正确进行錾削操作。
（4）正确填写长方体直槽錾削任务单。
（5）保证安全文明生产。

任务书

完成图 2-3-2 所示长方体直槽的錾削。

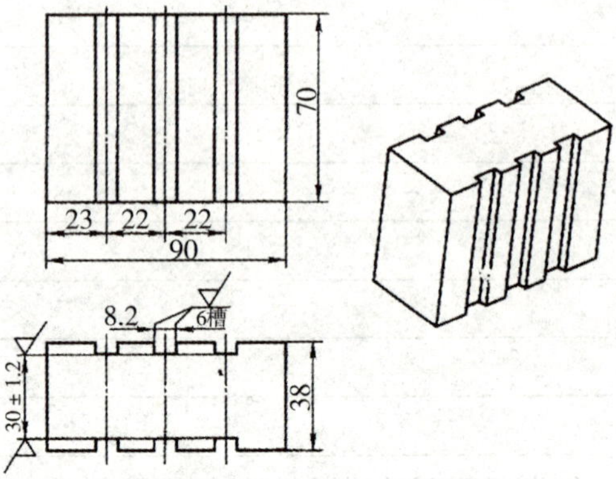

图 2-3-2　长方体直槽

接下来，让我们一起开始任务的准备工作。

任务准备

一、知识准备

（1）錾削时起錾和收錾的方法有哪些？

____

____

____

____

____

（2）錾削常见质量问题及产生原因有哪些？

____

____

____

____

____

二、图样分析

根据图样分析，该工件要求錾削（　　　　）处直槽。保证直槽的（　　　　）精度是加工重点。

三、工、量、刃、辅具准备

根据任务具体情况，确定本任务所需工、量、刃、辅具，如表 2-3-6 所列。

表 2-3-6　任务二常用工具（项目三）

类型	示意图						
工具							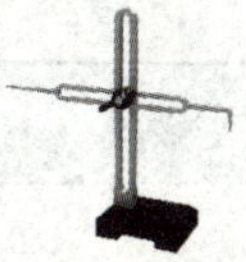
	□游标高度尺	□方箱	□划线平台	□样冲	□划规	□划针	□划线盘

	□垫铁	□千斤顶	□V 形铁	□手锤	□活动扳手	□呆扳手	□万能分度头
量具	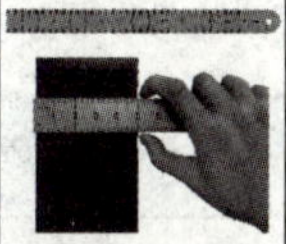						
	□钢直尺	□游标卡尺	□外径千分尺	□万能角度尺	□百分表	□直角尺	□刀口尺
		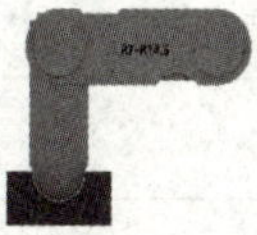					
	□塞尺	□半径规	□量块				
刃具			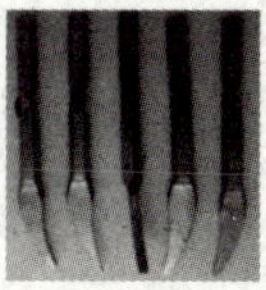		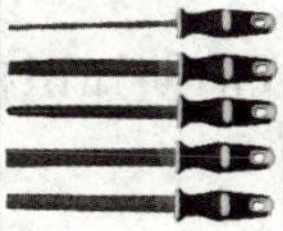		
	□扁錾	□尖錾	□油槽錾	□手锯	□锉刀	□麻花钻	□铰刀
辅具				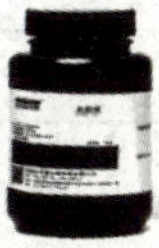			
	□毛刷	□油壶	□钢丝刷	□涂料	□螺钉旋具		

四、分组

组长填写小组成员任务分配表（见表2-3-7）。

表2-3-7 小组成员任务分配表（十一）

班级：	组号：	组长：	指导老师：
组员			
任务分工			

五、填写任务工艺卡

组长填写任务工艺卡（见表2-3-8）。

表2-3-8 任务工艺卡（十一）

序号	步骤及内容	工、量、刃具	注意事项
完成人		完成时间	

恭喜同学们已经完成前期知识积累和准备工作，下面开始任务实施工作。

任务实施

任务实施过程记录：

接下来，按照图纸技术要求和安全操作规程，对操作过程及结果进行任务评价。

任务评价

一、任务实施过程评价

任务实施过程评价表见表 2-3-9。

表 2-3-9　任务实施过程评价表（十一）

班级：	测评组：	学号：	姓名：	日期：		
评价项目	评价内容	配分	自评	小组评价	教师评价	得分
学习态度	能借助图书、网络等，独立查阅资料，自主学习	5 分				
	与同学相互尊重、理解，增强团队协作意识	5 分				
	能积极参与小组讨论，虚心接受意见或建议，并改正自身不足	5 分				
	能认真填写任务单并提交	10 分				
纪律观念	能穿好工作服、安全鞋，戴好工作帽、防护镜；不戴手套	5 分				
	保证出勤，做到不迟到、不早退、不擅自离开实训岗位	5 分				
	不在实训场地吃零食，不追逐嬉闹，不持工具打闹	5 分				
知识技能	能正确使用錾削工具	10 分				
	能看图纸、分析技术要求	10 分				
	工作页完成情况	10 分				
文明生产	工、量、刃具的正确使用及摆放安全、合理	5 分				
	认真遵守管理规程，清楚操作过程中的安全注意事项	5 分				
	能将工位清理干净，并对设备进行维护保养	5 分				
通用能力	语言表达能力、组织沟通能力	5 分				
	发现问题、提出问题、分析问题、解决问题的能力	5 分				
	自我创新能力	5 分				
总评分数		100 分				

表 2-3-9（续）

教师签字：	日期：
企业人员签字：	日期：
简要评述	

二、任务实施质量检测

任务实施质量检测评分表见表 2-3-10。

表 2-3-10　任务实施质量检测评分表（十一）

工件编号				总分				
任务	序号	技术要求	配分	评分标准	自测记录	互测记录	教师检测	得分
长方体直槽錾削	1	23 mm（4 处）	12 分	1 处超差 0.4 mm 扣 3 分				
	2	22 mm（4 处）	12 分	1 处超差 0.4 mm 扣 3 分				
	3	8.2 mm（6 处）	18 分	1 处超差 0.4 mm 扣 3 分				
	4	30 mm±1.2 mm（3 处）	9 分	超差 0.4 mm 扣 3 分				
	5	錾削痕迹整齐（12 处）	24 分	1 处超差扣 2 分				
	6	使用工具正确	8 分	1 处不正确扣 4 分				
	7	錾削姿势正确	8 分	1 处不正确扣 4 分				
	8	安全文明生产	9 分	按照有关安全操作规程酌情扣除				
操作人：		组长：		指导教师：		企业师傅：		

同学们，大家要认真学习，严格实训，遵守安全操作规程，养成文明生产的良好习惯。

任务反思

（1）通过本次任务，你学到了什么？

______

（2）通过本次任务，你觉得需要改进的地方有哪些？

______

任务三　长方体油槽錾削加工

学习目标

（1）能正确分析图样。
（2）能掌握錾削工具的使用方法。
（3）能正确进行錾削操作。
（4）正确填写长方体油槽錾削任务单。
（5）保证安全文明生产。

任务书

完成图 2-3-3 所示长方体油槽的錾削。

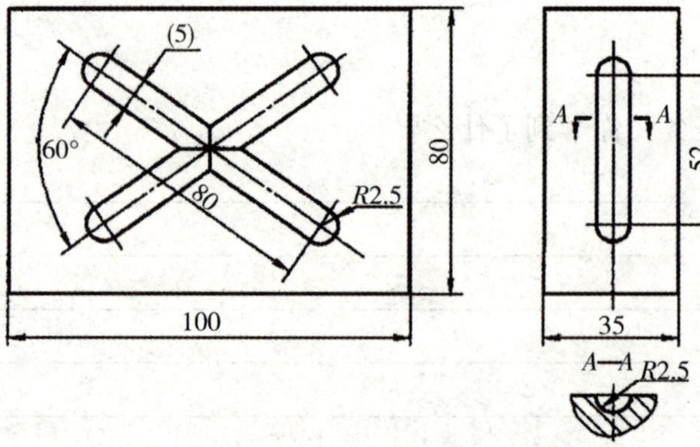

图 2-3-3　长方体油槽

接下来，让我们一起开始任务的准备工作。

任务准备

一、知识准备

（1）油槽的分类及油槽的形式有哪些？

______

______

______

______

______

______

（2）怎样区分平面油槽錾和曲面油槽錾？

______

______

______

______

______

______

二、图样分析

根据图样分析，该工件要求在（　　　）表面錾削（　　　）形和（　　　）形油槽。保证油槽的（　　　）精度是加工的重点。

三、工、量、刃、辅具准备

根据任务具体情况，确定本任务所需工、量、刃、辅具，如表 2-3-11 所列。

表 2-3-11　任务三常用工具（项目三）

类型	示意图						
工具	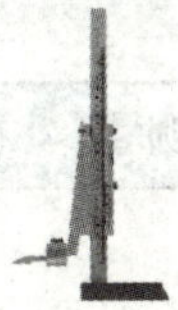						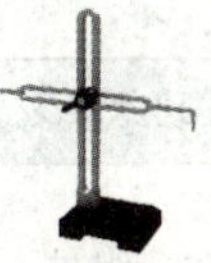
	□游标高度尺	□方箱	□划线平台	□样冲	□划规	□划针	□划线盘

	□垫铁	□千斤顶	□V 形铁	□手锤	□活动扳手	□呆扳手	□万能分度头
量具	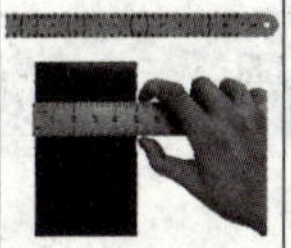						
	□钢直尺	□游标卡尺	□外径千分尺	□万能角度尺	□百分表	□直角尺	□刀口尺

	□塞尺	□半径规	□量块				
刃具			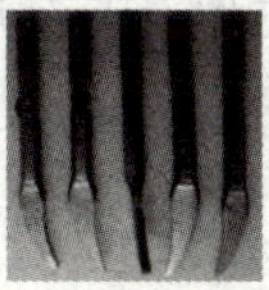		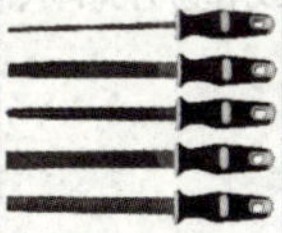		
	□扁錾	□尖錾	□油槽錾	□手锯	□锉刀	□麻花钻	□铰刀
辅具				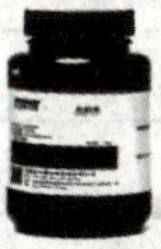			
	□毛刷	□油壶	□钢丝刷	□涂料	□螺钉旋具		

四、分组

组长填写小组成员任务分配表（见表 2-3-12）。

表 2-3-12　小组成员任务分配表（十二）

班级：	组号：	组长：	指导老师：
组员			
任务分工			

五、填写任务工艺卡

组长填写任务工艺卡（见表 2-3-13）。

表 2-3-13　任务工艺卡（十二）

序号	步骤及内容	工、量、刃具	注意事项
完成人		完成时间	

恭喜同学们已经完成前期知识积累和准备工作，下面开始任务实施工作。

任务实施

任务实施过程记录：

接下来，按照图纸技术要求和安全操作规程，对操作过程及结果进行任务评价。

任务评价

一、任务实施过程评价

任务实施过程评价表见表 2-3-14。

表 2-3-14 任务实施过程评价表（十二）

班级：	测评组：	学号：	姓名：	日期：			
评价项目	评价内容	配分	自评	小组评价	教师评价	得分	
学习态度	能借助图书、网络等，独立查阅资料，自主学习	5 分					
	与同学相互尊重、理解，增强团队协作意识	5 分					
	能积极参与小组讨论，虚心接受意见或建议，并改正自身不足	5 分					
	能认真填写任务单并提交	10 分					
纪律观念	能穿好工作服、安全鞋，戴好工作帽、防护镜；不戴手套	5 分					
	保证出勤，做到不迟到、不早退、不擅自离开实训岗位	5 分					
	不在实训场地吃零食，不追逐嬉闹，不持工具打闹	5 分					
知识技能	能正确使用錾削工具	10 分					
	能看图纸、分析技术要求	10 分					
	工作页完成情况	10 分					
文明生产	工、量、刃具的正确使用及摆放安全、合理	5 分					
	认真遵守管理规程，清楚操作过程中的安全注意事项	5 分					
	能将工位清理干净，并对设备进行维护保养	5 分					
通用能力	语言表达能力、组织沟通能力	5 分					
	发现问题、提出问题、分析问题、解决问题的能力	5 分					
	自我创新能力	5 分					
总评分数		100 分					

表 2-3-14（续）

教师签字：	日期：
企业人员签字：	日期：
简要评述	

二、任务实施质量检测

任务实施质量检测评分表见表 2-3-15。

表 2-3-15　任务实施质量检测评分表（十二）

工件编号				总分				
任务	序号	技术要求	配分	评分标准	自测记录	互测记录	教师检测	得分
长方体油槽錾削	1	80 mm（2 处）	8 分	1 处超差 0.4 mm 扣 4 分				
	2	52 mm（1 处）	4 分	1 处超差 0.4 mm 扣 2 分				
	3	60°（2 处）	8 分	1 处超差 2°扣 4 分				
	4	5 mm（5 处）	20 分	1 处超差 0.4 mm 扣 4 分				
	5	錾削痕迹整齐（10 处）	20 分	1 处超差 1 mm 扣 2 分				
	6	使用工具正确	10 分	1 处不正确扣 2 分				
	7	錾削姿势正确	15 分	1 处不正确扣 3 分				
	8	安全文明生产	15 分	按照有关安全操作规程酌情扣除				
操作人：		组长：		指导教师：		企业师傅：		

同学们，大家要认真学习，严格实训，遵守安全操作规程，养成文明生产的良好习惯。

任务反思

(1) 通过本次任务，你学到了什么？

____

____

____

____

____

(2) 通过本次任务，你觉得需要改进的地方有哪些？

____

____

____

____

____

任务四　錾断薄板工件

学习目标

(1) 能正确分析图样。
(2) 能掌握錾削工具的使用方法。
(3) 能正确进行錾削操作。
(4) 正确填写錾断薄板工件任务单。
(5) 保证安全文明生产。

任务书

完成图 2-3-4 所示薄板工件的錾断。

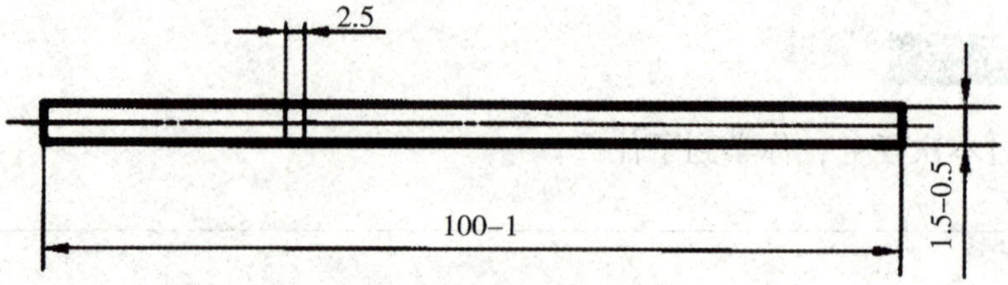

图 2-3-4　薄板工件

接下来，让我们一起开始任务的准备工作。

任务准备

一、知识准备

錾断工件的注意事项有哪些？

____
____
____
____
____

二、图样分析

根据图样分析，该工件保证錾断面的（　　　　　　　　）是加工的重点。

三、工、量、刃、辅具准备

根据任务具体情况，确定本任务所需工、量、刃、辅具，如表 2-3-16 所列。

表 2-3-16　任务四常用工具（项目三）

类型	示意图						
工具							
	□游标高度尺	□方箱	□划线平台	□样冲	□划规	□划针	□划线盘

	□垫铁	□千斤顶	□V 形铁	□手锤	□活动扳手	□呆扳手	□万能分度头

表 2-3-16（续）

类型	示意图						
量具	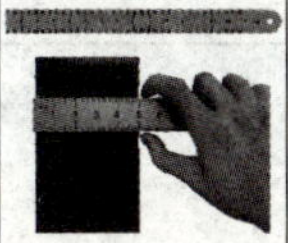						
	□钢直尺	□游标卡尺	□外径千分尺	□万能角度尺	□百分表	□直角尺	□刀口尺

	□塞尺	□半径规	□量块				
刃具			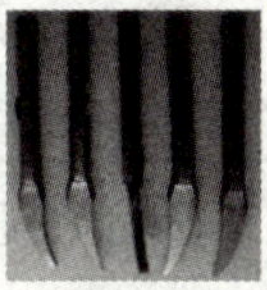		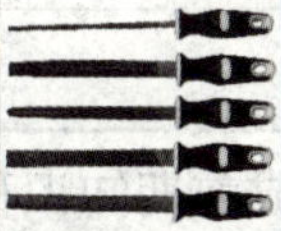		
	□扁錾	□尖錾	□油槽錾	□手锯	□锉刀	□麻花钻	□铰刀
辅具				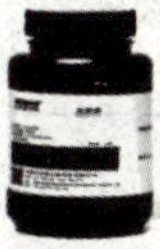			
	□毛刷	□油壶	□钢丝刷	□涂料	□螺钉旋具		

四、分组

组长填写小组成员任务分配表（见表 2-3-17）。

表 2-3-17　小组成员任务分配表（十三）

班级：	组号：	组长：	指导老师：
组员			
任务分工			

五、填写任务工艺卡

组长填写任务工艺卡（见表 2-3-18）。

表 2-3-18 任务工艺卡（十三）

序号	步骤及内容	工、量、刃具	注意事项
完成人		完成时间	

恭喜同学们已经完成前期知识积累和准备工作，下面开始任务实施工作。

任务实施

任务实施过程记录：

____

____

____

____

____

____

____

____

____

接下来，按照图纸技术要求和安全操作规程，对操作过程及结果进行任务评价。

任务评价

一、任务实施过程评价

任务实施过程评价表见表 2-3-19。

表 2-3-19 任务实施过程评价表（十三）

班级：	测评组：	学号：	姓名：	日期：			
评价项目	评价内容	配分	自评	小组评价	教师评价	得分	
学习态度	能借助图书、网络等，独立查阅资料，自主学习	5 分					
	与同学相互尊重、理解，增强团队协作意识	5 分					
	能积极参与小组讨论，虚心接受意见或建议，并改正自身不足	5 分					
	能认真填写任务单并提交	10 分					
纪律观念	能穿好工作服、安全鞋，戴好工作帽、防护镜；不戴手套	5 分					
	保证出勤，做到不迟到、不早退、不擅自离开实训岗位	5 分					
	不在实训场地吃零食，不追逐嬉闹，不持工具打闹	5 分					
知识技能	能正确使用錾削工具	10 分					
	能看图纸、分析技术要求	10 分					
	工作页完成情况	10 分					
文明生产	工、量、刃具的正确使用及摆放安全、合理	5 分					
	认真遵守管理规程，清楚操作过程中的安全注意事项	5 分					
	能将工位清理干净，并对设备进行维护保养	5 分					
通用能力	语言表达能力、组织沟通能力	5 分					
	发现问题、提出问题、分析问题、解决问题的能力	5 分					
	自我创新能力	5 分					
总评分数		100 分					
教师签字：		日期：					
企业人员签字：		日期：					
简要评述							

二、任务实施质量检测

任务实施质量检测评分表见表 2-3-20。

表 2-3-20　任务实施质量检测评分表（十三）

工件编号				总分				
任务	序号	技术要求	配分	评分标准	自测记录	互测记录	教师检测	得分
錾断薄板工件	1	保证錾切尺寸	20 分	1 处超差扣 5 分				
	2	錾断面平整	20 分	1 处不平整扣 5 分				
	3	使用工具正确	20 分	1 处不正确扣 5 分				
	4	錾削姿势正确	20 分	1 处不正确扣 5 分				
	5	安全文明生产	20 分	按照有关安全操作规程酌情扣除				
操作人：		组长：		指导教师：		企业师傅：		

同学们，大家要认真学习，严格实训，遵守安全操作规程，养成文明生产的良好习惯。

任务反思

（1）通过本次任务，你学到了什么？

____

____

____

____

（2）通过本次任务，你觉得需要改进的地方有哪些？

____

____

____

____

知识点滴

“大国工匠”李凯军

图 2-3-5 “大国工匠”李凯军

李凯军，一汽铸造公司铸造模具设备厂模具制造部模具钳工班班长，吉林省首个工人高级专家，吉林省获中华技能大奖第一人，全国劳动模范，全国高技能人才十大楷模之一。他屡次在国内外的各种技能大赛上摘金夺银，在行业中有着极高的知名度和影响力，曾多次在吉林省及全国技能大赛中任钳工总裁判长。

打磨、钻孔、抛光、对零件的细微调整……2017 年 4 月 24 日的李凯军，正围着一个“庞然大物”不停地忙碌，细密的汗珠布满了额头。

EA211 压铸缸体模具是一汽大众公司自主研发的高压缸体模具，重约 30 t，内构极为复杂，含有上千种零件。“我得尽快解决这套模具的 70 多项生产难题，并总结成标准作业方法，让工友们能尽快掌握生产这个质量要求精严的大家伙。”李凯军说，速度就是市场，所有问题都必须在最短时间内解决。

一次，厂里接到一汽自主品牌重点项目——红旗轿车变速箱前壳模具的制造任务。为早一天占领市场，留给钳工的工作时间仅有 1 个月。当时的厂房和设备条件，只能满足 10 t 以下模具的生产，而这套模具总重却足足超过上限 3 倍。“有条件要上，没条件创造条件也要上！”在模具制造过程中，李凯军根据这套模具的特点和自己的实践经验，及时与设计人员沟通，进行了多方面的改进，最终研究出 8 种改进方法，并大幅度降低了生产成本。

奥迪 A4 作为一汽大众公司的主打产品，其中的发动机点火线圈支架由东方压铸有限公司承制。这个在国内压铸行业被称为“小巨人”的企业，找了许多模具厂家，都没人敢接这个棘手的活儿，便抱着试试看的想法找到了李凯军。对方在看了李凯军精湛的技艺后，又陆续与一汽铸造模具厂签订了价值 300 万元的订单。

作为国家级技能大师工作站和劳模工作室带头人，李凯军独创的一套手工工具及操作技巧为企业开辟了发泡模具的新市场，仅此一项就创造经济价值 242 万元；变速箱上盖模具的改进成果获全国大城市创新、创效成果大赛银奖；由他独创的“大型模具装配法”“复杂水路加工法”成功地突破了民族汽车工业自主研发的瓶颈。

项目四

工件锯削加工

项目描述

利用手锯将毛坯、板材或工件切断或切槽的操作，称为锯削。锯削是钳工最基本的操作技能之一，可用来锯断原材料或半成品、锯掉工件上多余的部分或在工件上开槽等。

下面，让我们使用钳工工、量、刃具一起完成锯削加工任务。

任务一　锯削圆钢

学习目标

（1）掌握锯削工具的结构、种类和选用方法。

（2）掌握锯削姿势和锯削方法。

（3）掌握锯削工具的正确使用方法。

（4）正确填写锯削圆钢任务单。

（5）保证安全文明生产。

任务书

完成图 2-4-1 所示圆钢的锯削。

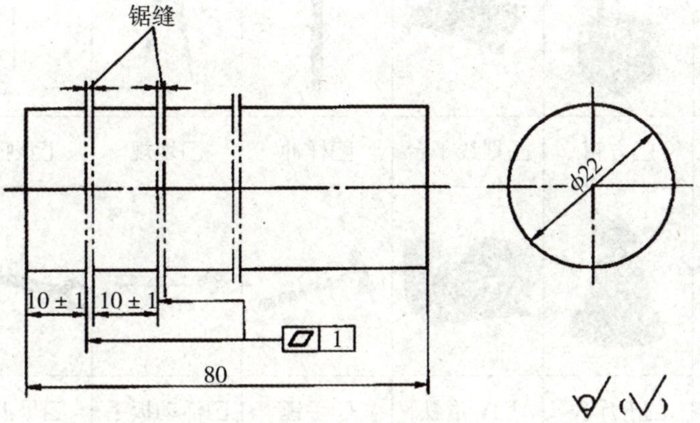

图 2-4-1　圆钢

接下来，让我们一起开始任务的准备工作。

任务准备

一、知识准备

（1）锯削时对工件的装夹有哪些要求？

____

____

____

____

（2）锯削时的起锯方法有哪些？

____

____

____

____

二、图样分析

根据图样分析，该工件以（　　　）面为基准锯削圆钢。尺寸公差为（　　　）mm、平面度公差为（　　　）mm，如何保证锯削面的（　　　）是制作难点。

三、工、量、刃、辅具准备

根据任务具体情况，确定本任务所需工、量、刃、辅具，如表 2-4-1 所列。

表 2-4-1　任务一常用工具（项目四）

类型	示意图						
工具							
	□游标高度尺	□方箱	□划线平台	□样冲	□划规	□划针	□划线盘

	□垫铁	□千斤顶	□V 形铁	□手锤	□活动扳手	□呆扳手	□万能分度头
量具	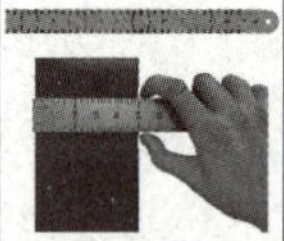						
	□钢直尺	□游标卡尺	□外径千分尺	□万能角度尺	□百分表	□直角尺	□刀口尺

	□塞尺	□半径规	□量块				
刃具		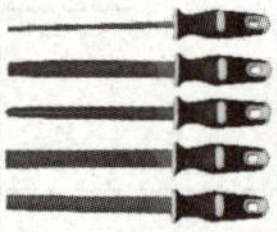					
	□錾子	□锉刀	□手锯	□麻花钻	□铰刀	□锪钻	
辅具				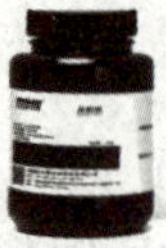			
	□毛刷	□油壶	□钢丝刷	□涂料	□螺钉旋具	□软钳口	

四、分组

组长填写小组成员任务分配表（见表2-4-2）。

表2-4-2 小组成员任务分配表（十四）

班级：	组号：	组长：	指导老师：
组员			
任务分工			

五、填写任务工艺卡

组长填写任务工艺卡（见表2-4-3）。

表2-4-3 任务工艺卡（十四）

序号	步骤及内容	工、量、刃具	注意事项
完成人		完成时间	

恭喜同学们已经完成前期知识积累和准备工作，下面开始任务实施工作。

任务实施

任务实施过程记录：

____

____

____

____

接下来，按照图纸技术要求和安全操作规程，对操作过程及结果进行任务评价。

任务评价

一、任务实施过程评价

任务实施过程评价表见表 2-4-4。

表 2-4-4 任务实施过程评价表（十四）

班级：	测评组：	学号：	姓名：	日期：		
评价项目	评价内容	配分	自评	小组评价	教师评价	得分
学习态度	能借助图书、网络等，独立查阅资料，自主学习	5 分				
	与同学相互尊重、理解，增强团队协作意识	5 分				
	能积极参与小组讨论，虚心接受意见或建议，并改正自身不足	5 分				
	能认真填写任务单并提交	10 分				
纪律观念	能穿好工作服、安全鞋，戴好工作帽、防护镜；不戴手套	5 分				
	保证出勤，做到不迟到、不早退、不擅自离开实训岗位	5 分				
	不在实训场地吃零食，不追逐嬉闹，不持工具打闹	5 分				
知识技能	能正确使用锯弓，灵活运用锯削姿势进行锯削操作	10 分				
	能看图纸、分析技术要求	10 分				
	工作页完成情况	10 分				
文明生产	工、量、刃具的正确使用及摆放安全、合理	5 分				
	认真遵守管理规程，清楚操作过程中的安全注意事项	5 分				
	能将工位清理干净，并对设备进行维护保养	5 分				
通用能力	语言表达能力、组织沟通能力	5 分				
	发现问题、提出问题、分析问题、解决问题的能力	5 分				
	自我创新能力	5 分				
总评分数		100 分				

表 2-4-4（续）

教师签字：	日期：
企业人员签字：	日期：
简要评述	

二、任务实施质量检测

任务实施质量检测评分表见表 2-4-5。

表 2-4-5　任务实施质量检测评分表（十四）

工件编号				总分				
任务	序号	技术要求	配分	评分标准	自测记录	互测记录	教师检测	得分
锯削圆钢	1	10 mm±1 mm（3 处）	30 分	1 处超差 1 mm 扣 10 分				
	2	平面度公差为 1 mm（3 处）	30 分	1 处超差 1 mm 扣 10 分				
	3	正确使用工、量、刃具	15 分	1 处不正确扣 3 分				
	4	加工姿势正确	15 分	1 处不正确扣 3 分				
	5	安全文明生产	10 分	按照有关安全操作规程酌情扣除				
操作人：		组长：		指导教师：		企业师傅：		

同学们，大家要认真学习，严格实训，遵守安全操作规程，养成文明生产的良好习惯。

任务反思

（1）通过本次任务，你学到了什么？

（2）通过本次任务，你觉得需要改进的地方有哪些？

任务二　锯削长方体

学习目标

（1）掌握锯削工具的结构、种类和选用方法。
（2）掌握锯削姿势和锯削方法。
（3）掌握锯削工具的正确使用方法。
（4）正确填写锯削长方体任务单。
（5）保证安全文明生产。

任务书

完成图 2-4-2 所示长方体的锯削。

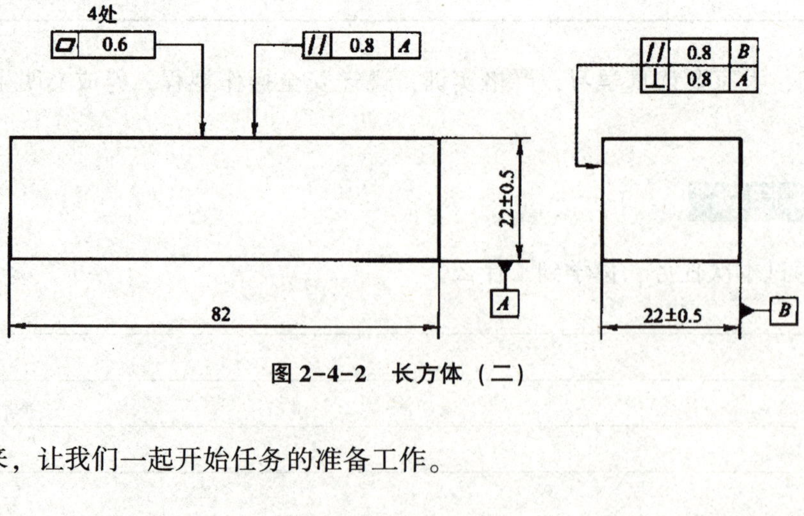

图 2-4-2　长方体（二）

接下来，让我们一起开始任务的准备工作。

任务准备

一、知识准备

（1）锯削注意事项有哪些？

（2）锯条损坏的原因及预防措施有哪些？

二、图样分析

根据图样分析，该工件以（　　）面为基准锯削长方体。其尺寸公差为(　　)mm、平面度公差为（　　）mm、平行度公差为（　　）mm、垂直度公差为（　　）mm。如何保证锯削面的（　　）是制作难点。

三、工、量、刃、辅具准备

根据任务具体情况，确定本任务所需工、量、刃、辅具，如表 2-4-6 所列。

表 2-4-6　任务二常用工具（项目四）

类型	示意图						
工具							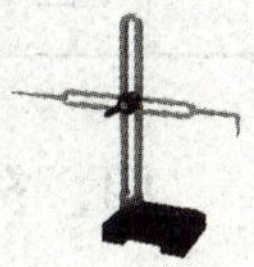
	□游标高度尺	□方箱	□划线平台	□样冲	□划规	□划针	□划线盘

	□垫铁	□千斤顶	□V 形铁	□手锤	□活动扳手	□呆扳手	□万能分度头

表 2-4-6（续）

类型	示意图						
量具							
	□钢直尺	□游标卡尺	□外径千分尺	□万能角度尺	□百分表	□直角尺	□刀口尺

	□塞尺	□半径规	□量块				
刃具		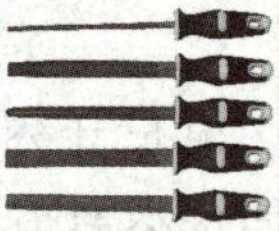					
	□錾子	□锉刀	□手锯	□麻花钻	□铰刀	□锪钻	
辅具							
	□毛刷	□油壶	□钢丝刷	□涂料	□螺钉旋具	□软钳口	

四、分组

组长填写小组成员任务分配表（见表 2-4-7）。

表 2-4-7　小组成员任务分配表（十五）

班级：	组号：	组长：	指导老师：
组员			
任务分工			

五、填写任务工艺卡

组长填写任务工艺卡（见表 2-4-8）。

表 2-4-8 任务工艺卡（十五）

序号	步骤及内容	工、量、刃具	注意事项

完成人		完成时间	

恭喜同学们已经完成前期知识积累和准备工作，下面开始任务实施工作。

任务实施

任务实施过程记录：

接下来，按照图纸技术要求和安全操作规程，对操作过程及结果进行任务评价。

任务评价

一、任务实施过程评价

任务实施过程评价表见表 2-4-9。

表 2-4-9 任务实施过程评价表（十五）

班级：	测评组：	学号：	姓名：	日期：			
评价项目	评价内容	配分	自评	小组评价	教师评价	得分	
学习态度	能借助图书、网络等，独立查阅资料，自主学习	5 分					
	与同学相互尊重、理解，增强团队协作意识	5 分					
	能积极参与小组讨论，虚心接受意见或建议，并改正自身不足	5 分					
	能认真填写任务单并提交	10 分					
纪律观念	能穿好工作服、安全鞋，戴好工作帽、防护镜；不戴手套	5 分					
	保证出勤，做到不迟到、不早退、不擅自离开实训岗位	5 分					
	不在实训场地吃零食，不追逐嬉闹，不持工具打闹	5 分					
知识技能	能正确使用锯弓，灵活运用锯削姿势进行锯削操作	10 分					
	能看图纸、分析技术要求	10 分					
	工作页完成情况	10 分					
文明生产	工、量、刃具的正确使用及摆放安全、合理	5 分					
	认真遵守管理规程，清楚操作过程中的安全注意事项	5 分					
	能将工位清理干净，并对设备进行维护保养	5 分					
通用能力	语言表达能力、组织沟通能力	5 分					
	发现问题、提出问题、分析问题、解决问题的能力	5 分					
	自我创新能力	5 分					
总评分数		100 分					
教师签字：		日期：					
企业人员签字：		日期：					
简要评述							

二、任务实施质量检测

任务实施质量检测评分表见表 2-4-10。

表 2-4-10　任务实施质量检测评分表（十五）

工件编号				总分				
任务	序号	技术要求	配分	评分标准	自测记录	互测记录	教师检测	得分
锯削长方体	1	22 mm±0.5 mm（2 处）	10 分	1 处超差 0.5 mm 扣 5 分				
	2	平面度公差为 0.6 mm（4 处）	20 分	1 处超差 0.3 mm 扣 5 分				
	3	平行度公差为 0.8 mm	10 分	1 处超差 0.4 mm 扣 5 分				
	4	平行度公差为 0.8 mm	10 分	1 处超差 0.4 mm 扣 5 分				
	5	垂直度公差为 0.8 mm	10 分	1 处超差 0.4 mm 扣 5 分				
	6	正确使用工、量、刃具	15 分	1 处不正确扣 3 分				
	7	加工姿势正确	15 分	1 处不正确扣 3 分				
	8	安全文明生产	10 分	按照有关安全操作规程酌情扣除				
操作人：		组长：		指导教师：		企业师傅：		

同学们，大家要认真学习，严格实训，遵守安全操作规程，养成文明生产的良好习惯。

任务反思

（1）通过本次任务，你学到了什么？

____

____

____

____

____

(2) 通过本次任务，你觉得需要改进的地方有哪些?

知识点滴

事故处理的“四不放过”原则

事故处理的“四不放过”原则是要求对安全生产工伤事故必须进行严肃认真的调查处理，接受教训，防止同类事故重复发生。

2004年2月17日，《国务院办公厅关于加强安全生产工作的紧急通知》(国办发明电〔2004〕7号) 提出“四不放过”: 对责任不落实，发生重特大事故的，要严格按照事故原因未查清不放过、责任人员未处理不放过、整改措施未落实不放过、有关人员未受到教育不放过的“四不放过”原则和《国务院关于特大安全事故行政责任追究的规定》(国务院令第302号)，严肃追究有关领导和责任人的责任。

“四不放过”原则的第一层含义是要求在调查处理伤亡事故时，首先要把事故原因分析清楚，找出事故发生的真正原因，不能敷衍了事，不能在尚未找到事故主要原因时就轻易下结论，也不能把次要原因当成真正原因；未找到真正原因决不轻易放过，直至找到事故发生的真正原因，并搞清各因素之间的因果关系，才算达到事故原因分析的目的。

“四不放过”原则的第二层含义是安全事故责任追究制的具体体现，对事故责任者要严格按照安全事故责任追究和有关法律、法规的规定进行严肃处理。

“四不放过”原则的第三层含义是要求在调查处理工伤事故时，不能认为原因分析清楚了、有关人员也处理了，就算完成任务了，而是必须使事故责任者和广大群众了解事故发生的原因及所造成的危害，并深刻认识到搞好安全生产的重要性，使大家从事故中吸取教训，在今后工作中更加重视安全工作。

“四不放过”原则的第四层含义是要求必须针对事故发生的原因，在对安全生产工伤事故必须进行严肃认真的调查处理的同时，还必须提出防止相同或类似事故发生的切实可行的预防措施，并督促事故发生单位加以实施。只有这样，才算达到了事故调查和处理的最终目的。

只有坚持“四不放过”原则，才能通过处理已发生的事故，收到预防事故重复发生的良好效果。

项目五

工件锉削加工

项目描述

用锉刀从工件表面去除多余金属，使工件达到所要求的形状、尺寸和表面粗糙度的操作，称为锉削。锉削是钳工最基本的技能之一。

下面，让我们使用钳工工、量、刃具一起完成工件锉削加工。

任务一 长方体锉削加工

学习目标

（1）掌握锉削工具的结构、种类和选用方法。

（2）掌握锉削姿势、锉削方法。

（3）能正确使用锉削工具。

（4）正确填写长方体锉削加工任务单。

（5）保证安全文明生产。

任务书

完成图 2-5-1 所示长方体锉削加工。

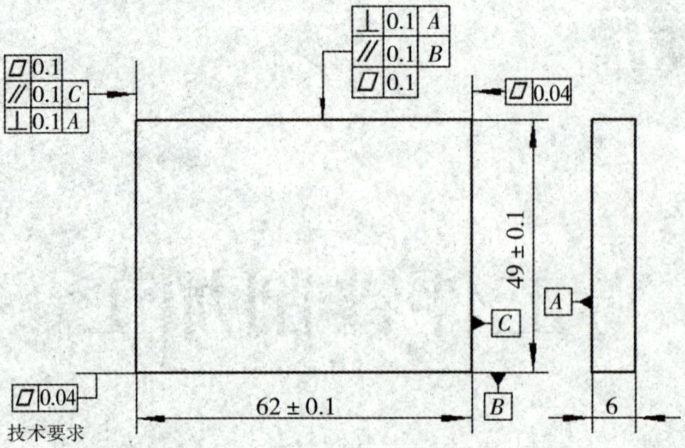

图 2-5-1　长方体（三）

接下来，让我们一起开始任务的准备工作。

任务准备

一、知识准备

（1）常用锉刀的种类有哪些？

（2）常用的锉削方法有哪些？这些方法有何特点？适用于什么场合？

二、图样分析

根据图样分析，该工件以长方体（　　　）面为基准。尺寸公差为（　　　）mm，两锉削平面（　　　　）公差为 0.10 mm 要求不高；两（　　　）平面（　　　）公差为 0.04 mm 要求较高。如何保证锉削（　　　　　）是制作难点。

三、工、量、刃、辅具准备

根据任务具体情况，确定本任务所需工、量、刃、辅具，如表 2-5-1 所列。

表 2-5-1　任务一常用工具（项目五）

类型	示意图						
工具							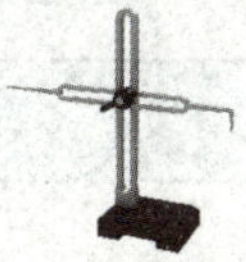
	□游标高度尺	□方箱	□划线平台	□样冲	□划规	□划针	□划线盘

	□垫铁	□千斤顶	□V 形铁	□手锤	□活动扳手	□呆扳手	□万能分度头
量具	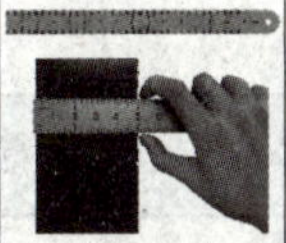						
	□钢直尺	□游标卡尺	□外径千分尺	□万能角度尺	□百分表	□直角尺	□刀口尺

	□塞尺	□半径规	□量块				
刃具		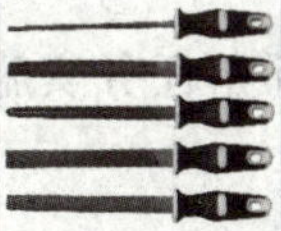					
	□錾子	□锉刀	□手锯	□麻花钻	□铰刀	□锪钻	
辅具				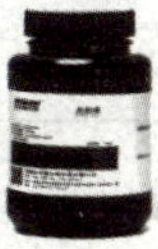			
	□毛刷	□油壶	□钢丝刷	□涂料	□螺钉旋具	□软钳口	

四、分组

组长填写小组成员任务分配表（见表 2-5-2）。

表 2-5-2　小组成员任务分配表（十六）

班级：	组号：	组长：	指导老师：
组员			
任务分工			

五、填写任务工艺卡

组长填写任务工艺卡（见表 2-5-3）。

表 2-5-3　任务工艺卡（十六）

序号	步骤及内容	工、量、刃具	注意事项
完成人		完成时间	

恭喜同学们已经完成前期知识积累和准备工作，下面开始任务实施工作。

任务实施

任务实施过程记录：

接下来，按照图纸技术要求和安全操作规程，对操作过程及结果进行任务评价。

任务评价

一、任务实施过程评价

任务实施过程评价表见表 2-5-4。

表 2-5-4　任务实施过程评价表（十六）

班级：	测评组：	学号：	姓名：	日期：		
评价项目	评价内容	配分	自评	小组评价	教师评价	得分
学习态度	能借助图书、网络等，独立查阅资料，自主学习	5 分				
	与同学相互尊重、理解，增强团队协作意识	5 分				
	能积极参与小组讨论，虚心接受意见或建议，并改正自身不足	5 分				
	能认真填写任务单并提交	10 分				
纪律观念	能穿好工作服、安全鞋，戴好工作帽、防护镜；不戴手套	5 分				
	保证出勤，做到不迟到、不早退、不擅自离开实训岗位	5 分				
	不在实训场地吃零食，不追逐嬉闹，不持工具打闹	5 分				
知识技能	能正确使用锉刀，灵活运用锉削姿势进行锉削操作	10 分				
	能看图纸、分析技术要求	10 分				
	工作页完成情况	10 分				
文明生产	工、量、刃具的正确使用及摆放安全、合理	5 分				
	认真遵守管理规程，清楚操作过程中的安全注意事项	5 分				
	能将工位清理干净，并对设备进行维护保养	5 分				
通用能力	语言表达能力、组织沟通能力	5 分				
	发现问题、提出问题、分析问题、解决问题的能力	5 分				
	自我创新能力	5 分				
总评分数		100 分				

表 2-5-4（续）

教师签字：	日期：
企业人员签字：	日期：
简要评述	

二、任务实施质量检测

任务实施质量检测评分表见表 2-5-5。

表 2-5-5　任务实施质量检测评分表（十六）

工件编号				总分				
任务	序号	技术要求	配分	评分标准	自测记录	互测记录	教师检测	得分
长方体锉削加工	1	49 mm±0.1 mm	5 分	超差 0.1 mm 扣 2 分				
	2	62 mm±0.1 mm	5 分	超差 0.1 mm 扣 2 分				
	3	平面度公差为 0.04 mm（2 处）	10 分	超差 0.02 mm 扣 5 分				
	4	平面度公差为 0.1 mm（2 处）	10 分	超差 0.1 mm 扣 5 分				
	5	垂直度公差为 0.1 mm（2 处）	10 分	超差 0.1 mm 扣 5 分				
	6	平行度公差为 0.1 mm	5 分	超差 0.1 mm 扣 2 分				
	7	平行度公差为 0.1 mm	5 分	超差 0.1 mm 扣 2 分				
	8	表面粗糙度（*Ra*）不大于 3.2 μm（4 处）	20 分	1 处升高一级扣 4 分				
	9	正确使用工、量、刃具	10 分	1 处不正确扣 2 分				
	10	加工姿势正确	10 分	1 处不正确扣 2 分				
	11	安全文明生产	10 分	按照有关安全操作规程酌情扣除				
操作人：		组长：		指导教师：		企业师傅：		

同学们，大家要认真学习，严格实训，遵守安全操作规程，养成文明生产的良好习惯。

任务反思

(1) 通过本次任务，你学到了什么？

____

____

____

____

____

(2) 通过本次任务，你觉得需要改进的地方有哪些？

____

____

____

____

____

任务二　棒料锉削加工

学习目标

(1) 掌握锉削工具的结构、种类和选用方法。
(2) 掌握锉削姿势、锉削方法。
(3) 能正确使用锉削工具。
(4) 正确填写棒料锉削加工任务单。
(5) 保证安全文明生产。

任务书

完成图 2-5-2 所示棒料锉削加工。

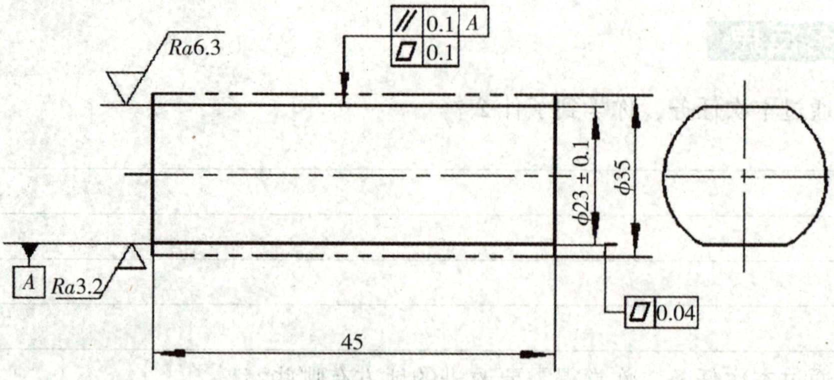

图 2-5-2　棒料

接下来，让我们一起开始任务的准备工作。

任务准备

一、知识准备

（1）锉削注意事项有哪些？

____

____

____

____

____

（2）锉削质量检测方法有哪些？

____

____

____

____

____

二、图样分析

根据图样分析，该工件以（　　　）面为基准，基准面平面度公差为（　　）mm、表面粗糙度要求为（　　　　　）。两锉削平面尺寸公差为（　　　）mm、平行度公差为（　　　）mm。如何保证锉削（　　　　　　）是制作难点。

三、工、量、刃、辅具准备

根据任务具体情况，确定本任务所需工、量、刃、辅具，如表 2-5-6 所列。

表 2-5-6　任务二常用工具（项目五）

类型	示意图						
工具	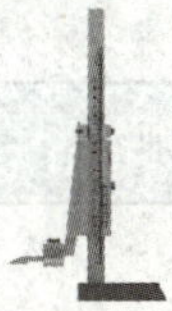						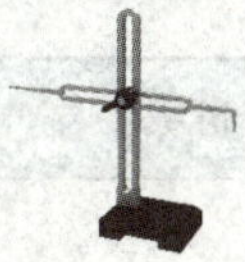
	□游标高度尺	□方箱	□划线平台	□样冲	□划规	□划针	□划线盘

	□垫铁	□千斤顶	□V 形铁	□手锤	□活动扳手	□呆扳手	□万能分度头
量具	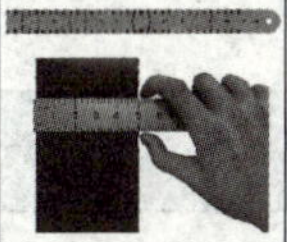						
	□钢直尺	□游标卡尺	□外径千分尺	□万能角度尺	□百分表	□直角尺	□刀口尺

	□塞尺	□半径规	□量块				
刃具		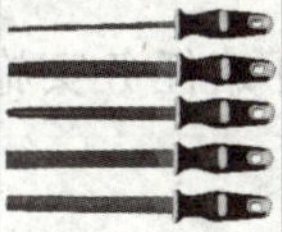					
	□錾子	□锉刀	□手锯	□麻花钻	□铰刀	□锪钻	
辅具				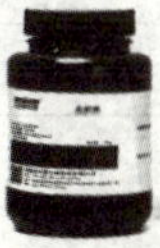			
	□毛刷	□油壶	□钢丝刷	□涂料	□螺钉旋具	□软钳口	

四、分组

组长填写小组成员任务分配表（见表 2–5–7）。

表 2–5–7　小组成员任务分配表（十七）

班级：	组号：	组长：	指导老师：
组员			
任务分工			

五、填写任务工艺卡

组长填写任务工艺卡（见表 2–5–8）。

表 2–5–8　任务工艺卡（十七）

序号	步骤及内容	工、量、刃具	注意事项
完成人		完成时间	

恭喜同学们已经完成前期知识积累和准备工作，下面开始任务实施工作。

任务实施

任务实施过程记录：

接下来，按照图纸技术要求和安全操作规程，对操作过程及结果进行任务评价。

任务评价

一、任务实施过程评价

任务实施过程评价表见表 2-5-9。

表 2-5-9　任务实施过程评价表（十七）

班级：	测评组：	学号：	姓名：	日期：		
评价项目	评价内容	配分	自评	小组评价	教师评价	得分
学习态度	能借助图书、网络等，独立查阅资料，自主学习	5 分				
	与同学相互尊重、理解，增强团队协作意识	5 分				
	能积极参与小组讨论，虚心接受意见或建议，并改正自身不足	5 分				
	能认真填写任务单并提交	10 分				
纪律观念	能穿好工作服、安全鞋，戴好工作帽、防护镜；不戴手套	5 分				
	保证出勤，做到不迟到、不早退、不擅自离开实训岗位	5 分				
	不在实训场地吃零食，不追逐嬉闹，不持工具打闹	5 分				
知识技能	能正确使用锉刀，灵活运用锉削姿势进行锉削操作	10 分				
	能看图纸、分析技术要求	10 分				
	工作页完成情况	10 分				
文明生产	工、量、刃具的正确使用及摆放安全、合理	5 分				
	认真遵守管理规程，清楚操作过程中的安全注意事项	5 分				
	能将工位清理干净，并对设备进行维护保养	5 分				
通用能力	语言表达能力、组织沟通能力	5 分				
	发现问题、提出问题、分析问题、解决问题的能力	5 分				
	自我创新能力	5 分				
总评分数		100 分				

表 2-5-9（续）

教师签字：	日期：
企业人员签字：	日期：
简要评述	

二、任务实施质量检测

任务实施质量检测评分表见表 2-5-10。

表 2-5-10　任务实施质量检测评分表（十七）

工件编号				总分				
任务	序号	技术要求	配分	评分标准	自测记录	互测记录	教师检测	得分
棒料锉削加工	1	23 mm±0.1 mm	10 分	超差 0.1 mm 扣 5 分				
	2	平面度公差为 0.04 mm	10 分	超差 0.02 mm 扣 5 分				
	3	平行度公差为 0.1 mm	10 分	超差 0.1 mm 扣 5 分				
	4	平面度公差为 0.1 mm	10 分	超差 0.1 mm 扣 5 分				
	5	表面粗糙度（*Ra*）不大于 6.3 μm	10 分	1 处升高一级扣 4 分				
	6	表面粗糙度（*Ra*）不大于 3.2 μm	10 分	1 处升高一级扣 4 分				
	7	正确使用工、量、刃具	15 分	1 处不正确扣 3 分				
	8	加工姿势正确	10 分	1 处不正确扣 2 分				
	9	安全文明生产	15 分	按照有关安全操作规程酌情扣除				

操作人：	组长：	指导教师：	企业师傅：

同学们，大家要认真学习，严格实训，遵守安全操作规程，养成文明生产的良好习惯。

任务反思

（1）通过本次任务，你学到了什么？

（2）通过本次任务，你觉得需要改进的地方有哪些？

任务三　三角样板锉削加工

学习目标

（1）掌握锉削工具的结构、种类和选用方法。
（2）掌握锉削姿势，锉削方法。
（3）能正确使用锉削工具。
（4）正确填写三角样板锉削加工任务单。
（5）保证安全文明生产。

任务书

完成图 2-5-3 所示三角样板锉削加工。

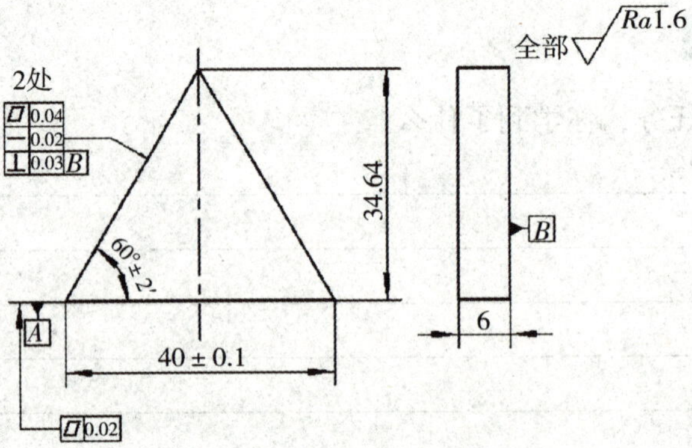

图 2-5-3 三角样板

接下来，让我们一起开始任务的准备工作。

任务准备

一、知识准备

（1）如何选择锉刀？

____

____

____

____

____

（2）锉削质量检测方法有哪些？

____

____

____

____

____

二、图样分析

根据图样分析，该工件以（　　　）面为基准，基准面平面度公差为（　　）mm，表面粗糙度要求为（　　　）。另外两锉削平面尺寸公差为（　　　）mm、平面度公差为（　　　）mm、直线度公差为（　　　）mm、垂直度公差为（　　　）mm。如何保证锉削（　　　　　　）是制作难点。

三、工、量、刃、辅具准备

根据任务具体情况，确定本任务所需工、量、刃、辅具，如表 2-5-11 所列。

表 2-5-11　任务三常用工具（项目五）

类型	示意图						
							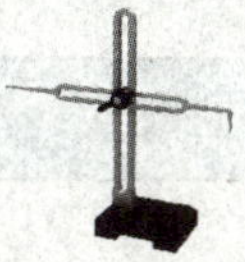
工具	□游标高度尺	□方箱	□划线平台	□样冲	□划规	□划针	□划线盘

	□垫铁	□千斤顶	□V 形铁	□手锤	□活动扳手	□呆扳手	□万能分度头
	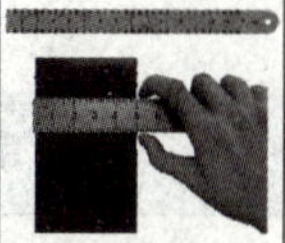						
量具	□钢直尺	□游标卡尺	□外径千分尺	□万能角度尺	□百分表	□直角尺	□刀口尺

	□塞尺	□半径规	□量块				
刃具		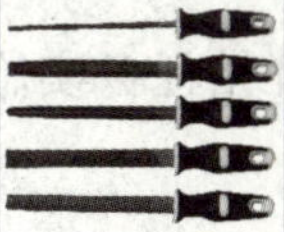					
	□錾子	□锉刀	□手锯	□麻花钻	□铰刀	□锪钻	
辅具				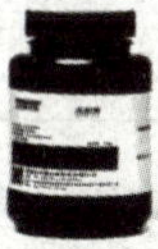			
	□毛刷	□油壶	□钢丝刷	□涂料	□螺钉旋具	□软钳口	

四、分组

组长填写小组成员任务分配表（见表 2-5-12）。

表 2-5-12 小组成员任务分配表（十八）

班级：	组号：	组长：	指导老师：
组员			
任务分工			

五、填写任务工艺卡

组长填写任务工艺卡（见表 2-5-13）。

表 2-5-13 任务工艺卡（十八）

序号	步骤及内容	工、量、刃具	注意事项
完成人		完成时间	

恭喜同学们已经完成前期知识积累和准备工作，下面开始任务实施工作。

任务实施

任务实施过程记录：

____

____

____

____

____

接下来，按照图纸技术要求和安全操作规程，对操作过程及结果进行任务评价。

任务评价

一、任务实施过程评价

任务实施过程评价表见表 2-5-14。

表 2-5-14 任务实施过程评价表（十八）

班级：	测评组：	学号：	姓名：	日期：		
评价项目	评价内容	配分	自评	小组评价	教师评价	得分
学习态度	能借助图书、网络等，独立查阅资料，自主学习	5 分				
	与同学相互尊重、理解，增强团队协作意识	5 分				
	能积极参与小组讨论，虚心接受意见或建议，并改正自身不足	5 分				
	能认真填写任务单并提交	10 分				
纪律观念	能穿好工作服、安全鞋，戴好工作帽、防护镜；不戴手套	5 分				
	保证出勤，做到不迟到、不早退、不擅自离开实训岗位	5 分				
	不在实训场地吃零食，不追逐嬉闹，不持工具打闹	5 分				
知识技能	能正确使用锉刀，灵活运用锉削姿势进行锉削操作	10 分				
	能看图纸、分析技术要求	10 分				
	工作页完成情况	10 分				
文明生产	工、量、刃具的正确使用及摆放安全、合理	5 分				
	认真遵守管理规程，清楚操作过程中的安全注意事项	5 分				
	能将工位清理干净，并对设备进行维护保养	5 分				
通用能力	语言表达能力、组织沟通能力	5 分				
	发现问题、提出问题、分析问题、解决问题的能力	5 分				
	自我创新能力	5 分				
总评分数		100 分				

表 2-5-14（续）

教师签字：	日期：
企业人员签字：	日期：
简要评述	

二、任务实施质量检测

任务实施质量检测评分表见表 2-5-15。

表 2-5-15 任务实施质量检测评分表（十八）

工件编号				总分				
任务	序号	技术要求	配分	评分标准	自测记录	互测记录	教师检测	得分
三角样板锉削加工	1	40 mm±0.1 mm	10 分	超差 0.10 mm 扣 5 分				
	2	平面度公差为 0.04 mm	10 分	超差 0.02 mm 扣 5 分				
	3	直线度公差为 0.02 mm	10 分	超差 0.02 mm 扣 5 分				
	4	垂直度公差为 0.03 mm	10 分	超差 0.01 mm 扣 5 分				
	5	平面度公差为 0.02 mm	10 分	超差 0.02 mm 扣 5 分				
	6	60°±2′	10 分	超差 2′扣 5 分				
	7	表面粗糙度（*Ra*）不大于 1.6 μm（3 处）	15 分	1 处升高一级扣 2 分				
	8	正确使用工、量、刃具	10 分	1 处不正确扣 3 分				
	9	加工姿势正确	5 分	1 处不正确扣 2 分				
	10	安全文明生产	10 分	按照有关安全操作规程酌情扣除				

操作人：	组长：	指导教师：	企业师傅：

同学们，大家要认真学习，严格实训，遵守安全操作规程，养成文明生产的良好习惯。

任务反思

(1) 通过本次任务，你学到了什么？

____

____

____

____

____

(2) 通过本次任务，你觉得需要改进的地方有哪些？

____

____

____

____

____

项目六

工件孔加工

项目描述

许多机械零件需要通过螺纹孔进行连接和固定，这些螺纹孔是通过钻孔、铰孔、螺纹加工等孔加工工艺过程完成的。孔加工是钳工重要的操作技能之一，孔加工的方法主要有两类：一类是用麻花钻、中心钻等在实体材料上加工出孔的方法，称为钻孔；另一类是用扩孔钻、锪孔钻或铰刀等对已有的孔进行再加工。

下面，让我们使用钳工工、量、刃具一起完成工件孔加工任务。

任务一　长方体孔加工

学习目标

（1）能正确分析图样。

（2）掌握孔加工工具的使用方法。

（3）能正确进行孔加工和螺纹加工操作。

（4）正确填写长方体孔加工任务单。

（5）保证安全文明生产。

任务书

完成图 2-6-1 所示长方体孔加工。

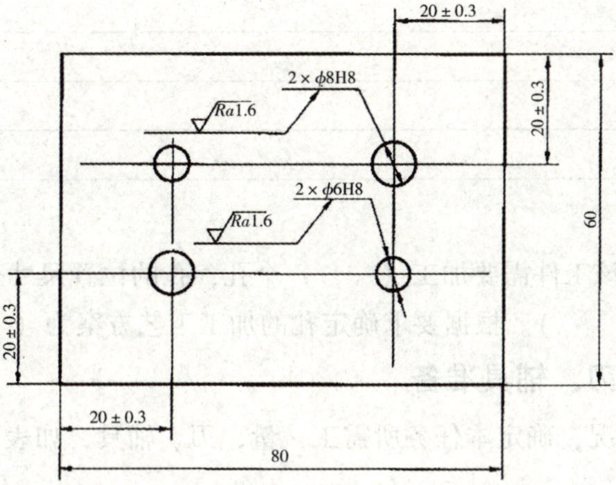

图 2-6-1　长方体（四）

接下来，让我们一起开始任务的准备工作。

任务准备

一、知识准备

(1) 钻孔时，钻头必须同时完成的运动有哪些？

(2) 麻花钻由哪几部分组成？

(3) 常用的钻床有哪几种？各有什么特点？应用于什么场合？

（4）钻削用量有哪些？如何选择钻削用量？

______

______

______

______

______

______

二、图样分析

根据图样分析，该工件需要加工（　　）个孔，孔的位置尺寸公差为（　　）mm，表面粗糙度要求（　　）。根据要求确定孔的加工工艺方案为（　　）。

三、工、量、刃、辅具准备

根据任务具体情况，确定本任务所需工、量、刃、辅具，如表 2-6-1 所列。

表 2-6-1　任务一常用工具（项目六）

类型	示意图						
工具							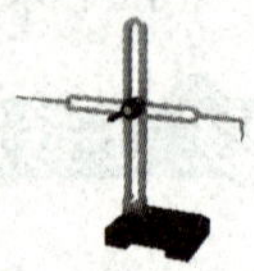
	□游标高度尺	□方箱	□划线平台	□样冲	□划规	□划针	□划线盘

	□垫铁	□千斤顶	□V 形铁	□手锤	□活动扳手	□呆扳手	□万能分度头

	□铰杠						

表 2-6-1（续）

类型	示意图						
量具	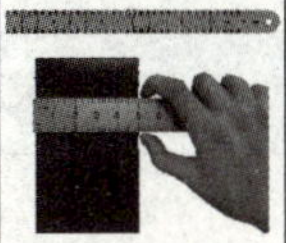						
	□钢直尺	□游标卡尺	□外径千分尺	□万能角度尺	□百分表	□直角尺	□刀口尺
		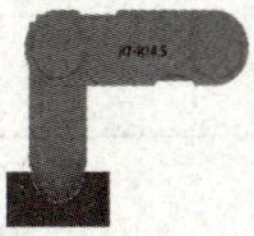					
	□塞尺	□半径规	□量块				
刃具							
	□錾子	□锉刀	□手锯	□麻花钻	□铰刀		
辅具				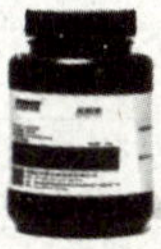			
	□毛刷	□油壶	□钢丝刷	□涂料	□螺钉旋具		

四、分组

组长填写小组成员任务分配表（见表 2-6-2）。

表 2-6-2　小组成员任务分配表（十九）

班级：	组号：	组长：	指导老师：
组员			
任务分工			

五、填写任务工艺卡

组长填写任务工艺卡（见表 2-6-3）。

表 2-6-3 任务工艺卡（十九）

序号	步骤及内容	工、量、刃具	注意事项
完成人		完成时间	

恭喜同学们已经完成前期知识积累和准备工作，下面开始任务实施工作。

任务实施

任务实施过程记录：

____

____

____

____

____

____

____

____

接下来，按照图纸技术要求和安全操作规程，对操作过程及结果进行任务评价。

任务评价

一、任务实施过程评价

任务实施过程评价表见表 2-6-4。

表 2-6-4　任务实施过程评价表（十九）

班级：	测评组：	学号：	姓名：	日期：			
评价项目	评价内容	配分	自评	小组评价	教师评价	得分
学习态度	能借助图书、网络等，独立查阅资料，自主学习	5 分				
	与同学相互尊重、理解，增强团队协作意识	5 分				
	能积极参与小组讨论，虚心接受意见或建议，并改正自身不足	5 分				
	能认真填写任务单并提交	10 分				
纪律观念	能穿好工作服、安全鞋，戴好工作帽、防护镜；不戴手套	5 分				
	保证出勤，做到不迟到、不早退、不擅自离开实训岗位	5 分				
	不在实训场地吃零食，不追逐嬉闹，不持工具打闹	5 分				
知识技能	能正确使用刮削工具	10 分				
	能看图纸、分析技术要求	10 分				
	工作页完成情况	10 分				
文明生产	工、量、刃具的正确使用及摆放安全、合理	5 分				
	认真遵守管理规程，清楚操作过程中的安全注意事项	5 分				
	能将工位清理干净，并对设备进行维护保养	5 分				
通用能力	语言表达能力、组织沟通能力	5 分				
	发现问题、提出问题、分析问题、解决问题的能力	5 分				
	自我创新能力	5 分				
总评分数		100 分				
教师签字：		日期：				
企业人员签字：		日期：				
简要评述						

二、任务实施质量检测

任务实施质量检测评分表见表 2-6-5。

表 2-6-5　任务实施质量检测评分表（十九）

工件编号			总得分					
任务	序号	技术要求	配分	评分标准	自测记录	互测记录	教师检测	得分
长方体孔加工	1	20 mm±0.3 mm（4处）	20分	超差 0.3 mm 扣 5 分				
	2	ϕ8H8（2处）	10分	超差一级扣 5 分				
	3	ϕ6H8（2处）	10分	超差 0 一级扣 5 分				
	4	表面粗糙度（*Ra*）不小于 1.6 μm（4处）	20分	超差一级扣 5 分				
	5	正确使用工、量、刃具	10分	1 处不正确扣 2 分				
	6	加工姿势正确	15分	1 处不正确扣 3 分				
	7	安全文明生产	15分	按照有关安全操作规程酌情扣除				
操作人：		组长：		指导教师：		企业师傅：		

同学们，大家要认真学习，严格实训，遵守安全操作规程，养成文明生产的良好习惯。

任务反思

（1）通过本次任务，你学到了什么？

（2）通过本次任务，你觉得需要改进的地方有哪些？

任务二 长方体螺纹加工

学习目标

（1）能正确分析图样。
（2）掌握螺纹加工工具的使用方法。
（3）能正确进行螺纹加工操作。
（4）正确填写长方体螺纹加工任务单。
（5）保证安全文明生产。

任务书

完成图 2-6-2 所示长方体螺纹加工。

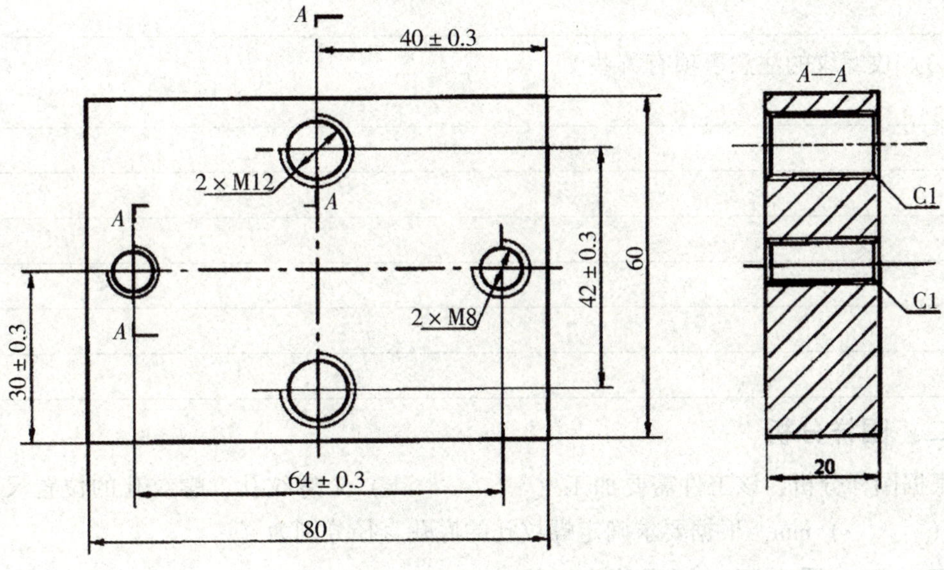

图 2-6-2　长方体（五）

接下来，让我们一起开始任务的准备工作。

任务准备

一、知识准备

（1）什么是成组丝锥？

（2）如何确定螺纹底孔直径？

（3）攻螺纹的注意事项有哪些？

二、图样分析

根据图样分析，该工件需要加工（　　　　）个螺纹孔，螺纹孔的位置尺寸公差为（　　）mm。根据要求确定螺纹孔的底孔直径分别为（　　　　　　　）。

三、工、量、刃、辅具准备

根据任务具体情况，确定本任务所需工、量、刃、辅具，如表 2-6-6 所列。

表 2-6-6　任务二常用工具（项目六）

类型	示意图						
工具	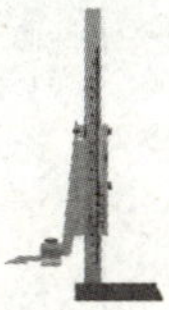						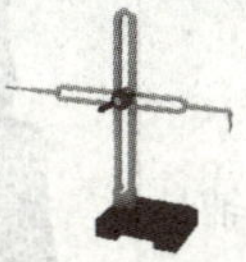
	□游标高度尺	□方箱	□划线平台	□样冲	□划规	□划针	□划线盘

	□垫铁	□千斤顶	□V 形铁	□手锤	□活动扳手	□呆扳手	□万能分度头

	□铰杠						
量具							
	□钢直尺	□游标卡尺	□外径千分尺	□万能角度尺	□百分表	□直角尺	□刀口尺

	□塞尺	□半径规	□量块				
刃具		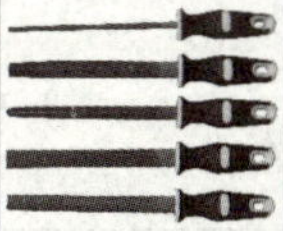		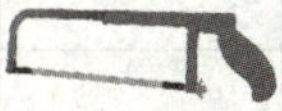			
	□扁錾	□锉刀	□麻花钻	□手锯	□丝锥	□铰刀	

表 2-6-6（续）

类型	示意图						
辅具				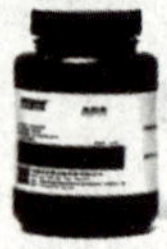			
	□毛刷	□油壶	□钢丝刷	□涂料	□螺钉旋具		

四、分组

组长填写小组成员任务分配表（见表 2-6-7）。

表 2-6-7　小组成员任务分配表（二十）

班级：	组号：	组长：	指导老师：
组员			
任务分工			

五、填写任务工艺卡

组长填写任务工艺卡（见表 2-6-8）。

表 2-6-8　任务工艺卡（二十）

序号	步骤及内容	工、量、刃具	注意事项
完成人		完成时间	

恭喜同学们已经完成前期知识积累和准备工作，下面开始任务实施工作。

任务实施

任务实施过程记录：

接下来，按照图纸技术要求和安全操作规程，对操作过程及结果进行任务评价。

任务评价

一、任务实施过程评价

任务实施过程评价表见表 2-6-9。

表 2-6-9　任务实施过程评价表（二十）

班级：	测评组：	学号：	姓名：	日期：			
评价项目	评价内容	配分	自评	小组评价	教师评价	得分	
学习态度	能借助图书、网络等，独立查阅资料，自主学习	5 分					
	与同学相互尊重、理解，增强团队协作意识	5 分					
	能积极参与小组讨论，虚心接受意见或建议，并改正自身不足	5 分					
	能认真填写任务单并提交	10 分					

表 2-6-9（续）

评价项目	评价内容	配分	自评	小组评价	教师评价	得分
纪律观念	能穿好工作服、安全鞋，戴好工作帽、防护镜；不戴手套	5 分				
	保证出勤，做到不迟到、不早退、不擅自离开实训岗位	5 分				
	不在实训场地吃零食，不追逐嬉闹，不持工具打闹	5 分				
知识技能	能正确使用刮削工具	10 分				
	能看图纸，分析技术要求	10 分				
	工作页完成情况	10 分				
文明生产	工、量、刃具的正确使用及摆放安全、合理	5 分				
	认真遵守管理规程，清楚操作过程中的安全注意事项	5 分				
	能将工位清理干净，并对设备进行维护保养	5 分				
通用能力	语言表达能力、组织沟通能力	5 分				
	发现问题、提出问题、分析问题、解决问题的能力	5 分				
	自我创新能力	5 分				
总评分数		100 分				
教师签字：	日期：					
企业人员签字：	日期：					
简要评述						

二、任务实施质量检测

任务实施质量检测评分表见表 2-6-10。

表 2-6-10 任务实施质量检测评分表（二十）

工件编号				总分				
任务	序号	技术要求	配分	评分标准	自测记录	互测记录	教师检测	得分
长方体螺纹加工	1	30 mm±0.3 mm（2 处）	12 分	1 处超差 0.3 mm 扣 3 分				
	2	40 mm±0.3 mm（2 处）	12 分	1 处超差 0.3 mm 扣 3 分				
	3	42 mm±0.3 mm	6 分	超差 0.3 mm 扣 3 分				
	4	64 mm±0.3 mm	6 分	超差 0.3 mm 扣 3 分				
	5	M12（2 处）	12 分	超差一级扣 3 分				
	6	M8（2 处）	12 分	超差一级扣 3 分				
	7	正确使用工、量、刃具	10 分	1 处不正确扣 2 分				
	8	加工姿势正确	15 分	1 处不正确扣 3 分				
	9	安全文明生产	15 分	按照有关安全操作规程酌情扣除				
操作人：		组长：		指导教师：		企业师傅：		

同学们，大家要认真学习，严格实训，遵守安全操作规程，养成文明生产的良好习惯。

任务反思

（1）通过本次任务，你学到了什么？

____

____

____

____

（2）通过本次任务，你觉得需要改进的地方有哪些？

____

____

____

____

知识点滴

钻床安全事故案例

1987年1月10日15时25分，柳州市某机械厂机加工车间发生一起钳工装夹工作不停车、被摇臂钻床 ϕ28 mm麻花钻绞死人的事故。

遇难职工姓黄，男，40岁，在钳工岗位工作已四年。

1月10日14时，黄在使用Z33摇臂钻床加工276Q微型汽车发动机缸体平衡轴孔时，由于贪快、赶工而违章操作——装夹工件不停车。15时25分左右，黄在装夹工件时，插定销的左手被转动着的直径为28 mm、转速为200 r/min钻头绞住衣袖，直绞到颈部。工段长发现后，迅速切断钻床电源，其他工友用手反转主轴把钻头卸下的同时，将黄某解脱下来，并立即送医，然而黄某最终抢救无效死亡。

事故发生后，机械厂安委会组织事故调查组积极配合柳州市安委会调查组进行调查，并按照事故处理“三不放过”原则（当年还未提出“四不放过”原则）对事故原因进行分析。

1. 直接原因

黄某在出事前一天，曾与爱人吵架，背着沉重的思想包袱上班。他在工作中赶进度、贪快，装夹工件不停车，加上注意力不够集中，导致事故的发生。

由于黄某违反了《机械工人安全操作规程》中“机床工一般安全规程的第6条规定：调整机床速度、行程、装夹工件和刀具，以及擦拭机床时都要停车进行”。因此，这次事故，其本人应负直接责任。

2. 间接原因

工厂、车间对职工的关心不够，教育不力，监督检查不到位。特别是车间安全第一责任人，对车间职工的思想问题没有达到“落叶知秋”的洞察力，因而工人带着思想情绪上岗，家庭问题没有得到及时解决，直至酿成此次事故。为此，该车间主任应负主要责任。

项目七

工件锉配加工

项目描述

综合运用钳工基本操作技能和测量技术，使两个或两个以上工件达到规定的形状和尺寸要求，最终能够正确配合的操作，称为锉配。锉配加工以灵活性和经济性被广泛地应用于机器装配、修理及工具、量具和模具的制造中。

下面，让我们使用钳工工、量、刃具一起完成锉配任务。

任务一　简单配合件锉配加工

学习目标

（1）掌握锉配的类型。

（2）掌握锉配的一般原则。

（3）能灵活运用工具、量具和刃具。

（4）正确填写简单配合件加工任务单。

（5）保证安全文明生产。

任务书

完成图 2-7-1 所示简单配合件加工。

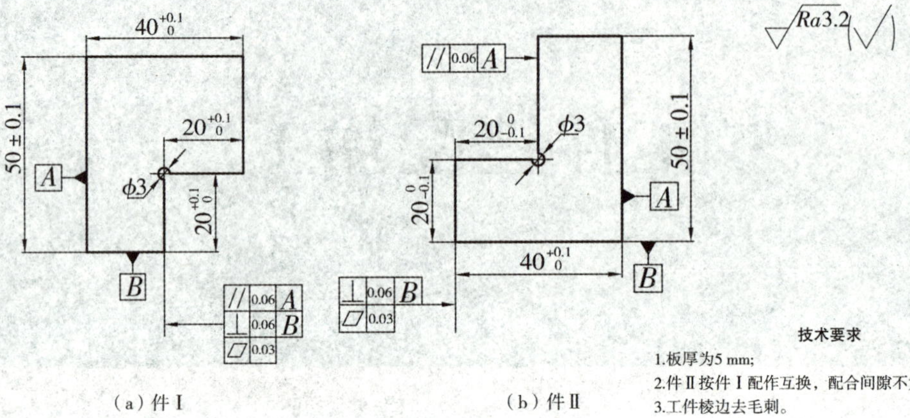

技术要求

1.板厚为5 mm;
2.件Ⅱ按件Ⅰ配作互换，配合间隙不大于0.2 mm;
3.工件棱边去毛刺。

图 2-7-1　简单配合件

接下来，让我们一起开始任务的准备工作。

任务准备

一、知识准备

（1）锉配的类型有哪些？

____

____

____

____

（2）锉配的一般原则是什么？

____

____

____

____

二、图样分析

根据图样分析，该工件属于（　　　　）精度要求的（　　　　）锉配，如何保证工件的（　　　　　　　　　　　　　　　　　　）是制作难点。

三、工、量、刃、辅具准备

根据任务具体情况，确定本任务所需工、量、刃、辅具，如表 2-7-1 所列。

表 2-7-1　任务一常用工具（项目七）

类型	示意图						
工具	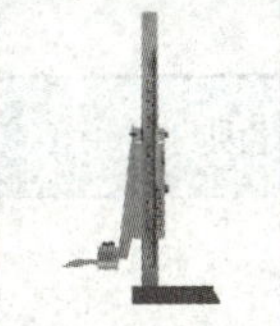			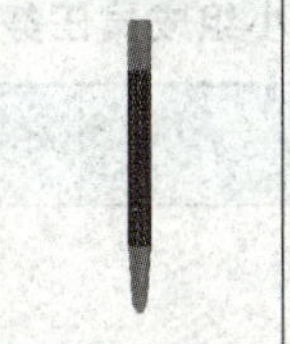	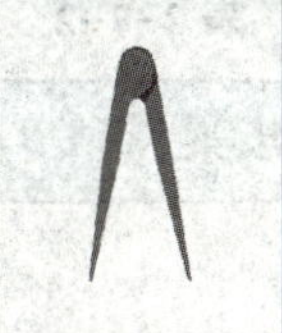		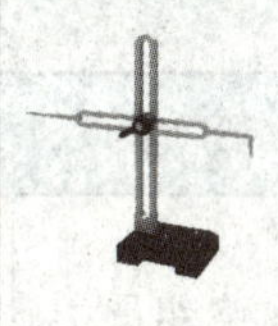
	□游标高度尺	□方箱	□划线平台	□样冲	□划规	□划针	□划线盘

	□垫铁	□千斤顶	□V 形铁	□手锤	□活动扳手	□呆扳手	□万能分度头
量具	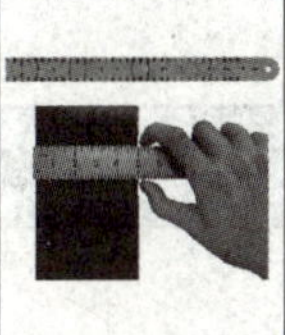	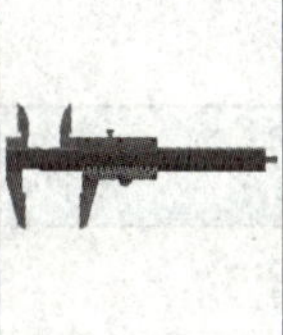	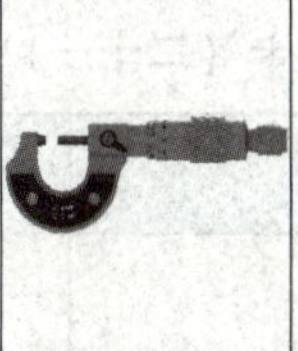	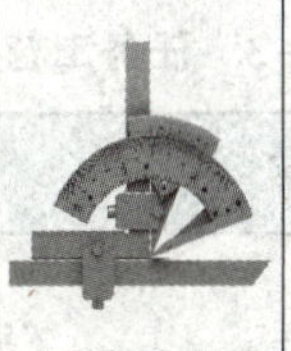	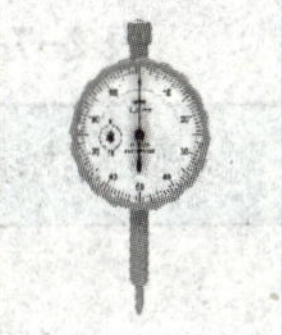	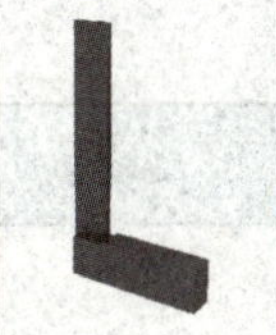	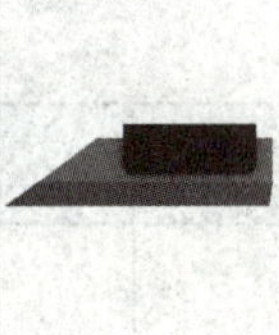
	□钢直尺	□游标卡尺	□外径千分尺	□万能角度尺	□百分表	□直角尺	□刀口尺

	□塞尺	□半径规	□量块				
刃具				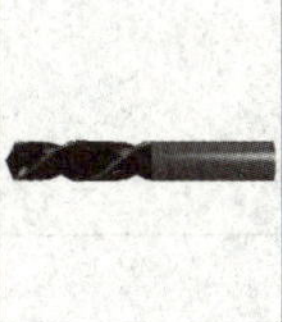	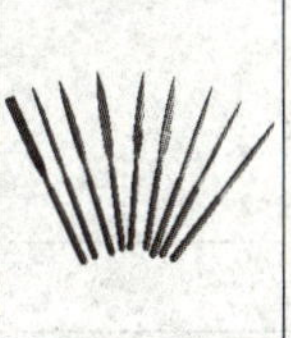		
	□錾子	□锉刀	□手锯	□麻花钻	□组锉		
辅具				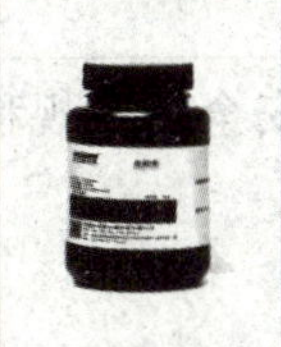			
	□毛刷	□油壶	□钢丝刷	□涂料	□螺钉旋具	□软钳口	□显示剂

四、分组

组长填写小组成员任务分配表（见表 2-7-2）。

表 2-7-2 小组成员任务分配表（二十一）

班级：	组号：	组长：	指导老师：
组员			
任务分工			

五、填写任务工艺卡

组长填写任务工艺卡（见表 2-7-3）。

表 2-7-3 任务工艺卡（二十一）

序号	步骤及内容	工、量、刃具	注意事项
完成人		完成时间	

恭喜同学们已经完成前期知识积累和准备工作，下面开始任务实施工作。

任务实施

任务实施过程记录：

接下来，按照图纸技术要求和安全操作规程，对操作过程及结果进行任务评价。

任务评价

一、任务实施过程评价

任务实施过程评价表见表 2-7-4。

表 2-7-4　任务实施过程评价表（二十一）

班级：	测评组：	学号：	姓名：	日期：			
评价项目	评价内容	配分	自评	小组评价	教师评价	得分	
学习态度	能借助图书、网络等，独立查阅资料，自主学习	5 分					
	与同学相互尊重、理解，增强团队协作意识	5 分					
	能积极参与小组讨论，虚心接受意见或建议，并改正自身不足	5 分					
	能认真填写任务单并提交	10 分					
纪律观念	能穿好工作服、安全鞋，戴好工作帽、防护镜；不戴手套	5 分					
	保证出勤，做到不迟到、不早退、不擅自离开实训岗位	5 分					
	不在实训场地吃零食，不追逐嬉闹，不持工具打闹	5 分					
知识技能	能正确使用工、量、刃具进行锉配操作	10 分					
	能看图纸、分析技术要求	10 分					
	工作页完成情况	10 分					
文明生产	工、量、刃具的正确使用及摆放安全、合理	5 分					
	认真遵守管理规程，清楚操作过程中的安全注意事项	5 分					
	能将工位清理干净，并对设备进行维护保养	5 分					
通用能力	语言表达能力、组织沟通能力	5 分					
	发现问题、提出问题、分析问题、解决问题的能力	5 分					
	自我创新能力	5 分					
总评分数		100 分					
教师签字：		日期：					
企业人员签字：		日期：					
简要评述							

二、任务实施质量检测

任务实施质量检测评分表见表 2-7-5。

表 2-7-5　任务实施质量检测评分表（二十一）

工件编号					总分				
任务	序号	工件	技术要求	配分	评分标准	自测记录	互测记录	教师检测	得分
简单配合件加工	1	件Ⅰ	50 mm±0.1 mm	6 分	超差 0.02 mm 扣 2 分				
	2		$40^{+0.1}_{0}$ mm	6 分	超差 0.02 mm 扣 2 分				
	3		$20^{+0.1}_{0}$ mm（2 处）	8 分	超差 0.02 mm 扣2 分（每处）				
	4		垂直度公差不大于 0.06 mm	4 分	超差 0.1 mm 扣 2 分				
	5		平行度公差不大于 0.06 mm	4 分	超差 0.1 mm 扣 2 分				
	6		平面度公差不大于 0.03 mm	4 分	超差 0.1 mm 扣 2 分				
	7		表面粗糙度（*Ra*）不大于3.2 μm（6 处）	6 分	降级扣 2 分（每处）				
	8	件Ⅱ	50 mm±0.1 mm	6 分	超差 0.02 mm 扣 2 分				
	9		$40^{+0.1}_{0}$ mm	6 分	超差 0.02 mm 扣 2 分				
	10		$20^{0}_{-0.1}$ mm（2 处）	8 分	超差 0.02 mm 扣2 分（每处）				
	11		垂直度不大于 0.06 mm	4 分	超差 0.1 mm 扣 2 分				
	12		平行度不大于 0.06 mm	4 分	超差 0.1 mm 扣 2 分				
	13		平面度不大于 0.03 mm	4 分	超差 0.1 mm 扣 2 分				
	14		表面粗糙度（*Ra*）不大于3.2 μm（6 处）	6 分	降级扣 2 分（每处）				
	15	配合	配合间隙不大于 0.2 mm（3 处）	14 分	超差扣 5 分（每处）				
	16	其他	安全文明生产	10 分	按照有关安全操作规程酌情扣除				

操作人：	组长：	指导教师：	企业师傅：

同学们，大家要认真学习，严格实训，遵守安全操作规程，养成文明生产的良好习惯。

任务反思

（1）通过本次任务，你学到了什么？

____

____

____

____

____

（2）通过本次任务，你觉得需要改进的地方有哪些？

____

____

____

____

____

任务二　凸凹体锉配加工

学习目标

（1）掌握锉配的类型。
（2）掌握锉配的一般原则。
（3）能灵活运用工具、量具和刃具。
（4）正确填写凸凹体锉配加工任务单。
（5）保证安全文明生产。

任务书

完成图 2-7-2 所示凸凹体锉配加工。

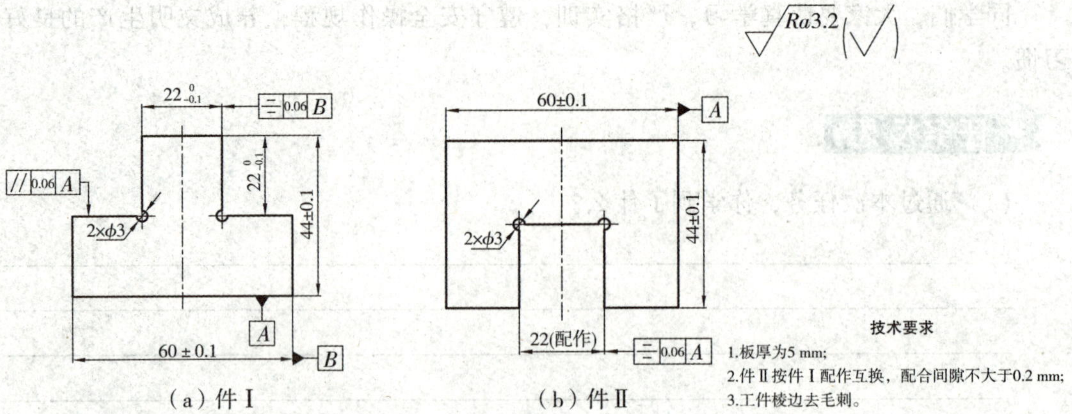

图 2-7-2 凸凹体

接下来，让我们一起开始任务的准备工作。

任务准备

一、知识准备

（1）锉配的注意事项有哪些？

____

____

____

____

____

____

（2）对称度及检测要求有哪些？

____

____

____

____

____

____

二、图样分析

根据图样分析，该工件属于（　　　　）精度要求的（　　　　）锉配，如何保证工件的（　　　　　　　　　　　　　　　　　　）是制作难点。

三、工、量、刃、辅具准备

根据任务具体情况，确定本任务所需工、量、刃、辅具，如表 2-7-6 所列。

表 2-7-6　任务二常用工具（项目七）

类型	示意图						
工具	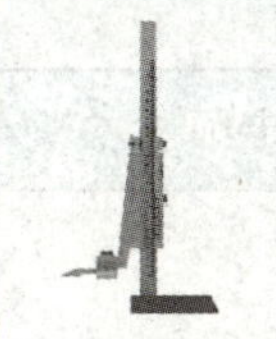			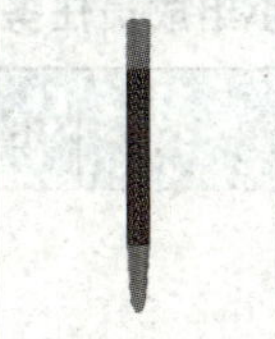			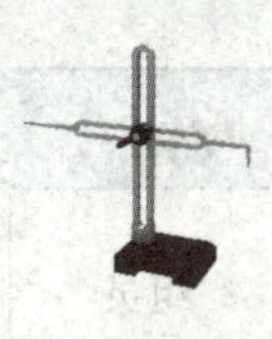
	□游标高度尺	□方箱	□划线平台	□样冲	□划规	□划针	□划线盘

	□垫铁	□千斤顶	□V 形铁	□手锤	□活动扳手	□呆扳手	□万能分度头
量具	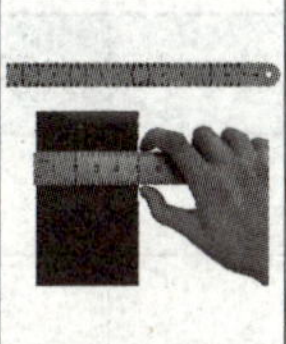		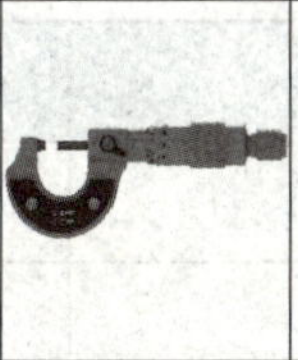		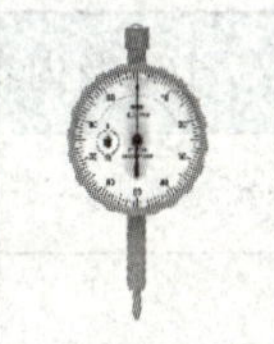	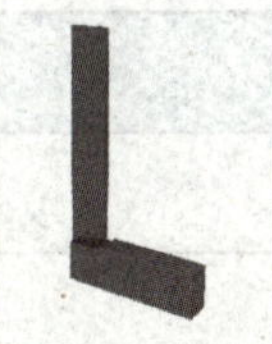	
	□钢直尺	□游标卡尺	□外径千分尺	□万能角度尺	□百分表	□直角尺	□刀口尺

	□塞尺	□半径规	□量块				
刃具							
	□錾子	□锉刀	□手锯	□麻花钻	□组锉		
辅具				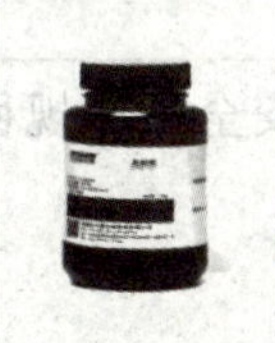	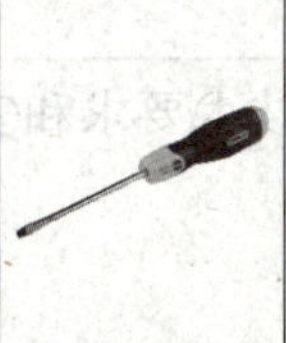	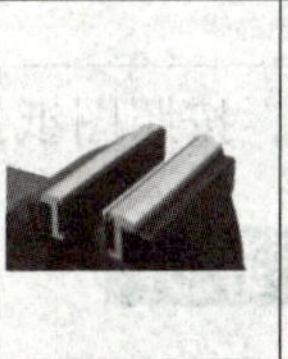	
	□毛刷	□油壶	□钢丝刷	□涂料	□螺钉旋具	□软钳口	□显示剂

四、分组

组长填写小组成员任务分配表（见表 2-7-7）。

表 2-7-7 小组成员任务分配表（二十二）

班级：	组号：	组长：	指导老师：
组员			
任务分工			

五、填写任务工艺卡

组长填写任务工艺卡（见表 2-7-8）。

表 2-7-8 任务工艺卡（二十二）

序号	步骤及内容	工、量、刃具	注意事项
完成人		完成时间	

恭喜同学们已经完成前期知识积累和准备工作，下面开始任务实施工作。

任务实施

任务实施过程记录：

____

____

____

____

接下来，按照图纸技术要求和安全操作规程，对操作过程及结果进行任务评价。

任务评价

一、任务实施过程评价

任务实施过程评价表见表 2-7-9。

表 2–7–9　任务实施过程评价表（二十二）

班级：	测评组：	学号：	姓名：	日期：		
评价项目	评价内容	配分	自评	小组评价	教师评价	得分
学习态度	能借助图书、网络等，独立查阅资料，自主学习	5 分				
	与同学相互尊重、理解，增强团队协作意识	5 分				
	能积极参与小组讨论，虚心接受意见或建议，并改正自身不足	5 分				
	能认真填写任务单并提交	10 分				
纪律观念	能穿好工作服、安全鞋，戴好工作帽、防护镜；不戴手套	5 分				
	保证出勤，做到不迟到、不早退、不擅自离开实训岗位	5 分				
	不在实训场地吃零食，不追逐嬉闹，不持工具打闹	5 分				
知识技能	能正确使用工、量、刃具进行锉配操作	10 分				
	能看图纸、分析技术要求	10 分				
	工作页完成情况	10 分				
文明生产	工、量、刃具的正确使用及摆放安全、合理	5 分				
	认真遵守管理规程，清楚操作过程中的安全注意事项	5 分				
	能将工位清理干净，并对设备进行维护保养	5 分				
通用能力	语言表达能力、组织沟通能力	5 分				
	发现问题、提出问题、分析问题、解决问题的能力	5 分				
	自我创新能力	5 分				
总评分数		100 分				

教师签字：	日期：
企业人员签字：	日期：
简要评述	

二、任务实施质量检测

任务实施质量检测评分表见表 2-7-10。

表 2-7-10　任务实施质量检测评分表（二十二）

工件编号					总分				
任务	序号	工件	技术要求	配分	评分标准	自测记录	互测记录	教师检测	得分
凸凹体锉配加工	1	件Ⅰ	60 mm±0.1 mm	4 分	超差 0.04 mm 扣 2 分				
	2		44 mm±0.1 mm	4 分	超差 0.04 mm 扣 2 分				
	3		$22_{-0.1}^{0}$ mm（2 处）	8 分	每处超差 0.04 mm 扣 2 分				
	4		$22_{-0.1}^{0}$ mm	4 分	超差 0.04 mm 扣 2 分				
	5		平行度公差不大于 0.06 mm（2 处）	8 分	每处超差 0.06 mm 扣 2 分				
	6		对称度公差不大于 0.06 mm	4 分	超差 0.06 mm 扣 2 分				
	7		表面粗糙度（*Ra*）不大于3.2 μm（8 处）	8 分	每处超差扣 1 分				
	8	件Ⅱ	60 mm±0.1 mm	4 分	超差 0.04 mm 扣 2 分				
	9		44 mm±0.1 mm	4 分	超差 0.04 mm 扣 2 分				
	10		对称度公差不大于 0.06 mm	4 分	超差 0.06 mm 扣 2 分				
	11		表面粗糙度（*Ra*）不大于3.2 μm（8 处）	8 分	每处超差扣 1 分				
	12	配合	配合间隙不大于 0.2 mm（10 处）	30 分	每处超差扣 2 分				
	13	其他	安全文明生产	10 分	按照有关安全操作规程酌情扣除				
操作人：			组长：		指导教师：		企业师傅：		

同学们，大家要认真学习，严格实训，遵守安全操作规程，养成文明生产的良好习惯。

任务反思

（1）通过本次任务，你学到了什么？

____

____

____

____

（2）通过本次任务，你觉得需要改进的地方有哪些？

____

____

____

____

任务三　45°槽形件锉配加工

学习目标

（1）能掌握锉配的类型。

（2）能掌握锉配的一般原则。

（3）能灵活运用工具、量具和刃具。

（4）正确填写 45°槽形件锉配加工任务单。

（5）保证安全文明生产。

任务书

完成图 2-7-3 所示 45°槽形件锉配。

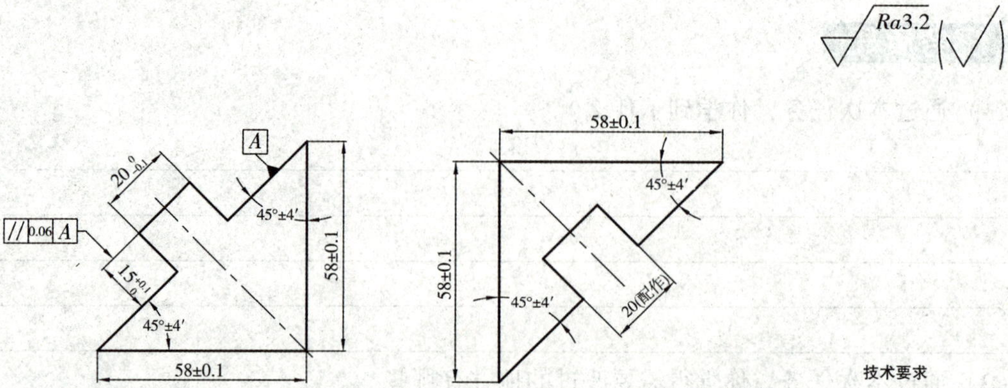

（a）件Ⅰ　（b）件Ⅱ

技术要求

1.板厚为5 mm;

2.件Ⅱ按件Ⅰ配作互换，配合间隙不大于0.2 mm;

3.工件棱边去毛刺。

图 2-7-3　45°槽形件锉配

接下来，让我们一起开始任务的准备工作。

任务准备

一、知识准备

（1）什么是工艺尺寸链？工艺尺寸链的组成如何？

____

____

____

____

（2）如何计算工艺尺寸链？

____

____

____

____

二、图样分析

根据图样分析，该工件属于（　　　　）精度要求的（　　　　）锉配，如何保证工件的（　　　　　　　　　　　　　　　　　　　　）是制作难点。

三、工、量、刃、辅具准备

根据任务具体情况，确定本任务所需工、量、刃、辅具，如表 2-7-11 所列。

表 2-7-11　任务三常用工具（项目七）

类型	示意图						
工具							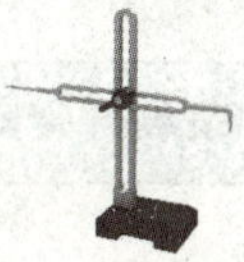
	□游标高度尺	□方箱	□划线平台	□样冲	□划规	□划针	□划线盘

	□垫铁	□千斤顶	□V 形铁	□手锤	□活动扳手	□呆扳手	□万能分度头
量具							
	□钢直尺	□游标卡尺	□外径千分尺	□万能角度尺	□百分表	□直角尺	□刀口尺

	□塞尺	□半径规	□量块				
刃具							
	□錾子	□锉刀	□手锯	□麻花钻	□组锉		
辅具				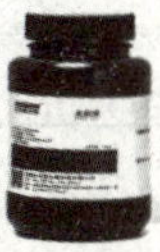			
	□毛刷	□油壶	□钢丝刷	□涂料	□螺钉旋具	□软钳口	□显示剂

四、分组

组长填写小组成员任务分配表（见表2-7-12）。

表2-7-12 小组成员任务分配表（二十三）

班级：		组号：	组长：	指导老师：
组员				
任务分工				

五、填写任务工艺卡

组长填写任务工艺卡（见表2-7-13）。

表2-7-13 任务工艺卡（二十三）

序号	步骤及内容		工、量、刃具	注意事项
完成人		完成时间		

恭喜同学们已经完成前期知识积累和准备工作，下面开始任务实施工作。

任务实施

任务实施过程记录：

接下来，按照图纸技术要求和安全操作规程，对操作过程及结果进行任务评价。

任务评价

一、任务实施过程评价

任务实施过程评价表见表 2-7-14。

表 2-7-14　任务实施过程评价表（二十三）

班级：	测评组：	学号：	姓名：	日期：		
评价项目	评价内容	配分	自评	小组评价	教师评价	得分
学习态度	能借助图书、网络等，独立查阅资料，自主学习	5 分				
	与同学相互尊重、理解，增强团队协作意识	5 分				
	能积极参与小组讨论，虚心接受意见或建议，并改正自身不足	5 分				
	能认真填写任务单并提交	10 分				
纪律观念	能穿好工作服、安全鞋，戴好工作帽、防护镜；不戴手套	5 分				
	保证出勤，做到不迟到、不早退、不擅自离开实训岗位	5 分				
	不在实训场地吃零食，不追逐嬉闹，不持工具打闹	5 分				
知识技能	能正确使用工、量、刃具进行锉配操作	10 分				
	能看图纸、分析技术要求	10 分				
	工作页完成情况	10 分				
文明生产	工、量、刃具的正确使用及摆放安全、合理	5 分				
	认真遵守管理规程，清楚操作过程中的安全注意事项	5 分				
	能将工位清理干净，并对设备进行维护保养	5 分				
通用能力	语言表达能力、组织沟通能力	5 分				
	发现问题、提出问题、分析问题、解决问题的能力	5 分				
	自我创新能力	5 分				
总评分数		100 分				

表 2-7-14（续）

教师签字：	日期：
企业人员签字：	日期：
简要评述	

二、任务实施质量检测

任务实施质量检测评分表见表 2-7-15。

表 2-7-15　任务实施质量检测评分表（二十三）

工件编号				总分				
任务	序号	工件	技术要求	配分	评分标准	自测记录	互测记录	教师检测	得分
45°槽形件锉配加工	1	件Ⅰ	58 mm ± 0.1 mm（2 处）	10 分	每处超差 0.04 mm 扣 2 分				
	2		$20_{-0.1}^{0}$ mm	4 分	超差 0.04 mm 扣 2 分				
	3		$15_{0}^{+0.1}$ mm（2 处）	10 分	每处超差 0.04 mm 扣 2 分				
	4		45°±4′（2 处）	10 分	每处超差 4′扣 2 分				
	5		平行度公差不大于 0.06 mm	4 分	超差 0.06 mm 扣 2 分				
	6		表面粗糙度（*Ra*）不大于3.2 μm（7 处）	7 分	每处超差扣 1 分				
	7	件Ⅱ	58 mm±0.1 mm（2 处）	10 分	每处超差 0.04 mm 扣 2 分				
	8		45°±4′（2 处）	10 分	每处超差 4′扣 2 分				
	9		表面粗糙度（*Ra*）不大于3.2 μm（7 处）	7 分	每处超差扣 1 分				
	10	配合	配合间隙不大于 0.2 mm（10 处）	18 分	每处超差扣 2 分				
	11	其他	安全文明生产	10 分	按照有关安全操作规程酌情扣除				
操作人：			组长：		指导教师：		企业师傅：		

同学们，大家要认真学习，严格实训，遵守安全操作规程，养成文明生产的良好习惯。

任务反思

（1）通过本次任务，你学到了什么？

（2）通过本次任务，你觉得需要改进的地方有哪些？

项目八

刮削平板

项目描述

当工件接触表面有相对运动时，要求增加接触面积、改善润滑状况，这些往往是其他机械加工方法无法达到的。通常用刮刀从工件表面上刮去一层很薄金属的操作，称为刮削。刮削可以使工件表面达到精确的尺寸、准确的几何形状和很小的表面粗糙度；工件磨损后，可采用刮削使其恢复精度。

下面，让我们使用钳工工、量、刃具一起完成工件刮削任务。

任务 长方体平面刮削

学习目标

（1）能正确分析图样。

（2）掌握刮削工具的使用方法。

（3）能正确进行刮削操作。

（4）正确填写长方体平面刮削任务单。

（5）保证安全文明生产。

任务书

完成图 2-8-1 所示长方体平面的刮削。

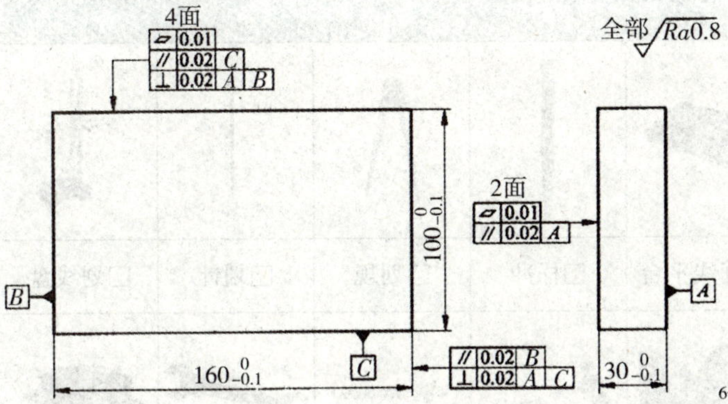

技术要求

6个面全部刮削，达到每25 mm×25 mm范围内20点及以上。

图 2-8-1　长方体（六）

接下来，让我们一起开始任务的准备工作。

任务准备

一、知识准备

（1）平面刮削有哪些方法？

（2）刮削精度的检验方法有哪些？

二、图样分析

根据图样分析，该工件有（　　　）个基准面，基准面平面度公差为（　　　）mm，表面粗糙度要求（　　　）。另外各刮削平面尺寸公差为（　　　）mm、平面度公差为（　　　）mm、平行度公差为（　　　）mm、垂直度公差为（　　　）mm，研点要求是（　　　　　　　　　）。

三、工、量、刃、辅具准备

根据任务具体情况，确定本任务所需工、量、刃、辅具，如表 2-8-1 所列。

表 2-8-1　任务常用工具（项目八）

类型	示意图						
工具							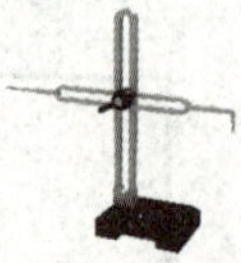
	□游标高度尺	□方箱	□划线平台	□样冲	□划规	□划针	□划线盘

	□垫铁	□千斤顶	□V 形铁	□手锤	□活动扳手	□呆扳手	□万能分度头
量具	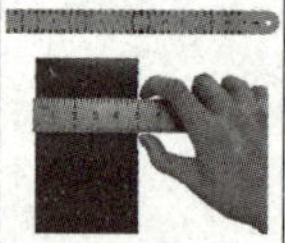				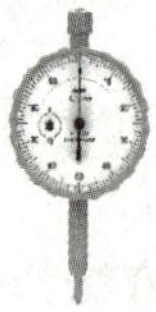		
	□钢直尺	□游标卡尺	□外径千分尺	□万能角度尺	□百分表	□直角尺	□刀口尺

	□塞尺	□半径规	□量块				
刃具					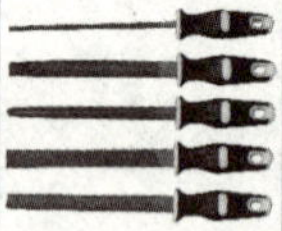		
	□扁錾	□手刮刀	□挺刮刀	□弯头刮刀	□锉刀	□麻花钻	□手锯
辅具			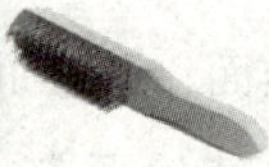	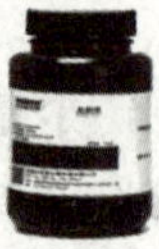			
	□毛刷	□油壶	□钢丝刷	□涂料	□螺钉旋具	□显示剂	□显点用方框

四、分组

组长填写小组成员任务分配表（见表2-8-2）。

表2-8-2　小组成员任务分配表（二十四）

班级：	组号：	组长：	指导老师：
组员			
任务分工			

五、填写任务工艺卡

组长填写任务工艺卡（见表2-8-3）。

表2-8-3　任务工艺卡（二十四）

序号	步骤及内容	工、量、刃具	注意事项
完成人		完成时间	

恭喜同学们已经完成前期知识积累和准备工作，下面开始任务实施工作。

任务实施

任务实施过程记录：

____

____

____

____

____

接下来，按照图纸技术要求和安全操作规程，对操作过程及结果进行任务评价。

任务评价

一、任务实施过程评价

任务实施过程评价表见表2-8-4。

表2-8-4 任务实施过程评价表（二十四）

班级：	测评组：	学号：	姓名：	日期：			
评价项目	评价内容	配分	自评	小组评价	教师评价	得分	
学习态度	能借助图书、网络等，独立查阅资料，自主学习	5分					
	与同学相互尊重、理解，增强团队协作意识	5分					
	能积极参与小组讨论，虚心接受意见或建议，并改正自身不足	5分					
	能认真填写任务单并提交	10分					
纪律观念	能穿好工作服、安全鞋，戴好工作帽、防护镜；不戴手套	5分					
	保证出勤，做到不迟到、不早退、不擅自离开实训岗位	5分					
	不在实训场地吃零食，不追逐嬉闹，不持工具打闹	5分					
知识技能	能正确使用刮削工具	10分					
	能看图纸、分析技术要求	10分					
	工作页完成情况	10分					
文明生产	工、量、刃具的正确使用及摆放安全、合理	5分					
	认真遵守管理规程，清楚操作过程中的安全注意事项	5分					
	能将工位清理干净，并对设备进行维护保养	5分					
通用能力	语言表达能力、组织沟通能力	5分					
	发现问题、提出问题、分析问题、解决问题的能力	5分					
	自我创新能力	5分					
总评分数		100分					

表 2-8-4（续）

教师签字：	日期：
企业人员签字：	日期：
简要评述	

二、任务实施质量检测

任务实施质量检测评分表见表 2-8-5。

表 2-8-5　任务实施质量检测评分表（二十四）

工件编号				总分				
任务	序号	技术要求	配分	评分标准	自测记录	互测记录	教师检测	得分
刮削长方体平面	1	$160_{-0.1}^{0}$ mm	5 分	超差 0.1 mm 扣 5 分				
	2	$100_{-0.1}^{0}$ mm	5 分	超差 0.1 mm 扣 5 分				
	3	$30_{-0.1}^{0}$ mm	5 分	超差 0.1 mm 扣 5 分				
	4	平面度公差为 0.01 mm（6 处）	12 分	1 处超差 0.01 mm 扣 2 分				
	5	平行度公差为 0.02 mm（6 处）	12 分	1 处超差 0.02 mm 扣 2 分				
	6	垂直度公差为 0.02 mm（6 处）	12 分	1 处超差 0.02 mm 扣 2 分				
	7	表面粗糙度不大于 0.8 μm（6 处）	12 分	1 处超差扣 2 分				
	8	姿势（站立、两手）正确	10 分	1 处不正确扣 5 分				
	9	每（25 mm×25 mm）接触点 20～25 点以上（6 处）	12 分	1 处不正确扣 2 分				
	10	无明显落刀痕迹，无丝纹和振痕（6 处）	6 分	1 处不符合要求扣 1 分				
	11	安全文明生产	9 分	按照有关安全操作规程在总分中扣除				

操作人：	组长：	指导教师：	企业师傅：

同学们，大家要认真学习，严格实训，遵守安全操作规程，养成文明生产的良好习惯。

任务反思

（1）通过本次任务，你学到了什么？

（2）通过本次任务，你觉得需要改进的地方有哪些？

参考文献

［1］ 彭敏，邸晓非．钳工基本技能［M］．北京：机械工业出版社，2013.

［2］ 彭敏．机械装调基本技能［M］．北京：高等教育出版社，2013.

［3］ 孙晓华，曹洪利．装配钳工工艺与实训：任务驱动模式［M］．北京：机械工业出版社，2013.

［4］ 汪哲能．钳工工艺与综合技能训练：理实一体化［M］．北京：机械工业出版社，2012.

［5］ 姜波．钳工工艺学［M］．北京：中国劳动社会保障出版社，2014.

［6］ 吴清．钳工基础技术［M］．北京：清华大学出版社，2011.